21世纪高等学校计算机专业实用系列教材

计算机科学导论

（第2版）

◎ 王文剑 谭红叶 郭虎升 张虎 李琳 许行　编著

清華大學出版社
北京

内容简介

本书是学习计算机专业知识的导引教材，以计算思维为导向，从不同层次和角度体现计算思维和计算机科学的核心概念与问题。通过本书，学生可以在掌握知识的过程中，以知识、技能、能力为载体，逐步理解和掌握计算思维的基本内容和方法，领会知识背后对学科发展有深刻作用的伟大思想，激发学习兴趣；同时可以了解完整的专业知识体系、较深入地了解计算机学科的根本问题、核心概念和方法论，在后续课程中，自觉搭建整个知识体系，为提高综合素质和能力奠定良好的基础。

本书可以作为高等学校计算机科学与技术专业及相关专业"计算机导论"课程的教材，也可以作为对计算机专业感兴趣的教师和学生的自学教材。

本书封面贴有清华大学出版社防伪标签，无标签者不得销售。
版权所有，侵权必究。举报：010-62782989，beiqinquan@tup.tsinghua.edu.cn。

图书在版编目(CIP)数据

计算机科学导论/王文剑等编著. —2版. —北京：清华大学出版社，2022.1
21世纪高等学校计算机专业实用系列教材
ISBN 978-7-302-59217-4

Ⅰ. ①计… Ⅱ. ①王… Ⅲ. ①计算机科学－高等学校－教材 Ⅳ. ①TP3

中国版本图书馆CIP数据核字(2021)第192010号

责任编辑：闫红梅 李 燕
封面设计：刘 键
责任校对：徐俊伟
责任印制：宋 林

出版发行：清华大学出版社
网 址：http://www.tup.com.cn，http://www.wqbook.com
地 址：北京清华大学学研大厦A座 **邮 编**：100084
社 总 机：010-62770175 **邮 购**：010-83470235
投稿与读者服务：010-62776969，c-service@tup.tsinghua.edu.cn
质量反馈：010-62772015，zhiliang@tup.tsinghua.edu.cn
课件下载：http://www.tup.com.cn，010-83470236
印 装 者：三河市君旺印务有限公司
经 销：全国新华书店
开 本：185mm×260mm **印 张**：15 **字 数**：370千字
版 次：2016年4月第1版 2022年1月第2版 **印 次**：2022年1月第1次印刷
印 数：1～1500
定 价：49.00元

产品编号：093608-01

第 2 版前言

随着当代信息产业的蓬勃发展，以计算机、互联网为代表的新一代信息技术，与智能制造、生物医学工程、新材料、新能源、纳米技术、量子物理等新技术相结合，计算机科学也渗透到各个学科领域，计算机教育乃至更广泛意义上的计算教育，关系到国家未来的科技竞争力，被世界各国广泛重视。在这种时代背景下，我们结合时代特点与计算机学科发展的最新动态，对 2016 年出版的《计算机科学导论》进行了改版，对第 1 版内容进行调整、修改和完善。

为了突出计算学科的核心特点与重要概念，第 2 版去掉了第 5 章"网络基础"，因此全书由十章变成了九章，每章的内容也做了扩充与完善，分别如下。

第 1 章　计算科学概貌。最新发布的 CC2020 中，采用计算(Computing)一词统一覆盖计算机工程、计算机科学和信息技术等所有相关领域。因此，本章将"计算机科学"修改为"计算科学"。此外，为了更有利于读者从计算的视角下理解学科的内涵与意义，又对本章内容进行了重新规划与扩充，增加了 1.1 节"计算科学的定义"、1.4 节"计算的泛在化"，原来的"1.2.4 计算模式的演变"调整为 1.3 节，增加了普适计算、服务计算和群智计算等内容，将原来的"1.2.5 计算机的应用"调整为 1.5 节，并结合最新发展(如自动驾驶、机器人和智慧出行)做了补充与调整。

第 2 章　IT 产业、社会与职业道德。结合 IT 界的最新发展，在 2.1 节"著名的 IT 公司"部分，增加了对苹果、亚马逊、阿里巴巴、Oracle、英伟达、华为等公司的介绍。在 2.2 节"著名的计算机科学家"部分，增加了对华裔科学家姚期智的介绍。在 2.3 节"计算机领域著名的学术组织与奖项"部分，增加了对中国人工智能学会及其相关奖项的介绍。在 2.4.2 节"隐私问题"部分，补充了生物特征信息的隐私问题。在 2.4.3 节"计算机系统的安全和防护"部分，增加了信息系统等级保护的内容。在 2.4 节"计算机的社会影响"部分，增加了 2.4.4 节"社会职业的影响"，主要介绍计算机在社会职业方面带来的影响。在 2.5 节"职业道德"部分，增加了 IEEE-CS/ACM 软件工程职业道德规范、计算机从业者的科技伦理两部分内容。此外，还对其他原有内容进行了更新。

第 3 章　数据表示。调整了章节内的结构和顺序，在 3.1 节"数据的分层表示"中补充了具体例子解释数据在每层的表示，增加了 3.2 节"物理层的数据表示"的相关内容。

第 4 章　计算机系统。增加了 4.6 节"并行计算系统"，具体包括 4.6.1 节"分布式系统"、4.6.2 节"机群系统"、4.6.3 节"云计算平台"。

第 5 章　问题求解。为原书第 7 章内容，但是增加了 5.2.6 节"搜索排序问题"的相关内容。

第 6 章　计算与算法理论。增加了堆排序、基数排序等内容，替换了部分例题。

第7章　计算机科学中的思维方式。为原书第8章内容,但增加了7.2节"新时代的思维方式"部分,具体包括7.2.1节"互联网思维"、7.2.2节"大数据思维"、7.2.3节"智能化思维"。

第8章　计算机专业知识体系。为原书第9章内容,但内容做了补充与完善。主要为:在8.1节"计算机专业大学生应具备的素质和能力"部分,按照工程教育认证内容,补充了相应的素质与能力,使内容更加标准权威。在8.2.2节"计算机学科教学规范"部分,对CC2004、CC2005的内容进行了少量修改,增加了最新发布的CC2020的核心内容,并且对中国计算机学科教学规范的内容进行了补充完善。

第9章　计算机学科方法论。为原书第10章内容,主要对9.5节"计算机学科中的数学方法"部分做了修改与完善,并替换了部分示例。

此外,参考文献和习题也做了相应更新。

编　者

2021年5月

第1版前言

“计算机导论”是计算机学科一门重要的入门课程，是学生了解学科概貌，理解学科核心概念，领会学科内涵，掌握学科各课程之间联系和特点的一门重要基础课程。本书致力于集思维性、方法性、知识性和实时性于一体，以训练良好的计算思维意识和方法、建立计算机科学的整体框架为主要目标，为学生后续课程的学习奠定坚实的基础。

本书的编写遵循以下3个原则：

(1) 突出计算思维的培养。本书结合国际国内计算机科学课程大纲体系，以计算思维的培养为主线，自始至终凝练贯穿计算机学科核心概念点，不断地引导学生体验和领悟计算思维。

(2) 注重经典理论与前沿研究的结合。本书不仅注重计算科学发展历史中的经典问题和理论，而且注重融合计算机学科的最新研究进展和计算思维在跨学科领域的最新应用，从不同层次和角度体现计算思维和计算机科学的核心概念和问题。

(3) 内容安排深入浅出，由浅入深。本书围绕计算、抽象、算法与形式化、程序、问题求解和计算思维等概念，从与学生易于产生共鸣的主题如计算机的发展、计算机对社会的影响、数据表示及存储、计算机系统工作原理、操作系统和计算机网络等入手，由浅入深地过渡到较抽象的内容，如问题求解、计算机领域经典问题和计算理论等，引导学生在掌握知识的过程中，领会计算思维的本质和理念。

本书具体包括4部分内容：文化与社会篇、系统基础篇、计算理论篇、知识体系和方法论篇。

第1篇　文化与社会篇，包括第1和第2章。

第1章主要讲述计算工具的发展、计算机的发明和发展、计算模式的演变，使学生了解对计算机发展起到重要推动作用的技术，从整体上把握计算机的发展脉络，从而以发展的眼光看待计算机。

第2章首先介绍为计算机的发展做出不懈努力的著名IT公司、科学家和重要的学术组织，激发学生的学习兴趣；然后讲述计算机发展对现代社会的影响如知识产权、数字版权、隐私、安全等社会问题，以及计算机专业人员应具备的职业素养，使学生了解计算机在造福人类的同时，也可能给人类带来灾难，教育学生遵守职业道德规范和法律准则。

第2篇　系统基础篇，包括第3～5章。

第3章主要讲述数据的表示，分别从现实世界层、信息世界层、高级语言层、机器层和物理层等几个层次介绍数据的表示，使学生领会不同层次如何对计算机要处理的数据进行抽象和表示。

第4章重点叙述计算机系统的工作原理、硬件与软件的关系等相关知识，从计算机的主要硬件组成、软件、操作系统与文件、软件开发基础知识等方面对计算机系统进行介绍。

第5章讲述计算机网络方面的知识，主要从计算机网络(Network)、因特网(Internet)和万维网(Web)3个层面介绍网络分类、工作原理、因特网技术和主要应用以及Web核心技术。

第4和第5章的内容结合紧密实际生活中的计算机应用，不仅可以兼顾计算机能力和素质不同的学生，而且可与学生产生共鸣。通过这两章的学习，可以解决困扰他们很长时间的一些疑惑和问题。

第3篇　计算理论篇，包括第6～8章。

第6章主要介绍计算理论、算法理论和程序设计的相关知识，为学生进行后续的"高级语言程序设计""算法设计与分析"等课程的学习奠定基础。

第7章主要讲述问题求解的过程和计算机领域的典型问题，将对图论问题、算法复杂性问题、机器智能问题、并发控制和分布式计算等经典问题进行分析讨论。学生通过本章的学习，不仅有助于深刻地理解计算机学科中一些关键问题的本质，而且对学科的进一步深入研究和发展具有十分重要的促进作用。

第8章围绕计算思维，讲述计算学科引入的最新技术和最新学科交叉案例，如物联网、群体智慧、服务计算，以及计算社会、计算生物学、计算社会学等"计算＋X"的新兴交叉学科，引导学生进一步体验计算思维。

第4篇　知识体系和方法论篇，包括第9和第10章。

第9章主要介绍计算机专业理论知识体系和实践教学体系，第10章着重讲述计算机学科的核心概念和方法论。通过这两章的学习使学生尽早了解完整的专业知识体系，较深入地了解计算机学科的根本问题、核心概念和方法论，在后续课程中，自觉搭建整个知识体系，循序渐进地认识和感悟计算机学科，避免"只见树木，不见森林"。

编　者

2015年12月

目　　录

第1章 计算科学概貌

本章从计算科学的定义、计算工具的发展、计算模式的演变、计算的泛在化、计算技术的应用等方面展示计算科学的概貌。

1.1 计算科学的定义

计算科学(Computing Science,CS)是系统性研究信息与计算的理论基础以及它们在计算机系统中如何实现与应用的学科①。计算科学主要研究计算过程,即信息变换过程,涉及在时间、空间、语义层面的变化过程。从计算技术的角度看,计算科学涉及信息获取、信息存储、信息处理、信息通信、信息显示等环节。一个计算过程可专注于某个环节,如信息存储过程,也可覆盖多个环节。

Andrew Tannenbaum 在其发表的经典著作 *Keynote address at the technical symposium of the special interest group on computer sience education* 中从7个方面阐述了计算的思想,具体包括:

(1) 创造力。计算改变了人们发明的方式,包括视频、动画、信息图形和音频的发明;

(2) 抽象。抽象是用来对世界建模并且方便人与机器之间交流的方式;

(3) 数据和信息。对于数据和信息的管理和解释对计算来讲非常重要,可以产生知识;

(4) 算法。算法允许人们想出并表达问题的解决方法;

(5) 编程。计算涉及编程,主要指用计算机实现问题的解决方法;

(6) 因特网。因特网不仅提供人与机器之间的交流和共享资源的方式,而且它还形成了计算在多种场合下实现的渠道;

(7) 全球影响。计算允许创新,而创新在各种程度上都有潜在的有益或有害影响。

Deening 认为每个计算科学从业人员都需要具备4个领域的技巧:

(1) 算法思想。算法思想即能够用按部就班的过程表示问题,从而解决它们;

(2) 表示法。表示法即用能被有效处理的方式存储数据;

(3) 程序设计。程序设计即把算法思想和表示法组织在计算机软件中;

(4) 设计。使软件满足一种用途。

作为一门学科,计算科学学科包含了从算法的理论研究和计算的极限,到如何通过硬件和软件实现计算系统。计算学科包括4个重要领域:计算理论、算法与数据结构、编程方法与编程语言以及计算机组成与架构。此外,计算学科还涉及其他一些重要领域,如软件工

---

① DENNING,P J,COMER D E,GRIES D,et al. Computing as a discipline[J]. Computer,1989.

程、人工智能、计算机网络与通信、数据库系统、并行计算、分布式计算、人机交互、计算机图形学、操作系统、数值计算和符号计算等。

计算知识的主体经常被描述为对算法过程的系统研究,包括算法的理论、分析、设计、有效性、实现和应用。计算科学的根本问题是什么能被(有效地)自动地执行。CC2020 中采用计算(Computing)一词统一覆盖计算机工程、计算机科学和信息技术等所有相关领域;用胜任力(Competency)一词,代表所有计算教育项目的基本主导思想。计算的核心要素包括:知识(Knowledge)、技能(Skills)和品行(Dispositions)。

作为计算学科相关专业的学生,需要胜任未来与计算科学相关工作内容,从不同程度上深入了解和学习计算科学的思想和本质,为后续计算系统的深入学习奠定扎实的基础。

1.2 计算工具的发展

需求是发明之母,为方便解决生活中遇到的计算问题,人类发明了计算工具。计算工具随着人类实践的需求逐步发展起来。

1.2.1 手动式计算工具

人类最初用手指进行计算,通过结绳记事来延长记忆能力。最早的人造计算工具是算筹。公元 5 世纪,祖冲之用算筹算出圆周率 π 值在 3.141 592 6 和 3.141 592 7 之间,这一结果比西方早了近一千年,因此祖冲之被称为"圆周率之父"。算盘(见图 1.1)由算筹演变而来,珠算是以算盘为工具进行数字计算的一种方法,算盘的发明是计算工具发展史上的第一次重大改革。

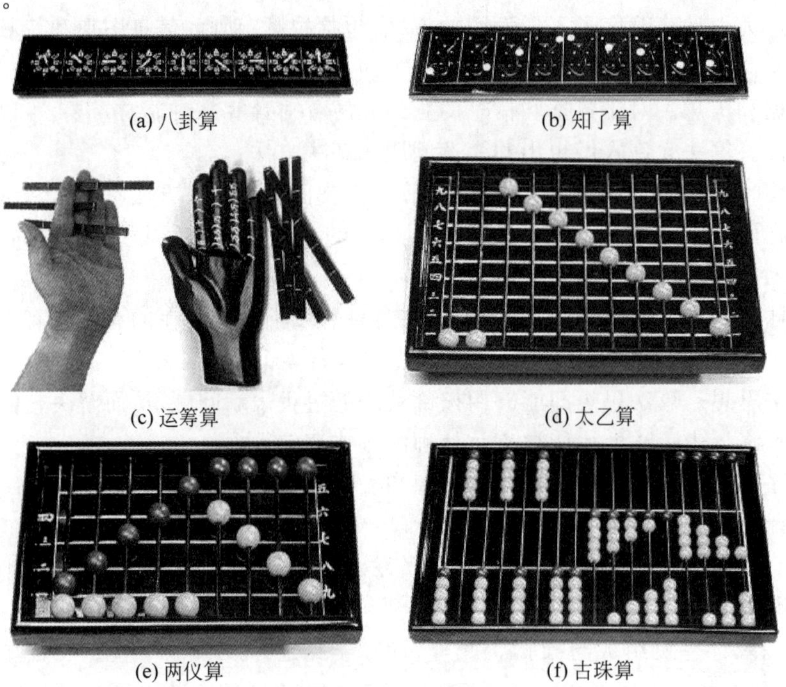

(a) 八卦算　(b) 知了算　(c) 运筹算　(d) 太乙算　(e) 两仪算　(f) 古珠算

图 1.1　算盘工具

耐普尔骨条(Napier Bones)(见图 1.2)由苏格兰数学家约翰·纳皮尔(John Napier,1550—1617)创造于 1614 年,可进行乘、除运算。约翰还发明了对数函数。1621 年,英国数学家威廉·奥垂德(William Oughtred,1575—1660)根据对数原理发明了圆形计算尺(见图 1.3),这种计算尺从 20 世纪 60 年代起,一直作为一项基本工具被学生、工程师使用,是最早的模拟计算工具。

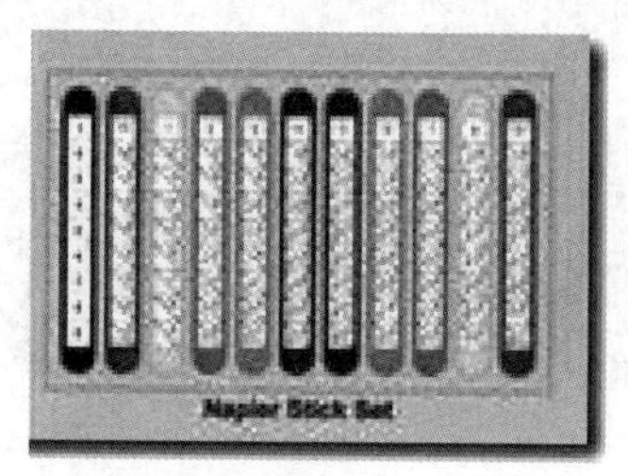

图 1.2　耐普尔骨条

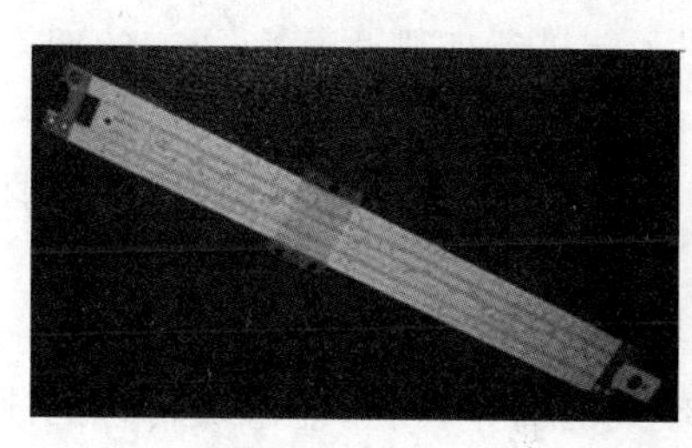

图 1.3　圆形计算尺和威廉·奥垂德

1.2.2　机械式计算工具

机械式计算工具能够自动实现算法,操作者只需输入要计算的数字,然后拉动控制杆或转动转轮来执行计算。17 世纪,欧洲出现了利用齿轮技术设计制造的机械式计算机。1623 年,德国科学家威尔赫姆·谢克哈特(Wilhelm Schickard,1592—1635)制作了一个能进行六位以内数的加减法,并能通过铃声输出答案的"计算钟"(见图 1.4)。可惜的是,一场大火烧毁了制作过程中的样机模型。

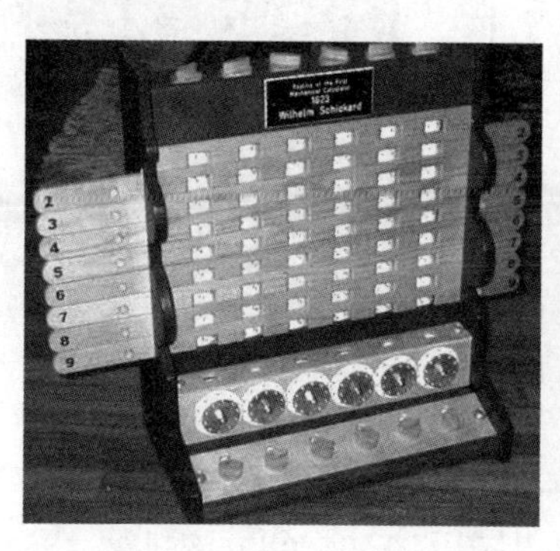

图 1.4　计算钟和威尔赫姆·谢克哈特

法国数学家帕斯卡(Blaise Pascal,1623—1662)年轻时为了帮助父亲算账,于 1642 年发明了能实现加减法运算的齿轮式计算器,称为 Pascaline 计算器(见图 1.5)。当时帕斯卡制造了50台这样的计算器作为商品出售。为了纪念帕斯卡的贡献,1971年瑞士计算机科学家尼可莱斯·沃思(Niklaus Wirth,1934—)教授将自己发明的一种重要的程序设计语言命名为Pascal语言。它是一种很好的结构化语言,在20世纪80年代末、90年代初得到广泛的学习和使用。

图1.5 Pascaline计算器

莱布尼茨(G. W. Leibnitz,1646—1716)是德国伟大的数学家和思想家,他和牛顿同时创立了微积分。1673年,莱布尼茨发明了能进行四则运算和开方的四则运算器,轰动了欧洲。这台机器在进行乘法运算时,采用进位-加(Shift-add)的方法。这种方法后来演化为二进制,被现代电子计算机采用。四则运算器受当时生产条件限制,可靠性差,没有成为商品销售使用。

1777年,英国的查尔斯·马洪(Charles Mahon,1753—1816)发明了逻辑演示器(Logic Demonstrator)(见图1.6)。这是个袖珍式的简单器械,能解决传统的演绎推理、概率以及逻辑形式的数值问题,被称为计算机决策与逻辑功能的先驱。

1804年,法国人约瑟夫·雅各(Joseph Marie Jacquard,1752—1834)发明了穿孔卡织布机(见图1.7),引起法国丝织工业的革命。雅各织布机虽然不是计算机,但它强烈地影响着穿孔卡输入输出装置的开发。如果找不到输入信息和控制操作的机械方法,那么真正意义上的机械式计算机是不可能出现的。

图1.6 早期的逻辑演示器

图1.7 穿孔卡织布机

1820年,法国人德·考尔玛(Charles de Colmar,1785—1870)改进了莱布尼茨的设计,制成第一台商用机械计算机(见图1.8),并生产了1500台。该机器1862年在伦敦国际博览会上获得奖牌。

英国数学家、逻辑学家乔治·布尔(George Bool,1815—1864)1847年开始创立逻辑代数,1854年出版了名著《布尔代数》(*Boolean Algebra*)。他的逻辑理论建立在两个逻辑值

"0""1"和三个运算符"与"(and)、"或"(or)、"非"(not)的基础上，这种简化的二值逻辑为数字计算机的二进制数、开关逻辑元件和逻辑电路的设计铺平了道路。

英国著名的经济学家、逻辑学家威廉·杰文斯(William Jevons,1835—1882)认为布尔代数逻辑是自亚里士多德以来逻辑学中最伟大的进展，他于1869年发明了一台逻辑机(见图1.9)，使用四个逻辑字母进行布尔运算，比不用机器的逻辑学家能更快地解决复杂问题。

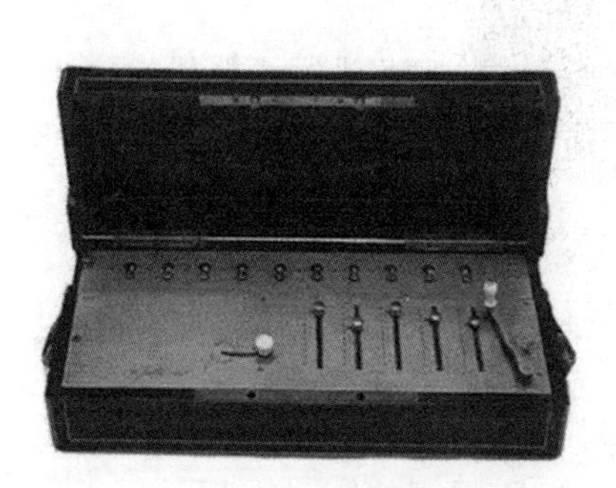

图1.8 第一台商用机械计算机

图1.9 第一台逻辑机与威廉·杰文斯

1872年，美国人弗兰克·鲍德温(Frank Baldwin,1838—1925)开始建立美国的手摇计算器工业。这些手摇计算器在1960年电子计算器出现之前，已逐渐由手摇变为电动并一直被广泛使用的机械计算器(见图1.10)。

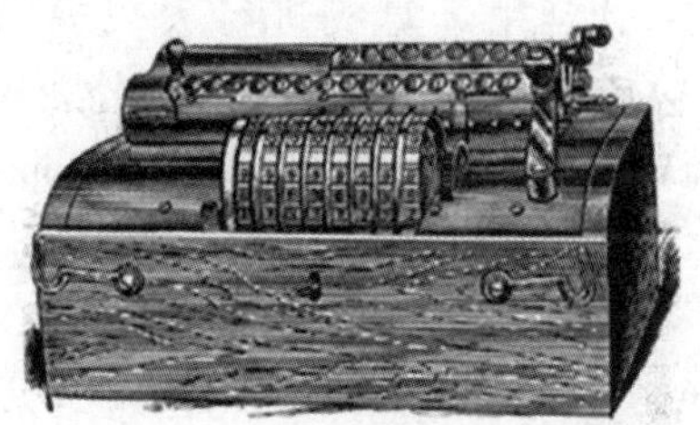

图1.10 手摇计算器

到了19世纪初，英国数学家查尔斯·巴贝奇(Charles Babbage,1792—1871)取得了突破性进展，使计算机不但能快速地完成加、减、乘、除运算，还能够自动地完成复杂的运算，从手动机械跃入自动机械的新时代。

当时为了解决航海、工业生产和科学研究中复杂的计算，许多数学表(如对数表、函数表)应运而生。这些数学表尽管带来了一定的方便，但其中的错误也非常多。巴贝奇决心研制新的计算工具，用机器取代人工来计算这些实用价值很高的数学用表。巴贝奇研制的第一台差分机(Different Engine)于1822年完成，以蒸汽机为动力，由多个直立的铜柱组成，每个铜柱上等距离地垂直装配有6个齿轮，每个齿轮对应的字轮上都刻有数字0～9，通过齿轮彼此间的咬合传动完成自动计算，计算精度达到6位小数，可用于计算数的平方、立方、对数和三角函数等值。这台差分机的创新之处，一是有三组字轮作为"寄存器"来存放计算机中涉及的数据，二是可以按预先安排好的计算步骤进行一连串的计算，可以看作"程序自动控制"思想的萌芽。之后，巴贝奇又开始了第二台差分机的研制，其目标是能计算具有20位有效数字的6次多项式的值。但是由于各种原因，巴贝奇的第二台差分机研制计划没有完成。

1833年，巴贝奇参照穿孔卡片原理，设计出了分析机(Analytical Engine)模型。分析机的创新之处在于它包括了现代计算机所具有的5个基本组成部分。巴贝奇先进的设计思想超越了当时的科学技术水平,由于当时的机械加工技术还达不到所要求的精度,使得这部以齿轮为基本元件。以蒸汽机为动力的机器一直到巴贝奇逝世也没有完成。

英国著名诗人拜伦的女儿爱达·奥古斯塔·拉夫拉斯伯爵夫人(Ada Augusta Lovelace,1815—1852)是一位思维敏捷的数学家,认为巴贝奇的理论设计是完全可行的,并建议用二进制存储取代原设计的十进制存储。她指出分析机可以像雅各织布机一样由穿孔卡片上的"程序"控制器运行,并发现了程序设计的基本要素,还为某些计算开发了一些指令,如可以重复使用某些穿孔卡片,按现代的术语来说这就是"循环程序"和"子程序"。由于她在程序设计上的开创性工作,被誉为世界上的第一位程序员。

1975年1月,美国国防部提出使用通用高级语言的必要性,并为此进行了国际范围的设计投标。1979年5月最后确定了新设计的语言。海军后勤司令部的杰克·库柏(Jack Cooper)为这个新语言起名Ada,用于纪念爱达。

1.2.3 机电式计算工具

1886年,美国统计学家赫尔曼·霍勒瑞斯(Herman Hollerith,1860—1929)借鉴了雅各织布机的穿孔卡原理,用穿孔卡片存储数据、电磁继电器代替一部分机械元件来控制穿孔卡片,制造了第一台可以自动进行加减四则运算、累计存档、制作报表的制表机(Tabulating Machine)。这台制表机参与了美国1890年的人口普查工作,仅用了6周时间就得出了准确的数据(62 622 250人),使预计10年的统计工作仅用1年零7个月就完成了,是人类历史上第一次利用计算机进行大规模的数据处理。霍勒瑞斯于1896年创建了制表机公司(TMC),1911年,TMC与另外两家公司合并,成立了CTR公司。1924年,CTR公司改名为国际商业机器公司(International Business Machines Corporation,IBM),这就是赫赫有名的IBM公司。

1938年,德国工程师康拉德·朱斯(Konrad Zuse,1910—1995)研制出Z-1计算机(见图1.11),这是第一台采用二进制的计算机。在接下来的四年中,朱斯先后研制出采用继电器的计算机Z-2、Z-3和Z-4。Z-3是世界上第一台真正的通用程序控制计算机,不仅全部采用继电器,而且采用了浮点记数法、二进制运算、带存储地址的指令形式等,这些设计思想虽然在朱斯之前已经提出过,但朱斯第一次将这些设计思想具体实现了。

图1.11 Z系列计算机

1936年,美国哈佛大学应用数学教授霍华德·艾肯(Howard Aiken,1900—1973)在读过巴贝奇和爱达的笔记后,发现了巴贝奇的设计,并被巴贝奇的远见卓识所震惊。艾肯提出用机电的方法,而不是纯机械的方法来实现巴贝奇的分析机。在IBM公司的资助下,1944年成功研制了机电式计算机Mark-Ⅰ(见图1.12)。Mark-Ⅰ长15.5m,高2.4m,由75万个零部件组成,使用了大量的继电器作为开关元件,存储容量为72个23位十进制数,采用了穿孔纸带进行程序控制。它的计算速度很慢,执行一次加法操作需要0.3s,并且噪声很大。尽管它的可靠性不高,却仍然在哈佛大学使用了15年。Mark-Ⅰ只是部分使用了继电器,

图 1.12　Mark-Ⅰ

1947 年研制成功的 Mark-Ⅱ计算机全部使用继电器。

艾肯等人制造的机电式计算机，其典型部件是普通的继电器。继电器的开关速度是 1/100s，这使得机电式计算机的运算速度受到限制。

1.2.4　电子计算机

1. 电子计算机的发展

第一代电子计算机(1946—1958)的特点是：采用电子管代替机械齿轮或电磁继电器作开关元件，但仍然笨重，而且产生很多热量，既容易损坏，又给散热带来很大的负担(见图 1.13)。采用二进制代替十进制，即所有指令与数据都用 0 与 1 表示，分别对应于电子器件的“接通”与“断开”。程序设计语言为机器语言。程序可以存储，这使通用计算机成为可能。但存储设备还比较落后，最初使用水银延迟线或静电存储管，容量很小。后来使用了磁鼓、磁芯，有了很大的改进，但仍然没有支持操作系统的环境。输入输出装置主要用穿孔卡，速度很慢。

第二代电子计算机(1959—1964)的特点是：用晶体管代替了电子管，晶体管有体积小、重量轻、发热少、耗电省、速度快、功能强、价格低、寿命长等一系列优点(见图 1.14)。用它作开关元件，使计算机结构与性能都发生了很大变化。普遍采用磁芯存储器作主存，并且采用磁盘与磁带作辅存，使存储容量增大，可靠性提高，为系统软件的发展创造了条件。最初的系统软件是监控程序，后来发展成操作系统。作为现代计算机体系结构的许多意义深远的特性相继出现，例如，变址寄存器、浮点数据表示、间接寻址、中断、I/O 处理机等。程序设计语言大发展，先是用汇编语言代替了机器语言，接着又出现了高级语言 FORTRAN、

图 1.13　第一代电子计算机

图 1.14　第二代电子计算机

COBOL。应用范围进一步扩大,除了以批处理方式进行科学计算外,开始进入实时过程控制和数据处理领域。输入输出设备也在不断改进,但是多采用脱机(Off-line)方式工作,以免浪费CPU的宝贵时间。

第三代电子计算机(1965—1970)的特点是:用集成电路取代了晶体管,最初是小规模集成电路,后来是大规模集成电路(见图1.15)。比晶体管体积更小、耗电更省、功能更强、寿命更长。集成电路芯片几乎永不失效,缺点是在抗损坏性方面十分脆弱。用半导体存储器淘汰了磁芯存储器。存储器集成化,与处理器具有良好的相容性。存储容量大幅度提高,为建立存储体系与存储管理创造了条件。普遍采用了微程序设计技术,为确立富有继承性的体系结构发挥了重要作用。

第三代电子计算机为计算机走向系列化、通用化、标准化做出了贡献。系统软件与应用软件都有很大的发展,由于用户通过分时系统的交互作用方式来共享计算机资源,因此操作系统在规模和复杂性方面都有很大的发展。为了提高软件质量,出现了结构化和模块化程序设计方法。为了满足中小企业与政府机构日益增多的计算机应用,在第三代电子计算机期间,开始出现了第一代小型计算机,如DEC的PDP-8。

第四代电子计算机(1971—)的特点是:用微处理器(Microprocessor)或超大规模集成电路(Very Large Scale Integration,VLSI)取代了普通集成电路(见图1.16)。这是具有革命性的变革,出现了影响深远的微处理器冲击。从计算机系统本身来看,四代机是三代机的扩展与延伸,存储容量进一步扩大,引进了光盘,输入采用了OCR(Optical Character Recognition,光学字符识别)与条形码,输出采用了激光打印机,使用了新的程序设计语言Pascal、Ada等。微型计算机(Microcomputer)异军突起,席卷全球,触发了计算技术由集中化向分散化转变的大变革。许多大型机的技术垂直下移进入微机领域,使计算机世界出现一派生机勃勃的景象。

图1.15 第三代电子计算机

图1.16 第四代电子计算机

第五代计算机系统(Fifth Generation Computer System,FGCS),又称智能计算机,它用自然语言、图形、图像和文件进行输入输出;用自然语言进行对话方式的信息处理,为非专业人员使用计算机提供方便;能处理和保存知识,以供使用;配备各种知识数据库,起顾问作用;能够自学习和推理,帮助人类扩展自己的才能。

2. 中国电子计算机的发展

1951年,世界数学大师华罗庚教授(见图1.17)和中国原子能事业的奠基人钱三强教授聚集国内外相关领域人才,加入我国计算机事业发展的行列。他们大多是国外归来的科学前辈，其中包括电路网络专家闵乃大教授、在美国公司工作多年的范新弼博士、从丹麦归来的吴几康工程师、从英国留学回来的夏培肃博士，以及从美国留学回来的蒋士騛博士。

图 1.17　中国计算机发展史奠基人华罗庚教授

1956 年，周恩来总理采纳华罗庚教授的建议，亲自主持制定《十二年科学技术发展规划》，把计算机列为发展科学技术的重点之一，并筹建了中国第一个计算技术研究所。根据中央的指示，以华罗庚教授和钱三强教授为首的科学前辈们开始了中国计算机的研究工作，并首次派出一批科技人员赴苏联实习和考察。同年，夏培肃完成了第一台电子计算机运算器和控制器的设计工作，同时编写了我国第一本电子计算机原理讲义。

在苏联专家的帮助下，仅用了两年的时间，中国第一台计算机——103 型通用数字电子计算机(见图 1.18)于 1958 年 6 月由中国科学院计算技术研究所研制成功，运行速度每秒 1500 次，内存容量为 1024 字节。

随后，1959 年，中国研制成功第一台大型数字电子计算机——104 型计算机，运算速度每秒 1 万次；1960 年，中国第一台大型通用电子计算机——107 型通用数字电子计算机研制成功(见图 1.19)。

图 1.18　103 型通用数字电子计算机

图 1.19　107 型通用数字电子计算机

1964 年，中国科学院计算技术研究所吴几康、范新弼领导设计 119 计算机(通用浮点 44 位二进制数据表示、每秒 5 万次运算)交付使用。这是中国第一台自行设计的电子管大型通用计算机，也是当时世界上最快的电子管计算机。对于中国计算机行业来说，这是一个里程碑式的突破。119 机的出现表明我国超强的研发能力和人有我强的不服输精神。

1964 年 10 月，哈尔滨军事工程学院研发成功了我国第一台全晶体管计算机——441B 计算机(见图 1.20)。441B 机全部零件均出自国产，是纯粹的中国制造。

虽然我国自行设计研制了多种型号的计算机，但运算速度一直未能突破百万次大关。1970 年，中国科学院计算技术研究所的小规模集成电路通用数字电子计算机——111 型计算机研发成功(见图 1.21)。1973 年，北京大学与“738 厂”联合研制的集成电路计算机——150 型计算机问世，150 机采用通用浮点 48 位二进制数据表示，每秒可进行 100 万次计算，这是我国拥有的第一台自行设计的百万次集成电路计算机，也是中国第一台配有多道程序和自行设计操作系统的计算机。

图1.20　441B计算机

图1.21　小规模集成电路通用数字电子计算机——111

1973年,由于每秒可以完成200～500万次计算的计算机不能满足中国飞行体设计计算流体力学的需要,时任中国人民解放军国防科学技术委员会副主任的钱学森要求中国科学院计算技术研究所在20世纪70年代研制亿次高性能巨型机,20世纪80年代完成十亿次和百亿次高性能巨型机,并且指出必须考虑走并行计算道路。这样的计划在现在看来也是赶超世界水平的。

1983年,中国第一台每秒钟运算一亿次以上的"银河"巨型计算机(见图1.22),由国防科技大学计算机研究所在长沙研制成功。它填补了国内巨型计算机的空白,标志着中国进入了世界研制巨型计算机的行列。

1992年,国防科技大学研制出"银河-Ⅱ"通用并行巨型机,峰值速度达每秒4亿次浮点运算(相当于每秒10亿次基本运算操作),是共享主存储器的四处理机向量机,其向量中央处理机是采用中小规模集成电路自行设计的,总体上达到20世纪80年代中后期国际先进水平,主要用于天气预报。

1990年3月,国家智能中心成立,李国杰担任主任,并兼任"曙光一号"机的课题负责人。1993年5月,"曙光一号"诞生,运算速度每秒6.4亿次,达到世界先进水平(见图1.23)。这项耗资仅200万元人民币的项目得到了科技部专家的充分认可。

图1.22　"银河"巨型计算机

图1.23　"曙光"系列大型机

超级计算机虽然造价和使用成本不低,但对国防军工、高能物理、核工程、航空航天等领域的作用非同一般,因此急需打破外国垄断。2009年6月15日,曙光公司开发的首款超百万亿次超级计算机"曙光5000A"入驻上海超算中心并正式开通启用,意味着中国计算机首次迈进计算速度百亿次时代。

2010年6月1日,曙光公司研制的超级计算机"星云"(见图1.24),运算速度达到了1.27PFLOPS(千万亿次浮点运算每秒),即每秒钟可进行1270万亿次浮点运算,排在美国的"美洲豹"计算机之后,成为世界运算速度排名第二的计算机。

2010年11月,"天河一号"(Tianhe-1)在中国国家超级计算中心诞生,该机器使用Intel

Xeon 处理器和 Nvidia GPU，183368 个处理核心，运算速度达到 2.6PFLOPS。

图 1.24 “星云”系列大型机

2014 年，中国国防科技大学的“天河二号”超级计算机（见图 1.25），在曙光公司问世，该机器有 312 万颗核心处理器，其浮点运算速度达 33.86PFLOPS，国际排名第一。2015 年 7 月 13 日，在德国举行的 2015 年国际超级计算机大会发布全球超级计算机 500 强最新榜单，中国“天河二号”以每秒 33.86 千万亿次的浮点运算速度第五次蝉联冠军。排名第二的依然是由美国超级计算机领域克雷计算机公司（Cray）打造的“泰坦”超级计算机，浮点运算速度为每秒 17.59 千万亿次。

2016 年，由中国国家并行计算机工程技术研究中心研制的超级计算机神威太湖之光（见图 1.26），安装了 40960 个中国自主研发的“神威 26010”众核处理器，理论峰值性能约为 125PFLOPS。在 LINPACK 性能测试中以每秒 93 千万亿次浮点运算的测试速度超越同为中国组建的“天河二号”（LINPACK 成绩约为每秒 34 千万亿次浮点运算），成为当时世界上最快的超级计算机。

图 1.25 “天河二号”超级计算机

图 1.26 神威太湖之光

3. 电子计算机发展特点

1）巨型化

由于计算机应用的不断深入，对大型机、巨型机的需求也急剧增加，巨型化是指计算机运算速度可达每秒百亿、万亿次的巨型计算机或是超级计算机，主要应用在天气预报、地震机理研究、石油和地质勘探、核反应、航天飞机以及卫星图像处理等需要大量科学计算的高科技领域，它标志着一个国家计算机技术的发展水平。

2）便携化

随着计算机在人类生活中的普及应用，便携式计算设备，包括手机、笔记本电脑、平板电脑、POS 机、车载电脑等已经被广泛使用。这些设备具有多种应用功能，通常有一个小的显示屏幕，触控输入，或是小型的键盘，通过它可以随时随地访问获得各种信息。目前，多数便携式计算设备都具有很强的处理能力，以及内存、存储介质和操作系统，是一个完整的超小型计算机系统，可以完成较为复杂的处理任务。

3）智能化

计算机的智能化要求计算机具有人类的部分智能，使计算机能够进行图像识别、定理证明、研究学习、启发和理解人类语言等工作，计算机作为目前的智能计算机系统，已经能够部分代替人的体力劳动和脑力劳动。到目前为止，计算机在科学计算、事务处理工作方面已经达到了相当高的水平,是人力望尘莫及的,但在智能性方面,计算机还远远不如人脑。如何让计算机具有人脑的智能,模拟人的推理、联想、思维等功能是计算机技术的一个重要发展方向。

1.2.5 新型计算工具

计算机性能的改进始终赶不上人类不断增长的信息处理需求。人类社会进步与经济发展向计算机提出了几乎无止境的需求,为了不断满足这种需求,人们发明了许多新的计算工具,如生物计算机、量子计算机、光子计算机等。

生物计算机(见图1.27)也称仿生计算机,主要原材料是借助生物工程技术产生的蛋白质分子,并以此作为生物芯片来替代半导体硅片,利用有机化合物存储数据。信息以波的形式传播,当波沿着蛋白质分子链传播时,会引起蛋白质分子链中单键、双键结构顺序的变化。其运算速度要比当今最新一代计算机快10万倍,具有很强的抗电磁干扰能力,并能彻底消除电路间的干扰,能量消耗仅相当于普通计算机的十亿分之一,且具有巨大的存储能力。生物计算机具有生物体的一些特点,如能发挥生物本身的调节机能,自动修复芯片上发生的故障,还能模仿人脑机制等。

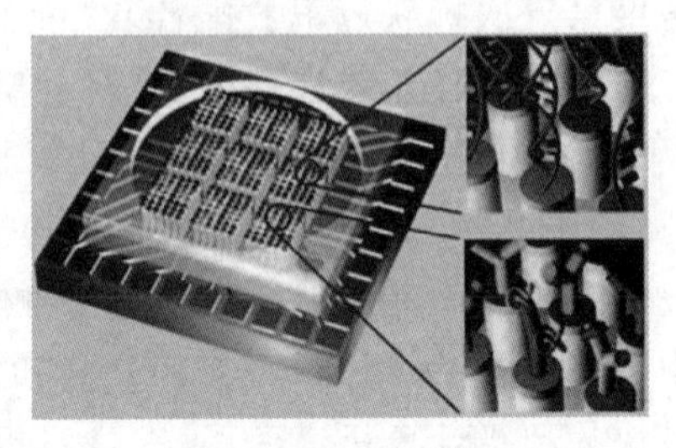

图1.27 生物计算机

量子计算机(见图1.28)是基于量子效应基础开发的,它利用一种链状分子聚合物的特性来表示开与关的状态,利用激光脉冲来改变分子的状态,使信息沿着聚合物移动,从而进行运算。量子计算机中数据用量子位存储,由于量子叠加效应,一个量子位可以是0或1,也可以既存储0又存储1。因此一个量子位可以存储两个数据,同样数量的存储位,量子计算机的存储量比普通计算机大许多。同时量子计算机能够实现量子并行计算,其运算速度可能比个人计算机Pentium Ⅲ处理器快10亿倍。据称,全球所有计算机100万年的工作量,量子计算机只需几分钟就能完成。目前正在开发中的量子计算机有核磁共振(NMR)量子计算机、硅基半导体量子计算机和离子阱量子计算机3种类型。2012年量子计算机的研究者,法国物理学家塞尔日·阿罗什(Serge Haroche,1944—)同美国物理学家戴维·维因兰德(David J. Wineland,1944—)获得了诺贝尔物理学奖。

光子计算机(见图1.29)是一种利用光信号进行数字运算、逻辑操作、信息存储和处理的新型计算机,它由激光器、光学反射镜、透镜、滤波器等光学元件和设备构成,靠激光束进入反射镜和透镜组成的阵列进行信息处理,以光子代替电子、光运算代替电运算。光的并行与高速决定了光子计算机有很强的并行处理能力,具有超快的运算速度。光子计算机还具有与人脑相似的容错性,系统中某一元件损坏或出错时,并不影响最终的计算结果。光子在光介质中传输所造成的信息畸变和失真极小,光传输、转换时能量消耗和散发热量极低,对环境条件的要求比电子计算机低得多。1986年6月,世界上第一台光子计算机已由欧共体的英国、法国、比利时、德国和意大利的70多名科学家共同研制成功,其运算速度比电子计算机快1000倍。科学家们预计,光子计算机的进一步研制将成为21世纪高科技课题之一。

图 1.28　量子计算机

图 1.29　光子计算机

1.3　计算模式的演变

计算模式的演变共经历了三个阶段：单机模式、网络计算模式、云计算模式。

在单机模式阶段，计算机笨重、复杂、昂贵，只有大公司和政府部门少量拥有，仅专业人员可以操作；计算机离普通人非常遥远，普通人员操作计算机的情景只在科幻小说中出现；没有键盘、显示器等输入输出设备；用户使用的终端(Terminal)只有很少的输入数据和查看结果的功能，计算软件运行在主机(Main Computer)上；这个阶段的计算过程为“数据输入——处理——结果输出”。微处理器技术和本地软件(Local Software)种类的增加，使计算机更易使用，个人计算机(Personal Computer)销售量增加；当时的计算机没有联网，用户只能利用安装在本机上的软件使用计算机。

在网络计算模式阶段，计算机网络(Computer Network)技术面向公众开放，Internet、World Wide Web也相继问世。这个阶段的计算与Web相关，如E-mail、网络游戏、搜索社交、BBS(Bulletin Board System)等；计算机是访问网络的主要设备。此外，智能手机等移动设备也成为访问网络的重要设备，应用程序、数据、软件保存在本地硬盘，出现了C/S(Client/Sever，客户/服务器)模式、B/S(Browser/Server，浏览器/服务器)模式、对等网、分布式计算等结构的网络。

在云计算(Cloud Computing)阶段，云计算通过互联网提供存储空间、应用软件、信息访问等各种服务。它改变了原有的计算模式，使本地软件逐步消失。云计算将计算分布在大量的分布式计算机上，而非本地计算机或远程服务器中，使企业数据中心的运行与互联网更相似。这使得企业能够将资源切换到需要的应用上，根据需求访问计算机和存储系统。用户不需安装应用软件，也无须为软件的更新而烦恼。只要有一个上网设备，就可以享受数据访问、软件运行、E-mail、搜索等服务。例如，Facebook、Twitter、Wiki等社交媒体都是基于云计算的应用或服务。云计算的出现意味着计算能力也可以作为一种商品进行流通，就像生活中的各种服务一样，最大的不同在于：它是通过互联网进行传输的。被普遍接受的云计算特点如下。

1) 超大规模

“云”具有相当的规模，Google云计算已经拥有100多万台服务器，Amazon、IBM、微软、Yahoo等的“云”均拥有几十万台服务器。企业私有“云”一般拥有数百上千台服务器。“云”能赋予用户前所未有的计算能力。

2）虚拟化

云计算支持用户在任意位置、使用各种终端获取应用服务。所请求的资源来自“云”，而不是固定的有形的实体。应用软件在“云”中某处运行，用户无须了解、也不用关心应用软件运行的具体位置，只需要一台笔记本或者一部手机，就可以通过网络服务来实现所需要的计算任务，甚至包括超级计算这样的任务。

3）高可靠性

“云”使用了数据多副本容错、计算节点同构可互换等措施来保障服务的高可靠性，使用云计算比使用本地计算机更可靠。

4）通用性

云计算不针对特定的应用，在“云”的支撑下可以构造出千变万化的应用，同一个“云”可以同时支撑不同的应用运行。

5）高可扩展性

“云”的规模可以动态伸缩，满足应用和用户规模增长的需要。

6）按需服务

“云”是一个庞大的资源池，像自来水、电、煤气那样计费，可按需购买。

7）廉价性

由于“云”的特殊容错措施可以采用极其廉价的节点来构成，“云”的自动化集中式管理使大量企业无须负担日益高昂的数据中心管理成本，“云”的通用性使资源的利用率较传统系统大幅提升，因此用户可以充分享受“云”的低成本优势，如企业只需花费几百美元、几天时间就能完成以前需要数万美元、数月时间才能完成的任务。

云计算与传统的付费式服务截然不同，这意味着雇佣系统管理员、购买服务器和开发应用所需要的各种东西对于普通用户将不再支付费用，开发者可以使用服务器提供商提供的连接服务器的所有VPN接口，极大地减少了个人用户的花费。

一般来说，目前比较公认的云架构划分为基础设施层、平台层和软件服务层三个层次，分别为IaaS(Infrastructure as a Service，基础设施即服务)、PaaS(Platform as a Service，平台即服务)和SaaS(Software as a Service，软件即服务)，如图1.30所示。

IaaS主要包括服务器、通信设备、存储设备等，能够按需向用户提供计算能力、存储能力或网络能力等IT基础设施类服务，也就是在基础设施层面提供服务。今天IaaS得到成熟应用的核心在于虚拟化技术，通过虚拟化技术可以将形形色色的计算设备统一虚拟化为虚拟资源池中的计算资源，将存储设备统一虚拟化为虚拟资源池中的存储资源，将网络设备统一虚拟化为虚拟资源池中的网络资源。当用户订购这些资源时，数据中心管理者直接将订购的份额打包提供给用户，从而实现了IaaS。

如果以传统计算机架构中“硬件＋操作系统/开发工具＋应用软件”的观点来看，那么云计算的平台层应该提供类似操作系统和开发工具的功能，实际上也的确如此。PaaS是通过互联网为用户提供一整套开发、运行和运营应用软件的支撑平台。就像在个人计算机软件开发模式下，程序员可能会在一台装有Windows或Linux操作系统的计算机上使用开发工具开发并部署应用软件一样。微软公司的Windows Azure和谷歌公司的GAE，是目前PaaS平台中最为知名的两个产品。

SaaS是一种通过互联网提供软件服务的软件应用模式。在这种模式下，用户不需要大

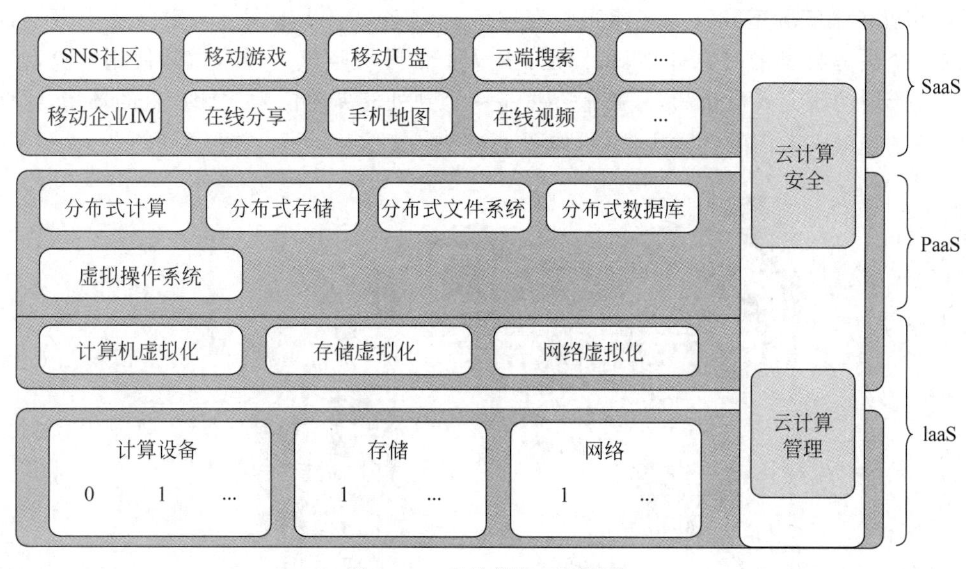

图 1.30 云计算的三层架构

量投资用于硬件、软件和开发团队的建设，只需要支付一定的租赁费用，就可以通过互联网享受到相应的服务，而且整个系统的维护也由厂商负责。

移动云计算是云计算技术在移动互联网中的应用。移动互联网一般是指在手持设备（如手机、平板电脑等）上通过无线的方式访问互联网。手机等手持设备较之 PC，数据处理能力和存储能力都极其有限，键盘与屏幕、电池与带宽也受到限制。而突破这些限制，更需要强大的计算能力和存储能力。云计算的一大优势是由"云"端来提供强大的计算能力和存储能力，这正好可以弥补手持设备的上述不足。毫无疑问，移动互联网更需要云计算。

移动互联网与云计算相结合就形成"移动云计算"。因此移动云计算模式可以定义为：使用手持设备通过无线移动网络，以按需、易扩展的方式从互联网获得所需的 IT 基础设施、平台、软件（或应用）等的一种 IT 资源（或信息）服务的交付与使用模式。随着移动互联网的蓬勃发展，基于手机、平板电脑等移动终端的云计算服务正在世界范围内成为移动互联网服务的新热点。

另外，普适计算、服务计算、群智计算等新型计算模式的出现进一步拓展了计算模式的概念和范畴。

普适计算可以解释为计算的普及性和适应性。普及性指网络互联的计算设备以各种形式形态渗透到人们的生活空间，成为人们获得信息服务的载体——即信息空间普遍存在；适应性指信息空间以适合用户的方式提供能适应变化的计算环境的连贯的信息服务——即信息服务方便适用。普适计算力图将以计算机为中心的计算转变为以人为中心的计算，这种转变将极大地促进信息技术在全社会的普遍应用，具有重要的战略意义[①]。在普适计算的模式下，人们能够在任何时间、任何地点、以任何方式进行信息的获取与处理。

普适计算现在已经成为一个研究热点，许多著名的科研机构和公司都将其列入研究计划。如 MIT 的 Oxygen 研究计划，在美国国防部高级研究计划局（DARPA）的资助下，由

① 徐光档，史元春，谢伟凯. 普适计算[J]. 计算机学报，2003，26(9)：1042-1050.

MIT计算机科学实验室和人工智能实验室主持,于2000年开始实施。它是追求普适计算理想的一个最为典型的研究计划,目标是:让人们像呼吸空气一样自由地使用计算和通信资源。该计划的研究人员认为,未来世界将是一个到处充斥着嵌入式计算机的环境,这些计算机设备已经融入人们的日常生活中,如图1.31所示。

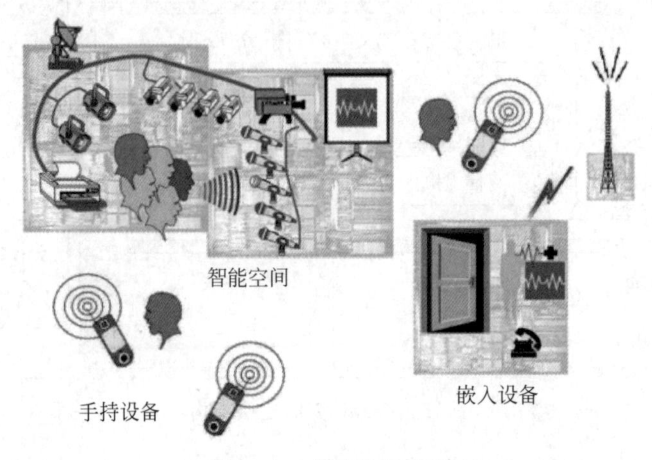

图1.31　普适计算环境

服务计算是跨越计算机与信息技术、商业管理、商业咨询服务等领域的一个新学科,是应用面向服务架构技术在消除商业服务与信息支撑技术之间的横沟方面的直接产物[①]。倡导以服务及其组合为基础构造应用的开发模式,以标准化、松耦合及透明的应用集成方式提供服务,并以标准的方式支持系统的开放性,进而使相关技术与系统具有长久的生命力。

如基于Web与虚拟化技术的消费性服务,可以为个人提供服务,包括教育、保健、住宿、餐饮、文化娱乐、旅游、房地产和商品零售等。目前,越来越多的该类服务被迁移到Internet环境下,通过Web 2.0和服务资源虚拟化等服务计算技术,实现电子商务服务系统,充分提升顾客享受服务时的便利性与快捷性。另外,还有以通信服务为基础,为其他行业提供基础的计算机、网络、通信等基础设施的支持;基于3G、Internet的基础设施,向用户提供各类增值信息服务,对信息进行采集、聚集、加工、检索、提供和使用。服务科学与服务计算技术是构造该类服务系统的核心技术。

群智计算的思想来源于众包和群智感知,是一种移动互联网背景下利用移动用户及其智能设备进行的分布式问题解决模式[②]。近年来,移动智能设备的普及和无线通信技术的快速发展拓宽了群智计算的应用场景和实现规模,网络中的用户可以通过手持智能设备中内置的丰富传感器(GPS、摄像头、加速计、指南针等)和强大的存储、计算能力随时随地参与任务的感知、计算和数据分发,通过合理的协作和共享完成机器或个人难以完成的大规模复杂问题。在合适的场景下,通过群智计算的方式能够极大地提高任务完成效率和部署灵活性,节约网络资源。群智计算获取的海量用户数据也可以提供很多有价值的信息,为智慧城市的构建奠定基础。

---

① ZHANG L J,ZHANG J,CAI H. Services computing[M]. Beijing: Tsinghua University Press,2007.

② PARSHOTAM K. Crowd computing: a literature review and definition[C]//Proceedings of the South African Institute for Computer Scientists and Information Technologists Conference. 2013: 121-130.

1.4 计算的泛在化

随着计算机科学的发展和学科交叉的融合，计算机科学与其他科学相互融合，产生了计算社会学、计算生物学、计算经济学、计算广告学等一系列计算+X的交叉学科；另外，以5G为代表的新一代信息技术以及物联网、移动互联网、云计算的兴起也进一步扩展了计算机科学的外延。

1.4.1 计算+X学科

随着互联网、大数据、人工智能等技术的深入发展，一方面，计算作为核心工具渗透到更多学科；另一方面，诸多领域需要计算机来求解复杂问题。此外，计算思维也在各学科领域加速扩展应用。基于上述原因，近年来计算学科的内涵进一步拓展，产生了计算社会学、计算生物学、计算经济学、计算广告学等计算+X的交叉学科。

1. 计算社会学

计算社会学是指将计算与算法的理论、方法、技术与工具等应用于社会行为与人类群体研究的学科。大数据时代，越来越多的人类活动在各种数据库中留下痕迹，产生了关于人类行为的大规模数据。这些数据为社会研究提供了新的可能，通过对这些数据的分析，可以获得人类行为和社会过程的模式。计算社会学从科学方法的基础演化而来：实证研究（如利用大数据分析数位足迹）以及科学理论（如利用计算机模拟建立社会模型）等。计算社会学是一种多学科综合的方法，透过先进的资讯科技观察社会，特别是资讯的处理。计算机用于分析社会网络、社会地理系统、社群媒体、传统媒体等内容。

2. 计算生物学

计算生物学是伴随着计算机科学技术的迅猛发展而诞生的一门新兴交叉学科，其发展标志是大量生命科学数据快速积累以及为处理这些复杂数据而设计的新算法的不断涌现。根据美国国家卫生研究所的定义，它是将开发和应用数据分析及理论方法、数学建模和计算机仿真技术，用于生物学、行为学和社会群体系统研究的一门学科。计算生物学已经成为现代生物学的重要分支学科，研究内容包括：生物序列的片段拼接、序列对比、蛋白质结构预测等。

3. 计算经济学

计算经济学是以计算机为工具研究人和社会经济行为的社会科学。现在主流的计算经济学方法是基于智能代理的计算经济学。人们发现经济系统本质上是一个由大量主体组成的复杂适应系统，研究复杂适应系统的有效途径是计算机模拟，而不是传统的数理分析和计量检验，这促使分布式仿真研究应运而生。计算机仿真方法可以弥补传统经济学研究的不足，基于Agent的计算经济学在这种背景下开始形成、发展起来。

4. 计算广告学

计算广告学是一门广告营销科学，以追求广告投放的综合收益最大化为目标，主要研究内容是广告精准投放和广告竞价模型。广告精准投放的研究：通过分析用户的网络历史行为，挖掘用户的兴趣与哪些广告相互吻合，然后定向地向用户投放潜在感兴趣的广告，不仅可以帮助公司宣传产品和增加收益，而且可以帮助用户过滤那些根本不需要的产品广告，避免消耗用户宝贵时间。广告竞价模型的研究：传统广告的投放无法做到跟踪用户查看广告之后的行迹，因此，广告公司的客户认为广告费用高，广告效果不佳。而计算广告学下的广告竞价模型，通过网络技术手段跟踪用户在看过广告之后，是否吸引用户点击进入网站，是否最终完成购买行为等，通过实际数据分析来确定广告费用，降低了广告公司客户的广告费用投入。

1.4.2 计算的延伸

作为国务院确定的七大国家战略性新兴产业体系之一的新一代信息技术近年来受到广泛关注，主要包括六个方面：下一代通信网络、物联网、三网融合、新型平板显示、高性能集成电路和以云计算为代表的高端软件，其核心都是计算。下面以物联网、移动互联网和云计算这三种未来新一代信息技术发展的主要方向为例，来帮助读者体会这些信息技术中计算的核心地位。

物联网概念最早出现于比尔·盖茨1995年出版的《未来之路》一书，该书提出了"物-物"相连的物联网雏形，只是当时受限于无线网、硬件及传感器设备的发展，并未引起世人的重视。2005年，国际电信联盟在《ITU互联网报告2005：物联网》中正式提出了"物联网"的概念。该报告指出，无所不在的"物联网"通信时代即将来临，世界上所有的物体从轮胎到牙刷、从房屋到纸巾都可以通过互联网主动进行交流。

物联网(Internet of Things，IOT)是通过各种信息传感设备及系统(传感网、射频识别系统、红外感应器、激光扫描器、条码与二维码、全球定位系统等)，按约定的通信协议，将物与物、人与物、人与人连接起来，并通过各种接入网、互联网进行信息交换，以实现智能化识别、定位、跟踪、监控和管理的一种计算模式。这种计算模式在智能家居方面的应用已取得可喜的成功，如全球顶尖科技豪宅——比尔·盖茨的家就是智能家居的典型代表。据报道，比尔·盖茨的豪宅座落于华盛顿湖东岸，依山傍水，整座宅第大约占地6.6万ft^2(1ft=0.3048m)，耗时7年兴建，总花费9700万美元。其中，最吸引人的是其智能化，被誉为未来生活典范。图1.32为比尔·盖茨豪宅的外观图，图1.33为豪宅内部景观图。盖茨的家随处可见高科技的影子，来访者通过出口就会产生其个人信息，这些信息会被作为来访数据储存到计算机中；大门装有气象情况感知器，可以根据各项气象指标，控制室内的温度和通风情况。

图1.32 比尔·盖茨豪宅的外观图

图1.33 比尔·盖茨豪宅内部景观图

随着传感器等设备广泛深入的应用，物联网技术开始应用于电力、交通和医疗等行业。智慧电力对于传统电力来说，意味着更高的电力可靠性和电力质量、更短的停电恢复时间，进而实现更高生产率和对电力潜在障碍的防护，更精准地预测需替换的资产设备及支出。DONG Energy是丹麦最大的能源公司，该公司致力于改善其电力传输网络的管理和使用效率，以便能更快、更有效地解决停电问题。通过安装远程监视和控制设备，DONG Energy 可以将停电时间缩短 25%～30%，故障搜索时间缩短 1/3。交通堵塞是现在交通运输的严峻挑战，例如，交通堵塞造成的损失占 GDP 的 1.5%～4%，这些损失来源于员工生产效率降低、交通时间增加、环境危害等。传统的解决方式多为增加容量，在互联网时代，需要开始思考其他解决方案。将智能技术运用到道路和汽车中是可以实现的。例如，增设路边传感器、射频标记和全球定位系统。

移动互联网作为一种新兴的计算模式正表现出巨大的潜力和价值，使得移动互联网的研究和应用成为热门。移动互联网是互联网与移动通信互相融合的新兴市场，目前呈现出互联网产品移动化强于移动产品互联网化的趋势。从技术层面看，以宽带网为技术核心，可以同时提供语音、数据和多媒体业务的开放式基础电信网络；从终端看，用户可使用手机、上网本、笔记本电脑、平板电脑、智能本等移动终端，通过移动网络获取移动通信网络服务和互联网服务。

移动互联网也使搜索产生巨大改变，如利用基于 GPS 位置的搜索可以在百度地图搜索附近的超市、加油站、酒店等，这种基于互联网的搜索考虑了用户的空间位置属性，使得搜索的准确性大幅度提升。移动互联网这种计算模式正在逐渐改变人们的生活方式，例如，用户现在可以通过手机淘宝购买 T 恤，通过手机银行办理业务，通过支付宝钱包进行付款，不再需要像以往一样逛街买衣服，在银行营业厅排队办理业务，使用现金付款。生活中，人们越来越离不开这些移动互联网服务，它们与人们的生活息息相关，并成为日常生活和工作不可或缺的一部分。

云计算是一种基于互联网的计算模式，最初由亚马逊公司提出。亚马逊作为一家超大型在线零售企业，为了应对销售峰值需购买大量的 IT 设备，但是这些设备平时处于空闲状态，这对于企业来说相当不划算。不过亚马逊很快发现他们可以运用自身网站优化技术和经验上的优势，将这些设备、技术和经验作为一种打包产品去为其他企业提供服务，那么闲置的 IT 设备就会创造价值，这就是亚马逊提出云计算服务的初衷。随着云计算技术不断的优化，云计算成为一种新兴的共享基础架构的方法，可以将巨大的系统池连接在一起以提供各种 IT 服务。在这种模式下，虚拟化的动态可扩展资源通过互联网以服务的形式提供，终端用户不需要了解“云”中基础设施的细节，不必具有相应的专业知识，也无须直接进行控制，只需关注自己真正需要什么样的资源，以及如何通过互联网得到相应的服务。

目前，许多研究领域需要非常昂贵的计算设备和资源，但通过购买云计算服务，使研究机构不需要直接购买计算设备和资源，从而大大降低了研究成本。例如，蛋白质组学研究是生命科学领域的一大热点，开展蛋白质组学研究面临的一个难题就是成本太高。蛋白质组学研究需要采购和维护非常昂贵的计算设备和资源，用于分析通过自谱仪获取的大量的蛋白质组学数据流，以鉴定分子的基本组成与化学结构。美国威斯康星医学院生物技术与生物工程中心开发出一套名为 ViPDA（虚拟蛋白质组学数据分析集群）的免费软件，这套软件与亚马逊公司的云计算服务搭配使用，可极大降低蛋白质研究成本。又例如，2009 年 4 月，美国华盛顿大学宣布与其他几家公司联手开展两项研究项目，为海洋学和天文学建立云计算网络平台，处理巨大的数据集，进行海洋气候模拟和天文图片分析。该项目的基础是 2007 年建立的云计算中心，这一数据中心最初用于教学，由 Google、IBM 公司以及包括华盛顿大学在内的 6 家学术机构共同开发。使用云计算服务平台，使得海洋学和天文学中需要处理大规模数据集的问题得到有效解决,并降低了研究成本,为海洋学和天文学的研究奠定了良好的基础。

1.5 计算技术的应用

随着现代科技的发展,计算技术在越来越多的领域中得到了广泛应用,如搜索、推荐、智能驾驶、机器人、智慧出行等。

1.5.1 搜索

搜索是从海量数据中找到满足用户需求的信息,已成为人们工作和生活中不可或缺的一种计算模式。搜索引擎就是搜索计算模式的杰出代表,已成为互联网提供信息服务的几乎众所周知的一种工具。它根据用户查询自动从互联网收集信息,并对收集的信息经过一定排序后,提供给用户。目前在全世界只有五个国家拥有属于自己的搜索引擎,如美国的Google、中国的百度、俄罗斯的Yandex、韩国的Naver和日本的Goo。

搜索引擎随着互联网的发展而发展。互联网上的第一代搜索引擎出现于1994年前后,以AltaVista和Yahoo!为代表。搜索结果的好坏通常用反馈结果的数量或"查全率"来衡量。研究表明,当时的搜索引擎仅能搜到互联网全部页面的16%甚至更低,主要原因是搜索引擎处理能力及当时网络带宽的限制。20世纪末21世纪初,第二代搜索引擎出现,主要特点是查准率大大提高。第二代搜索引擎的代表Google借鉴了"超链分析"技术并发明了PageRank算法,算法核心思想是根据页面链接关系,计算页面本身的重要性。第二代搜索引擎在技术和商业上都获得了巨大的成功。

搜索引擎技术的发展趋势如下:

(1) 社会化搜索。传统搜索引擎强调的是结果与搜索的相关性,但需要面对社交平台和众多应用系统的崛起,面临如何保持用户黏性、增强用户黏度等挑战。社会化搜索引擎是指在传统搜索的基础上,融入社区、社交等概念,更注重搜索结果的可信度,从用户心理角度出发提供更加准确且值得信赖的结果。

(2) 智能化搜索。智能化搜索引擎是结合了人工智能技术的新一代搜索引擎,除了能提供传统的快速检索、相关度排序等功能,还能提供用户角色登记、用户兴趣自动识别、内容的语义理解、智能信息化过滤和推送等功能。此外,智能化搜索还能实现一站式搜索网页、音乐、游戏、图片、电影、购物等互联网上所能查询到的所有主流资源。与普通搜索引擎不同的是,智能化搜索能集各个搜索引擎的搜索结果于一体,使用户在使用时更加方便。

(3) 跨语言搜索。随着经济社会的发展,用户希望搜索引擎能够不受语言的限制,可以实现跨越语言界限的检索,即能够用一种语言表达的查询检索出用另一种语言书写的信息。跨语言搜索除了检索技术外,还需要用到机器翻译、双语词典查询、双语语料挖掘等技术。

(4) 多媒体搜索。多媒体搜索是根据用户的要求,对图形、图像、文本、声音、动画等多媒体信息进行检索,得到用户所需的信息。

(5) 个性化搜索。在追求个性的时代,搜索引擎应该能够实现不同用户在搜索同一关键词的时候,搜索结果各不相同。个性化搜索需要对用户建立一套准确的个人兴趣模型,根据用户历史浏览、社交网络、地理感知等提取关键词及权重,为不同用户提供个性化的搜索结果。而随着用户兴趣的不断变化，还能让机器持续学习，始终保持与用户一致的兴趣，将是未来搜索引擎的发展趋势。

(6) 垂直化搜索。通用搜索引擎虽然搜索的内容多且广，却无法满足用户特定的需求。垂直化搜索是有针对性地为某一特定领域、某一特定人群或某一特定需求提供专门的信息检索服务。垂直搜索引擎也常常被称为专业搜索引擎、专题搜索引擎，是通过对专业特定的领域或行业的内容进行专业和深入的分析挖掘、过滤筛选，信息定位更精准。能否提供全面权威的行业信息，能否最大限度拥有行业资源是垂直搜索引擎发展的关键。

1.5.2 推荐

互联网规模和覆盖面的迅速增长带来了信息超载的问题：过量信息同时呈现使得用户无法从中获取对自己有用的部分，信息使用效率反而降低。现有的很多网络应用，如门户网站、搜索引擎和专业数据索引本质上都是帮助用户过滤信息的手段。然而这些工具只满足主流需求，没有个性化的考虑，仍然无法很好地解决信息超载的问题。推荐系统作为一种信息过滤的重要手段，是当前解决信息超载问题的非常有潜力的方法。推荐系统与以搜索引擎为代表的信息检索系统的区别在于：①搜索注重结果(如网页)之间的关系和排序，推荐是研究用户模型和用户喜好，并基于社会网络进行个性化计算；②搜索的进行由用户主导，包括输入查询词和选择结果，结果不好，用户会修改查询再次搜索。而推荐是由系统主导用户的浏览顺序，引导用户发现需要的结果。高质量的推荐系统会使用户对该系统产生依赖。因此，推荐系统不仅能够为用户提供个性化的服务，而且能够与用户建立长期稳定的关系，提高用户忠诚度，防止用户流失。

推荐系统最典型的应用是在B2C电子商务领域，具有良好的发展和应用前景，商家根据用户的兴趣、爱好推荐顾客可能感兴趣或满意的商品(如书籍、音像等)。顾客的需求通常是不明确的、模糊的，如果商家能够把满足用户模糊需求的商品推荐给用户，就可以把用户的潜在需求转化为现实需求，从而达到提高产品销售量的目的。目前，几乎所有的大型电子商务系统，如亚马逊、eBay等，都不同程度地使用了各种形式的推荐系统。其中亚马逊研究电子商务的推荐系统长达10年时间。各种提供个性化服务的Web站点，如电影、音乐网站，也需要推荐系统的大力支持。

推荐系统的研究发展多年，曾经一度进入低潮期。近年来，机器学习、大规模网络应用需求和高性能计算的发展推动了这个研究领域的新进展，可以深入并可能取得成果的方向很多，如多维度推荐、相关反馈、评价准则、安全性及推荐社会学等仍然是当前进行深入研究和扩展的热点方向。伴随着这些问题的逐渐解决，推荐系统将在互联网领域为用户提供更加便捷、有效的信息获取。

1.5.3 智能驾驶

智能驾驶与无人驾驶是不同的概念，智能驾驶更为宽泛，它指的是机器帮助人进行驾驶，以及在特殊情况下完全取代人驾驶的技术。

智能驾驶的时代已经来到。例如，很多车都有自动刹车装置，其主要技术就是在汽车前部装上雷达和红外线探头，当探知前方有异物或者行人时，会自动帮助驾驶员刹车。另一种技术与此非常类似，即在路况稳定的高速公路上实现自适应性巡航，也就是与前车保持一定距离,前车加速时本车也加速,前车减速时本车也减速。这种智能驾驶可以在极大程度上减少交通事故,从而减少保险公司损失。

智能驾驶作为战略性新兴产业的重要组成部分,是由互联网时代到人工智能时代过程中,出现的第一个精彩乐章,也是世界新一轮经济与科技发展的战略制高点之一。发展智能驾驶,对于促进国家科技、经济、社会、生活、安全及综合国力有着重大的意义。

1.5.4 机器人

机器人是能够半自主或全自主工作的智能机器。机器人具有感知、决策、执行等基本特征,可以辅助甚至替代人类完成危险、繁重、复杂的工作,提高工作效率与质量,服务人类生活,扩大或延伸人的活动及能力范围。随着计算技术与人工智能的快速发展,机器人研究日益受到重视,这个领域体现出广泛的学科交叉,涉及众多课题,如机器人体系结构、机构、控制、智能、传感、机器人装配、恶劣环境下的机器人以及机器人语言等。比较重要的研究有:传感器与感知系统,驱动、建模与控制,自动规划与调度,计算机系统等。机器人可以应用在核能、高空、水下和其他危险环境中,如采矿机器人、军用机器人、灾难救援机器人、排险机器人及抗暴机器人等,还可以应用在工业、农业、建筑业、医疗、服务业等,如康复机器人、播音主持合成机器人、餐饮机器人等,如图 1.34 所示。

图 1.34　机器人应用

1.5.5 智慧出行

智慧出行也称智能交通,是指借助移动互联网、云计算、大数据、物联网等先进技术和理念,将传统交通运输业和互联网进行有效渗透与融合,形成具有“线上资源合理分配,线下高效优质运行”的新业态和新模式,并利用卫星定位、移动通信、高性能计算、地理信息系统等技术实现城市、城际道路交通系统状态的实时感知,准确、全面地将交通路况,通过手机导航、路侧电子布告板、交通电台等途径提供给百姓。在此基础上,集成驾驶行为实时感应与分析技术,实现公众出行多模式多标准动态导航,提高出行效率;并辅助交通管理部门制定交通管理方案,促进城市节能减排,提升城市运行效率。

习　题　1

1. 什么是计算科学,简要说明计算科学的分支领域。
2. 谈谈你所接触过的计算工具。

3. 电子计算机的发展共分为几代？每代的特点是什么？
4. 简述新型计算工具有哪几种。
5. 简述计算模式的演变过程。
6. 简要说明 C/S 模式和 B/S 模式。
7. 什么是云计算？简述云计算的三层架构及每层的作用。
8. 任选一种新型计算模式，谈谈你的看法。
9. 列举 3 种计算机应用，并简要说明。
10. 什么是物联网？请举几个例子说明。
11. 简述搜索引擎技术的发展趋势。
12. 谈一谈推荐系统的困境和应用场景。
13. 谈谈你对中国计算机发展的看法。
14. 你所感受到的身边的计算科学的相关技术有哪些？举例说明。

第2章 IT产业、社会与职业道德

虽然现代计算机的发展历史只有70多年的时间,但期间众多的企业、科学家、工程师和业界精英为计算机的发展做出了不懈努力。计算机及计算机网络的快速发展和广泛应用,极大地促进了经济发展和社会进步,也给人们的日常生活带来了很大的便利,在一定程度上改变着人们的生活方式。但同时也出现了一些问题,如攻击他人计算机系统、发送垃圾邮件、泄露他人个人信息等不道德行为和犯罪行为,这些问题都给他人和社会带来了极大的危害。

2.1 著名的IT公司

随着计算机新产品的不断涌现和旧产品的不断消亡,众多公司创立、合并和倒闭,提供计算机产品和服务的产业正处于一种连续的变化状态中。

2.1.1 著名的计算机公司

计算机科学技术的发展,不仅要有先进的研究成果,更需要把研究成果转化成性能优良的畅销商品,这样才能形成良性循环,使市场的回报为新产品的研究和开发相互促进。各IT公司在推动计算机技术的发展方面发挥了非常重要的作用,这里选择一些做出突出业绩的有代表性的IT公司做简要介绍。

以Intel、IBM、微软和联想为代表的中外计算机公司为计算机系统的发展做出了卓越贡献。

1. Intel公司

Intel(英特尔)公司是全球最大的个人计算机零件和CPU制造商,总部位于美国加州。随着个人计算机的普及,Intel成为世界上最大的设计和生产半导体的科技公司,为全球日益发展的计算机工业提供微处理器、芯片组、板卡、系统及软件等,这些产品成为标准计算机架构的组成部分。业界利用这些产品为用户最终设计制造出先进的计算机。此外,Intel公司还致力于为日益兴起的全球互联网经济提供服务,如客户机、服务器、网络通信、互联网解决方案和互联网服务等。

Intel公司成立于1968年,名字取自两个英文单词Integrated(集成)和Electronic(电子)的组合。罗伯特·诺伊斯、戈登·摩尔和安迪·葛洛夫是公司的主要创始人,并领导公司在微处理器领域取得了辉煌的成就。摩尔提出了信息技术领域著名的摩尔定律,指出"集成电路上可容纳的晶体管个数,约每隔18个月便会增加一倍,性能也将提升一倍"。

Intel公司的早期产品主要是存储器,用半导体存储器取代了磁心存储器,大大地提高了存储器容量和数据存取速度。1971 年，当时还处在发展阶段的 Intel 公司推出了全球第一枚微处理器 4004，这是第一个用于计算器的 4 位微处理器。4004 含有 2300 个晶体管。现在看来 4004 功能有限，速度也不快。但是，Intel 公司的辉煌成就就是从这开始的。微处理器所带来的计算机和互联网革命，改变了整个世界。此后，Intel 公司逐步占据微处理器市场的霸主地位。1972 年推出 8 位的 8008 微处理器，1974 年推出比 8008 更先进的 8080 微处理器。

1978 年，Intel 公司首次生产出 16 位的微处理器，并命名为 8086，同时还生产出与之相配合的数字协处理器 8087。在 8087 指令集中增加了一些专门用于对数、指数和三角函数等数学计算的指令，以提高数学运算的速度。

1979 年，Intel 公司推出了 8088 芯片，属于准 16 位微处理器，16 位内部数据总线，8 位外部数据总线，内含 29 000 个晶体管，时钟频率为 4.77MHz，地址总线为 20 位，可使用 1MB 内存。1981 年，8088 芯片首次用于 IBM PC，开创了全新的微机时代，PC 的概念开始在全世界范围内发展起来。

1982 年，Intel 公司推出了划时代的产品 80286 芯片，地址总线位数增加到了 24 位，可以访问到 16MB 的内存空间。更重要的是引进了一个全新理念——保护模式。这种模式下内存段的访问受到了限制，访问内存时不能直接从段寄存器中获得段的起始地址，而需要经过额外转换和检查。从 80286 开始，CPU 的工作方式就变成实模式和保护模式两种方式。

1985 年，Intel 公司推出了 80386 芯片。它是 80x86[①] 系列中的第一款 32 位微处理器，拥有 275 000 个晶体管，是早期 4004 处理器的 100 多倍。80386 的内部和外部数据总线都是 32 位，地址总线也是 32 位，可寻址高达 4GB 的内存。它除具有实模式和保护模式外，还增加了一种叫虚拟 86 的工作方式，可以通过同时模拟多个 8086 处理器来提供多任务处理能力。

1989 年，Inter 公司推出了 80486 芯片。80486 是将 80386 和数字协处理器 80387 以及一个 8KB 的高速缓存集成在一个 CPU 芯片内，这种芯片集成了 120 万个晶体管，性能比带有 80387 数字协处理器的 80386 提高了 4 倍。

1993 年，Intel 公司推出了全新一代的高性能处理器奔腾（Pentium）。Pentium 内部含有的晶体管数量高达 310 万个，时钟频率由最初的 60MHz 和 66MHz，逐步提高到 200MHz。66MHz 的 Pentium 比 33MHz 的 80486 的处理速度要快 3 倍多。

1995 年，Intel 公司推出了第 6 代 x86 系列 CPU——Pentium Pro。Pentium Pro 的内部含有 550 万个晶体管，内部时钟频率为 133MHz，处理速度几乎是 100MHz 的 Pentium 的 2 倍。1996 年又推出了 Pentium 系列的改进版本——多能奔腾（Pentium MMX）。MMX 技术是 Intel 公司发明的一项多媒体增强指令集技术，为 CPU 增加了 57 条 MMX 指令，还将 CPU 芯片内的缓存由原来的 16KB 增加到 32KB，MMX CPU 比普通 CPU 在运行含有 MMX 指令的程序时，处理多媒体信息的能力提高了 60%左右。

1997 年 5 月，Intel 公司又推出了 Pentium Ⅱ。Pentium Ⅱ采用了与 Pentium Pro 相同的核心结构，但它加快了段寄存器写操作的速度，并增加了 MMX 指令集，以加速 16 位操作

① 后续一系列微处理器使用的指令集与 8086、8087 大致相同，因此统一称为 80x86 系列。直到后来因商标注册问题，放弃使用阿拉伯数字命名的做法，新起名为“奔腾（Pentium）”。

系统的执行速度。

1998年,Intel公司推出了面向低端市场,性能价格比相当高的赛扬处理器(Celeron CPU)。为了降低成本,去掉了芯片上的二级缓存。

在1998年与1999年间,Intel公司还推出一款比Pentium Ⅱ还要更加强大的至强处理器(Xeon CPU)。至强处理器的目标就是挑战高端的、基于精简指令集计算机(Reduced Instruction Set Computer,RISC)的工作站和服务站。

Pentium Ⅲ处理器是Intel公司的又一代产品,拥有32KB一级缓存和512KB二级缓存,增加了能增强音频、视频和3D图形效果的数据流单指令多数据扩展(Streaming SIMD Extensions,SSE)指令集。

1999年10月底,Intel公司正式发布代号为Coppermine的新一代Pentium Ⅲ处理器,CPU主频最高达到773MHz。Coppermine采用全新的核心设计,内置256KB与CPU主频同步运行的二级缓存,集成度大为提高,它的核心集成了2800万个晶体管。

2000年11月,Intel公司推出了功能更为强大的Pentium Ⅳ。Pentium Ⅳ采用了NetBurst技术,集成了4200万个晶体管。改进的浮点运算功能使Pentium Ⅳ可提供更加逼真的视频和三维图形,为人们带来了更加精彩的游戏和多媒体享受。

2003年,Intel公司发布了专门用于移动运算的Pentium M处理器。Pentium M处理器结合了855芯片组与Intel Pro/Wireless 2100网络联机技术,成为Centrino(迅驰)移动运算技术最重要的组成部分。

2005年,Intel公司推出了基于双核技术的处理器Pentium D和Pentium Extreme Edition,开启了x86处理器的多核时代。2006年7月,Intel公司发布了酷睿2(Core 2 Duo),酷睿2是一个跨平台的构架体系,包括服务器版、桌面版和移动版三大领域。

2007年,Intel公司推出了四核台式机芯片,作为其双核Quad和Extreme家族的组成部分。2008年,Intel公司又发布了Core i7处理器。Core i7是一款45nm原生四核处理器,处理器拥有8MB三级缓存,支持三通道DDR3(Double Data Rate 3)内存,采用LGA 1366(Land Grid Array 1366)引脚设计,支持第二代超线程技术,处理器能以八线程运行。根据测试,同频Core i7比Core 2的性能要高出很多。

2010年,Intel公司推出至强处理器7500系列,该系列处理器可用于构建从双路到最高256路的服务器系统。2014年,Intel公司又推出处理器至强E7 v2系列,采用了多达15个处理器核心,成为英特尔核心数最多的处理器。2018年10月,Intel公司推出第九代酷睿处理器,沿用了第八代Coffee Lake芯片的14nm工艺,配备8个内核和16个线程,基本主频为3.6GHz,可提升至5.05GHz。2020年1月,Intel公司发布十代酷睿H系列移动标压处理器,还是分为酷睿i9、酷睿i7、酷睿i5三大系列,经过进一步深入强化,频率大大提升,酷睿i7和i9的频率都超过5GHz。

Intel公司一直坚守"创新"理念,根据市场和产业趋势变化不断地自我调整。从微米到纳米制程,从4位到64位微处理器,从奔腾到酷睿,从硅技术、微架构到芯片与平台创新,Intel公司不断地为行业注入新鲜活力,并联合产业合作伙伴开发创新产品,推动行业标准的制定,为世界各地的用户带来更加精彩的体验。Intel与微软一起被人们称为PC时代的领导者。

Intel公司同时也面临一些挑战。功耗问题是最明显的挑战之一,ARM架构正是抓住了这一点，这种基于简单指令集的芯片架构完美地契合了早期智能手机的需求。Intel公司同样押错了操作系统，它错过了进入Android的最好时机，而是把资源投向了诺基亚的MeeGo，甚至直到诺基亚已经选择了微软公司，Intel公司依然宣称要“坚守MeeGo”。

PC产业链绝大部分的话语权都掌握在Intel公司手里，PC行业的厂商只能等待CPU的更新，然后通过库存控制、渠道分销和品牌的差异化去打价格战，结果便是赢家永远都只是Intel公司。PC行业厂商逐渐地远离了创新。

因此，即便不考虑技术因素，在习惯了垄断的生存环境之后，Intel公司很难在不伤害高利润的同时，还能以有竞争力的价格卖出产品。

2. IBM公司

IBM(International Business Machines Corporation)，即国际商业机器公司。总公司在纽约州阿蒙克市，是全球最大的信息技术和业务解决方案公司，拥有全球雇员30多万人，业务遍及160多个国家和地区。IBM公司为计算机产业长期的领导者，在大型/小型机和便携机方面的成就最为瞩目。其创立的个人计算机(PC)标准，至今仍被不断沿用和发展。另外，IBM公司还在超级计算机、服务器和UNIX操作系统方面领先业界。IBM公司最大的贡献是成功领导了计算机技术的革命，将计算机从政府和军方推广到民间，将其功能由科学计算变成商用。

IBM公司的前身是计算制表记录公司(Computing-Tabulating-Recording Company，CTR公司)。1911年，制表机公司、计算度量公司和国际时间记录公司合并，成立了计算制表记录公司。托马斯·沃森(Thomas J. Watson)是其创始人，于1914年担任CTR公司总经理，1915年担任总裁。1924年，CTR改名为IBM。

IBM公司在“二战”中腾飞。“二战”期间，IBM公司生产的打孔卡片制表机在后勤系统和前线指挥系统受到广泛欢迎，成千上万的军官和士兵的军购要制成图表，轰炸机的命中率、伤亡和战俘等信息，巨大战争的每一个细节，都可用IBM卡片一一记录下来。IBM公司在为战争提供有力支持的同时，自身也得以快速发展，公司销售额从1940年美国参战前的4600万美元，增长到战后1945年的1.4亿美元，成为全美知名的大企业。

但是，打孔卡片制表机的成功，却使IBM公司没有及时地跟上现代计算机的发展节奏。1947年，IBM公司的一位老资格工程师提出一个研制计划，与埃克特-莫奇利公司竞争，制造一台磁带和穿孔两用的计算机，预计投资75万美元，而通常穿孔卡片制表机只要2万美元，老沃森否决了这一计划，这使得IBM进入现代电子数字计算机领域的时间延后了5年。

计算机技术在快速的发展，IBM公司的老用户对日益增多的卡片不断地提出抱怨，促使沃森父子不得不重新审视计算机技术问题。1951年，IBM公司决定开发商用电子计算机，聘请冯·诺依曼担任公司的科学顾问，1952年12月，IBM公司研制出第一台存储程序计算机——IBM 701。IBM 701字长36位，内存容量2048字，配备有磁鼓、磁带机、卡片机等输入输出设备，使用了4000个电子管和12 000个锗晶体二极管，运算速度为1.2万次每秒定点加法运算。从IBM 701开始，IBM公司逐步占据了计算机制造业的霸主地位。

在晶体管计算机出现以后，IBM公司又研制出了小型数据处理计算机IBM 1401，采用了晶体管线路、磁心存储器、印制电路等先进技术，使得主机体积大大减小，电子数据处理计算机彻底替代了卡片分析机。随后，IBM公司在短短的四五年里推出不同型号的计算机，共销售出14 000多台，奠定了IBM公司在计算机行业的领先地位。

随着半导体集成电路的出现,IBM公司积极地投入第三代集成电路计算机的生产。在1964年,IBM公司推出了划时代的System/360大型计算机,宣告了大型机时代的来临。System/360的问世代表着世界上的计算机有了一种共同的语言,它们都共享代号为OS/360的操作系统。自此,世界几乎所有的计算机研制和开发都以IBM 360系列系统为基准,成为世界范围的一种重要趋势。

1979年,IBM公司推出第四代超大规模集成电路计算机4300系列和3080系列。1982年又推出3084K计算机,运算速度达2500万次每秒。

多年来,IBM公司一直在高性能计算机领域保持着竞争优势。1991年,IBM公司的"深思Ⅱ"计算机获得美国计算机学会举办的计算机国际象棋锦标赛冠军。1997年5月,"深思"的换代产品——"深蓝"计算机战胜了俄罗斯国际象棋特级大师卡斯帕罗夫。2008年6月,IBM公司推出当时世界上最快的超级计算机"走鹃",运算速度超过1000万亿次每秒浮点运算。2012年,IBM公司研制出的超级计算机"红杉",其峰值运算速度达到2.01亿亿次每秒。2013年11月公布的全球10台最高性能的超级计算机中,有5台是IBM公司研制的超级计算机。

IBM公司在微型机领域也曾有不俗的表现,一度成为事实上的产品标准。1981年,IBM公司推出世界上第一台个人计算机5150,个人计算机这个新生市场随之诞生。2005年,IBM出售桌面计算机与笔记本计算机业务给中国IT企业联想集团,联想在五年内无偿使用IBM品牌,并永久保留使用全球著名的Think商标的权利。至此,IBM公司退出PC市场,专注于服务器、大型机和巨型机。

IBM公司一直有这种剥离增长潜力不高的业务的传统,这样才能把更多精力集中在能获得更多收益的领域。2004年将PC业务出售给联想就是一例,PC相比起高利润的软件和咨询业务收益太低。2014年1月23日下午,联想公司和IBM公司的交易终于达成协议,IBM公司此次出售的并非部分x86服务器,而是全盘出售。其中包含对于IBM公司是关键产品的X6服务器和FlexSystem,并且是以23亿美元的低价成交。曾经以硬件起家的IBM公司,如今硬件的利润仅占总利润的1/31,比例已经非常低,而x86服务器利润占总利润的比例更低。

2014年,IBM公司确立三大转型方向,全面围绕云计算、大数据及互动参与体系展开。IBM公司当前变革的目标是致力于提供"IBM即服务",它代表了IBM公司的市场化战略的重要改变。

2019年9月,IBM公司宣布与德国弗劳恩霍夫协会在量子计算领域建立伙伴关系,联合研发量子计算机。

3. 微软公司

微软(Microsoft)是一家总部位于美国的跨国计算机科技公司,是世界PC软件开发的先导,由比尔·盖茨与保罗·艾伦创办于1975年。公司总部设立在华盛顿州的雷德蒙德市,以研发、制造、授权和提供广泛的电脑软件服务业务为主。微软公司最为著名和畅销的产品为Microsoft Windows操作系统和Microsoft Office系列软件,目前是全球最大的电脑软件提供商。

1975年,比尔·盖茨还在哈佛上大二时,与艾伦等人为Altair 8080微型计算机开发了BASIC语言,此前从未有人为微机编过BASIC程序。之后比尔·盖茨退学全职办起了微软公司。

随着微软 BASIC 解译器的快速成长，制造商开始采用微软 BASIC 的语法以及其他功能以确保与微软产品兼容。正是由于这种循环，微软 BASIC 逐渐地成为公认的市场标准，公司也逐渐地占领了整个市场。

1980 年，IBM 公司选中微软公司为其新 PC 编写关键的操作系统软件，这是公司发展中的一个重大转折点。1981 年 6 月，Microsoft DOS(Disk Operating System，磁盘操作系统)基本完成，8 月 IBM-PC 问世，这款个人计算机的 CPU 是 Intel 公司的 8088 芯片，主频 4.77MHz，主存 64KB，操作系统是微软公司的 MS-DOS。IBM-PC 的普及使 MS-DOS 取得了巨大的成功，因为其他 PC 制造者都希望与 IBM 兼容，所以 MS-DOS 在很多家公司被特许使用。在 20 世纪 80 年代，它成了 PC 的标准操作系统，占据了 PC 操作系统的统治地位，版本从 1.x 发展到 7.x。

1985 年 6 月，微软公司和 IBM 公司达成协议，联合开发 OS/2 操作系统。根据协议，IBM 公司在自己的计算机上可免费安装，而允许微软公司向其他计算机厂商收取 OS/2 的使用费。当时 IBM 公司在 PC 市场拥有绝对优势，兼容机份额极低。之后兼容机份额逐步扩大，到了 1989 年，其市场已达到 80%的份额。微软公司凭借操作系统的许可费，短短几年就赢利 20 亿美元。

相对于以前的操作系统，DOS 取得了很大的成功，但在使用过程中逐渐暴露出功能比较弱、安全性低、使用不方便的缺点。因此，微软公司从 1981 年开始开发 Windows 操作系统，1985 年开始发行 Windows 1.0。它是 Windows 系列的第一个产品，同时也是微软公司第一次对个人计算机操作平台进行用户图形界面的尝试。1987 年又推出了 Windows 2.0。但是由于当时硬件水平和 DOS 的风行，这两个版本并没有取得很大的成功。

1990 年 5 月，微软公司推出 Windows 3.0 并取得惊人的成功——不到 6 周，就售出 50 万份，奠定了微软公司在操作系统上的垄断地位。Windows 3.0 使用户使用计算机变得简单，对计算机的普及起到至关重要的作用。

1991 年推出的 Windows 3.1 对 Windows 3.0 做了一些改进：引入 TrueType 字体技术，这是一种可缩放的字体技术；还引入了一种新设计的文件管理程序，改进了系统的可靠性；更重要的是增加对象链接与嵌入技术和多媒体技术的支持。但是，Windows 3.0 和 Windows 3.1 都必须运行于 MS-DOS 操作系统。

1995 年，微软公司推出新一代操作系统 Windows 95，可独立运行而无须 DOS 支持，是操作系统发展史上的一个里程碑。之后又陆续推出 Windows 98、Windows 2000、Windows XP、Windows ME、Windows Vista 以及服务器操作系统 Windows NT。

2000 年，市值超过 5000 亿美元，微软公司成为全球市值最高的公司。

2015 年 7 月 27 日，微软公司推出 Windows 10 操作系统。

2017 年 5 月 2 日，微软公司发布了 Windows 10 S 系统和全新的 Surface Laptop 笔记本计算机。

微软公司同样面临许多挑战，如新兴市场中的盗版问题，PC 供应链中的每个部分都存在问题。对于利润微薄的 PC 制造商而言，操作系统是 PC 中最为昂贵的部分。在新兴市场中占据主导地位的规模较小的零售商不能够承受放弃对价格敏感、喜欢使用盗版软件的用户的代价。微软公司的新策略是降低 Windows 的价格，从而使其对 PC 制造商更具吸引力。来自IDC的安迪表示,Windows许可证的价格已经自之前的150美元下降至50美元。微软公司的皮卡普表示,当前估量这种举措的效果还为时尚早。实际上,下调PC版Windows售价只是微软应对行业潮流的一部分举措。随着智能手机、平板电脑、云计算服务和免费操作系统的兴起,微软正面临着被边缘化的尴尬。与此同时,微软公司的商业模式也遭遇了强烈的挑战。

4. 苹果公司

苹果(Apple)公司是一家美国的高科技公司,总部位于加利福尼亚州的库比蒂诺。该公司致力于设计、开发和销售消费电子产品、计算机软件、在线服务和个人计算机。

苹果公司由史蒂夫·乔布斯、斯蒂夫·沃兹尼克和罗纳德·韦恩等人于1976年4月1日创立,并命名为苹果计算机公司,2007年1月9日更名为苹果公司。

1976年5月,乔布斯与沃兹开发了Apple Ⅰ,当时大多数的计算机没有显示器,而Apple Ⅰ以电视机作为显示器,并且比其他同等级的主机需用的零件少。

1977年4月,苹果公司推出Apple Ⅱ,成为了人类历史上第一台个人计算机。Apple Ⅱ重新设计了显示界面,把显示处理核心集成到记忆体中,有助于显示简单的文字、图像,甚至彩色显示。Apple Ⅱ还改良了外观和键盘,采用与键盘整合的横躺式主机,拥有性能优越的电源供应架构,并首度拥有输出单声道声音的架构。Apple Ⅱ型在20世纪80年代售出数百万部,还拥有多种改良型号。

1980年12月12日,苹果公司股票公开上市,在不到1小时内,460万股即被抢购一空,当日以每股29美元收市。当时其吸引的资金比1956年福特上市以后任何首次公开发行股票的公司都要多,而且比任何历史上的公司创造了更多的百万富翁。在五年之内苹果公司就进入了世界500强,是当时的最快纪录。

1984年1月24日,Apple Macintosh发布。该计算机配有全新的具有革命性的操作系统,成为计算机工业发展史上的一个里程碑,该计算机一经推出,即受到热捧,人们争相抢购,苹果计算机的市场份额不断上升。

1998年6月,苹果公司推出了自己的传奇产品iMac,这款拥有半透明的、果冻般圆润的蓝色机身的计算机重新定义了个人计算机的外貌,并迅速成为一种时尚象征。推出前,仅靠平面与电视宣传,就有15万人预定了iMac,而在之后的3年内,它共售出了500万台。这是一次工业设计的巨大胜利,iMac的推出,标志着苹果公司开始走上振兴之路。

2001年3月,苹果计算机的新一代操作系统Mac OS X推出,该系统基于动作稳定、性能强大的UNIX系统架构进行全面改革,大量使用了乔布斯在Next公司所获得的技术与经验,Mac OS X的系统稳定性、高处理速度及华丽界面等因素,都成为苹果进行市场宣传的重点所在。

2001年,苹果公司开通了网络音乐服务iTunes网上商店。到2003年时,iTunes音乐商店可供下载的歌曲数量已达500万首,电视剧和电影数量分别为350部和400部,目前iTunes已成为全球最为热门的网络音乐商店之一。

2001年10月,苹果公司推出与iTunes相配的便携式数码音乐播放器iPod,配合其独家的iTunes网络付费音乐下载系统,一举击败索尼公司的Walkman系列成为全球占有率第一的便携式音乐播放器,随后推出的数个iPod系列产品更加巩固了苹果在商业数字音乐市场不可动摇的地位,成为了“21世纪的随身听”。iPod甚至超越电子产品的范畴,成了一种符号、一种身份的表征。

2007 年 1 月 9 日，苹果公司推出 iPhone 智能手机，并正式更名为苹果公司。iPhone 智能手机结合了 iPod 和手机功能，提供音乐播放、电子邮件收发、互联网接入等功能。不到 3 个月，苹果公司便成为了世界上第三大移动电话的出厂公司。2009 年 7 月，苹果又推出了 3G 版 iPhone。在 2G 版和 3G 版 iPhone 首发期间，全球各国都出现了消费者提前数天排队购买的现象，iPhone 手机成为全球关注度最高的一款手机。

2010 年 4 月 3 日，苹果公司推出 iPad 系列产品。iPad 的问世再次引发了全球的关注，它将平板电脑制造及普及应用推向了高潮。iPad 的功能非常丰富，屏幕为 9.7 英寸彩色触摸屏，支持无线上网、蓝牙、拍照等功能，并可以选择 3G 功能，用户通过手指点触屏幕便可浏览网页、收发邮件、播放视频、编辑文字、绘制图表等。iPad 能够兼容所有 App Store 上的应用程序，开发者也可以利用 iPhone SDK 开发专门的 iPad 程序，让应用程序更适合 iPad 的高分辨率。除了 iTunes Store、App Store 外，iPad 还拥有 iBook Store，用户可以从 iBook Store 下载种类丰富的电子书，同时，全新制作的 iWork 也令 iPad 拥有良好的办公功能。

苹果公司最著名的硬件产品是 Mac 电脑系列、iPod 媒体播放器、iPhone 智能手机和 iPad 平板电脑；在线服务包括 iCloud、iTunes Store 和 App Store 等；消费软件包括 macOS、iOS、iPadOS、watchOS，以及 tvOS 操作系统、Safari 网络浏览器以及 iLife 和 iWork。

5. 联想公司

联想是国内计算机领域有代表性的公司，主要从事开发、制造并销售可靠、安全易用的技术产品及优质专业的服务，帮助全球客户和合作伙伴取得成功。联想公司主要生产台式计算机、服务器、笔记本电脑、打印机、掌上电脑、主板、手机、一体机等商品。

联想集团成立于 1984 年，由中国科学院计算所投资 20 万元人民币，11 名科技人员创办。当时的名字叫中国科学院计算技术研究所新技术发展公司，1989 年 11 月更名为联想集团公司。

1985 年，联想推出第一款具有联想功能的汉卡产品——联想式汉字系统，也叫联想汉卡，包括 3 块电路板和一套软件系统。当时的个人计算机还不能识别汉字，加装上这样一个汉卡，才能实现汉字的输入、存储、显示和打印等功能，和其他汉卡不同的是，联想汉卡还具有汉字输入的联想功能，不需要以拼音方式逐字输入。

1990 年，首台联想微机“联想 286”投放市场。联想由一个进口计算机产品代理商转变成拥有自己品牌的计算机产品生产商和销售商。

1992 年，联想推出家用计算机概念，“联想 1+1”家用计算机投入国内市场。

1993 年，联想进入“奔腾”时代，推出中国第一台 586 个人计算机。1995 年，又推出第一台联想服务器。1996 年，联想笔记本电脑问世，并且首次位居国内市场占有率第一。1998 年，第 100 万台联想计算机诞生。英特尔总裁安迪·格罗夫将这台计算机收为英特尔博物馆的馆藏。

1999 年，联想成为亚太市场顶级电脑商，在全国电子百强中名列第一。

2002 年，联想举办首次联想技术创新大会，推出关联应用技术战略。联想“深腾 1800”高性能计算机问世。这是中国首款具有每秒 10 亿次浮点运算次数的计算机，也是当时中国运算速度最快的民用计算机。2003 年，联想成功研发出“深腾 6800”高性能计算机，运算速度实测值超过每秒4万亿次,在当时公布的全球超级计算机500强中位居第14位。

2005年,联想集团以17.5亿美元正式完成对IBM全球PC业务的收购。2012年,联想PC销售量升居世界第一,成为全球最大的PC生成厂商。2014年10月,联想集团宣布完成对摩托罗拉移动的收购。

2014年1月23日16时56分,联想集团董事长正式宣布以23亿美元收购IBM的x86服务器业务,届时将有7500名IBM员工加入联想,联想x86服务器份额也将从第六上升到第三,这一举动为联想增加了50亿美元的收入。

2017年8月24日,联想推出联想智能电视E8系列新品。

联想集团的崛起,表明近年来中国科技企业借助产品价格、海外并购和快速增长的国内市场,已走向世界市场舞台。

联想在享受登顶最后一公里的时候,不得不同时思考登顶之后的新挑战。而新挑战意味着联想必须做出新改变,在受制于行业前景和经济环境的情况下,这一次所要做的改变,其难度或许将不亚于当年联想和IBM的PC部门的整合。2012年12月,在被央视授予“2012年中国经济年度人物”时,联想总裁杨元庆在获奖感言中指出了这一改变的难度和关键所在:“我的梦想是,有一天中国不只成为世界工厂,还将成为全球的创新中心。”

未来,联想集团将会在PC、移动设备以及企业级三块业务进行全面发展。

2.1.2 著名的互联网公司

随着互联网的广泛深入应用以及用户需求的多样化发展,以雅虎、亚马逊、Google、Facebook、百度、腾讯、阿里巴巴等为代表的互联网公司已经崛起。

1. 雅虎

雅虎(Yahoo!)是美国著名的互联网门户网站,也是20世纪末互联网奇迹的创造者之一。其服务包括搜索引擎、电邮、新闻等,业务遍及24个国家和地区,为全球超过5亿的独立用户提供多元化的网络服务。同时也是一家全球性的因特网通信、商贸及媒体公司。

1994年,杨致远和大卫·费罗在美国创立了雅虎。

1996年4月12日,雅虎正式在华尔街上市,上市第一天的股票总价达到5亿美元,而雅虎1995年的营业额不过130万美元,实际亏损63万美元。

1997年1月,《今日美国》为全国信息网的网络族筛选“内容最丰富、最具娱乐价值、画面最吸引人且最容易使用的网络站点”,结果发现“雅虎”连续数周在内容最优良、实用性最高、最容易使用等项目上夺魁。

1999年9月,中国雅虎网站开通。

2005年8月11日,雅虎投资10亿美元于阿里巴巴,同时阿里巴巴全面收购雅虎中国,成为阿里巴巴旗下网站。

2005年和2006年,中国雅虎分获由IT风云榜评出的“搜索引擎年度风云奖”和第五届互联网搜索大赛“搜索产品用户最高满意度奖”等殊荣。

2006年10月,雅虎企业品牌在世界品牌实验室(World Brand Lab)编制的2006年度《世界品牌500强》排行榜中名列第十三。

2012年5月24日,雅虎发布了自己的浏览器——Yahoo! Axis。9月18日,阿里巴巴集团以71亿美元,包括63亿美元现金和不超过8亿美元阿里巴巴优先股,向雅虎回购

17%股份。同年12月31日,雅虎耗费成本9400万美元完成撤离韩国市场,这是雅虎第一次退出某个国家的市场。

2013年5月12日,雅虎在Twitter上正式宣布已经收购了包括Astrid、GoPollGo、MileWise和Loki Studios在内的初创公司。通过这一系列交易,雅虎新增了22名移动行业企业家。8月31日,中国雅虎宣布不再提供资讯及社区服务,原有团队将专注于阿里巴巴集团公益事业的传播。

2014年3月6日,据GeekWire网站报道,雅虎宣布收购社交信息可视化技术创业公司Vizify。Vizify能将用户在社交网络上分享的信息转化成可视化格式。9月28日,雅虎宣布将关闭搜索引擎Yahoo Directory,以及Yahoo Education、视频分享Qwiki等服务。

2015年2月19日,雅虎CEO玛丽莎·梅耶尔(Marissa Mayer)在旧金山举行的雅虎移动开发者大会上宣布,该公司在2014年的移动营收突破12亿美元,移动端月用户访问量约为5.75亿,雅虎已成为全球第三大移动广告公司。

2. 亚马逊

亚马逊(Amazon)公司,是美国的一家跨国电子商务企业,公司最早的业务是在网络上销售书籍,不久之后商品走向多元化。目前是全球最大的互联网线上零售商之一,是网络上最早开始经营电子商务的公司之一。企业的全球总部设于美国西雅图,欧洲总部则位于卢森堡首都卢森堡市。

亚马逊公司是在1995年7月16日由杰夫·贝佐斯成立的,最初叫Cadabra,之后,贝佐斯将Cadabra以世界最大的河流之一亚马逊河重新命名。在亚马逊上线的最初几个月中,其商品就销往了美国50个州以及其他45个国家,每周的销售额达到2万美元。1997年5月15日,亚马逊公司的股票上市。公司创始人和董事长贝佐斯目前仍旧是亚马逊的最大股东,持股比例为12%。

经过前期的供应和市场宣传,1998年6月亚马逊的音乐商店正式上线。仅一个季度亚马逊音乐商店的销售额就已经超过了CDnow,成为最大的网上音乐产品零售商。

亚马逊公司的第一份商业计划非常与众不同,它并不急切地期望在4~5年内实现大的盈利。这种“缓慢”的增长引起了许多股东的抱怨,他们认为这家企业的业绩增长不够迅速,无法使他们的投资获得合理的回报,甚至无法令公司在竞争中存活。然而当21世纪初的互联网泡沫爆发后,大量快速成长的网络公司纷纷倒下,而亚马逊公司生存了下来,并最终成为互联网零售业的巨头。2001年第四季度,亚马逊首次实现了盈利:财报显示当季营业收入超过10亿美元,净利约500万美元。这证明了贝佐斯非传统的商业模式获得了成功。亚马逊通过品类扩张和国际扩张,到2000年,亚马逊的宣传口号已经改为“最大的网络零售商”。

2002年,亚马逊公司推出亚马逊网络服务系统,为开发者的网站和客户端提供诸多云计算远端Web服务。2006年3月,亚马逊简易储存服务上线,这是一项支持经由HTTP和BitTorrent协议将数据存储到服务器上的服务。

2004年8月,亚马逊全资收购卓越网,使亚马逊全球领先的网上零售专长与卓越网深厚的中国市场经验相结合,进一步提升客户体验,并促进了中国电子商务的成长。亚马逊中国发展迅速,每年都保持高速增长,用户数量也大幅增加,已拥有28大类,近600万种的产品。

2007年,亚马逊收购独立出版机构Createspace。2007年11月19日,Kindle Direct

Publishing 电子出版平台上线,扩充了亚马逊内容供给的多样化渠道。2014年,亚马逊注册建立了 Amazon Publishing,进一步优化了内容供给渠道的质量。

2007年9月25日,亚马逊公司自营的网上音乐商店亚马逊 MP3 启动,出售可下载的 MP3 格式的音乐。亚马逊 MP3 销售的音乐来自于 EMI、环球唱片、华纳兄弟唱片、索尼音乐娱乐世界四大唱片公司,同时也包含了一些独立制作的音乐。从2008年开始,亚马逊逐步地开始在世界其他地区推出其 MP3 音乐购买服务。

2007年11月,亚马逊发布了电子书阅读器 Kindle,可通过无线网络购买和下载电子书内容。Kindle 的屏幕使用了电子墨水技术,因此耗电量很低,同时也提供了更适应人眼阅读的展示方式。2011年,亚马逊公司又宣布进军平板电脑市场,推出运行在深度定制的 Android 系统上的平板电脑。2012年9月6日,亚马逊在发布会上发布了新款 Kindle Fire 平板电脑,以及带屏幕背光功能的 Kindle Paperwhite 电子阅读器。

2010年7月,亚马逊宣布其2010年第二季度的电子书销量首次超越精装书的销量。当时,每售出100本精装实体书即已卖出143本电子书。而这个比例到6月底至7月初时进一步悬殊,达100∶180。

2011年10月18日,亚马逊宣布与 DC 漫画达成合作,以提供包括超人、蝙蝠侠、绿灯侠、守护者等在内的系列作品的独家数字版版权,用户可以在亚马逊公司出品的 Kindle Fire 平板电脑上购买和阅读。

2014年,亚马逊上线了新的流媒体音乐服务 PrimeMusic,是亚马逊为“金牌会员”用户免费提供的流媒体音乐服务,包括无限次数、无广告植入的超过100万首歌曲以及数以百计的播放列表。PrimeMusic 是一种免费增值服务,兼备了免费服务 Pandora 和付费服务 BeatsMusic 的功能。亚马逊新服务选择了一条中间路线,专注于无广告的音乐播放,淡化了对播放列表和手动搜索歌曲的追求。

2014年8月13日,亚马逊推出了自己的信用卡刷卡器 Amazon Local Register,进一步向线下市场扩张。

2015年1月20日,亚马逊旗下电影工作室开始拍电影。这些电影将首先在电影院上映,然后才可以在亚马逊 Prime 视频流服务上看到。

目前,亚马逊的零售商品线涵盖了图书、音像制品、软件、消费电子产品、家用电器、厨具、食品、玩具、母婴用品、化妆品、日化用品、运动用具、服装鞋帽、首饰等类目。亚马逊公司在美国、加拿大、英国、法国、德国、中国、新加坡、意大利、西班牙、巴西、日本、印度、墨西哥、澳大利亚和荷兰均开设了零售网站,而其旗下的部分商品也会通过国际航运的物流方式销往其他国家。

3. Google

Google(谷歌),是一家美国的跨国科技企业,致力于互联网搜索、云计算、广告技术等领域,开发并提供大量基于互联网的产品与服务。Google 搜索引擎是第一个被公认为全球最大的搜索引擎,在全球范围内拥有无数的用户。其主要利润来自于 AdWords 等广告服务。Google 广告系统不是随机投放广告,而是根据搜索内容决定广告的投放,客户针对性强;同时按照广告点击量收费,而不是广告显示的次数,因此更受用户喜欢。Google 的使命是整合全球信息,使人人皆可访问并从中受益。

1998年,Google 创始人拉里·佩奇和谢尔盖·布卢姆在美国斯坦福大学的学生宿舍内共同开发了全新的在线搜索引擎，然后迅速地传播给全球的信息搜索者。

1998年9月7日，Google公司在美国加利福尼亚州山景城以私有股份公司的形式创立，设计并管理一个互联网搜索引擎。1999年下半年，Google网站正式启用。

2001年9月，Google的网页评级机制PageRank算法被授予了美国专利。专利正式颁发给斯坦福大学，拉里·佩奇作为发明人列于文件中。Google使用PageRank技术检查整个网络链接结构，并确定哪些网页重要性最高。然后进行超文本匹配分析，以确定哪些网页与正在执行的特定搜索相关。在综合考虑整体重要性以及与特定查询的相关性之后，Google借助PageRank算法可以将最相关最可靠的搜索结果放在首位。而传统的搜索引擎在很大程度上取决于文字在网页上出现的频率。

通过对由超过5亿个变量和20亿个词汇组成的方程进行计算，PageRank算法能够对网页的重要性做出客观的评价。该算法并不计算直接链接的数量，而是将网页A指向网页B的链接解释为由网页A对网页B所投的一票。这样，PageRank会根据网页B所收到的投票数量来评估该页的重要性。

此外，PageRank算法还会评估每个投票网页的重要性，因为某些网页的投票被认为具有较高的价值，这样，它所链接的网页就能获得较高的价值。重要网页获得的PageRank值(网页排名)较高，从而显示在搜索结果的顶部。Google还同时使用网上反馈的综合信息来确定某个网页的重要性。搜索结果没有人工干预或操纵，这是Google成为一个受用户信赖、不受付费排名影响且公正客观的信息来源的真正原因之一。

2004年初是Google的一个最高峰时期，通过该网站及其客户网站，如雅虎、美国在线和CNN，Google处理了万维网上80%的搜索请求。

2006年10月，Google公司以16.5亿美元收购影音内容分享网站YouTube。

2007年11月5日，Google宣布其基于Linux平台的开源手机操作系统的名称为Android(安卓)。

2012年5月，Google以125亿美元收购摩托罗拉移动。

2012年6月28日，Google I/O开发者大会在美国旧金山开幕，推出一系列新产品，包括最新的操作系统Android 4.1、售价199美元的谷歌首款自主品牌平板电脑Nexus 7、外形前卫的社交流媒体播放器Nexus Q以及酷炫的概念智能眼镜“谷歌眼镜”，在数量和气势上丝毫不输于同时发布新品的苹果与微软公司。

2012年10月2日，Google已经超越微软，成为按市值计算的全球第二大科技公司，原因是通过互联网进行的计算已经降低了台式机软件的市场需求。

2013年6月11日，Google收购导航软件公司，交易金额为11亿美元，成为Google较大的一次收购行为。Google通过收购在线实时定位服务，来维护其在智能手机地图服务的领先地位。地图服务为智能手机上最常用的应用之一，通过该技术为用户提供定制化服务。

2015年2月24日，Google正式发布Android和iOS版YouTube，这是首款以儿童为设计初衷的谷歌产品。

2015年3月11日，Google正式推送Android 5.1系统。新版本没有大的更新，但包括设备防盗保护、多SIM卡的支持以及HD Voice高清语音等重要特性。

2018年6月18日，Google以5.5亿美元入股京东，双方将展开战略合作。

Google公司的成功在于通过互联网创造了接近微软的利润，而且通过把很多服务搬到网上,大大削减了用户对微软的依赖,成为了按市值计算的全球第二大科技公司。

4. Facebook

Facebook是美国的一个社交网络服务网站,是世界排名领先的照片分享站点。

Facebook于2004年2月4日上线。其主要创始人为美国人马克·扎克伯格。他是哈佛大学的学生,之前毕业于Asdsley高中。最初,网站的注册仅限于哈佛学院的学生,在之后的两个月内,注册扩展到波士顿地区的其他高校。第二年,很多其他学校也被加入进来。

2005年9月2日,扎克伯格推出Facebook高中版。10月份,Facebook已经扩展到大部分美国和加拿大的规模更小的大学和学院。除此之外,还扩展到英国的21所大学、墨西哥的ITESM(蒙特雷科技大学)、波多黎各大学及维京群岛大学。2005年12月11日,澳大利亚和新西兰的大学也加入了Facebook。至此,Facebook上有超过2000所大学和高中加入其网站。

2006年2月27日,应用户要求Facebook允许大学生把高中生加为他们的朋友。

2007年5月10日,Facebook宣布了一个提供免费分类广告的计划,直接和其他分类广告站点,如Craigslist竞争。这个被称为"Facebook市场"的功能。

2007年5月24日,Facebook推出应用编程接口(API)。通过这个API,第三方软件开发者可以开发在Facebook网站运行的应用程序,这被称为"Facebook开放平台"(Facebook Platform)。

据2007年7月数据,Facebook在所有以服务于大学生为主要业务的网站中,拥有最多的用户——3400万活跃用户,包括非大学网络中的用户。从2006年9月到2007年9月,该网站在全美网站中的排名由第60名上升至第7名。

2008年5月,Facebook全球独立访问用户首次超过竞争对手Myspace。同年6月,Facebook推出简体中文版本,该页面由志愿者用户免费翻译而成,向中文用户开放。同时Facebook还向中国香港和中国台湾用户推出繁体中文版本。

2009年8月10日,Facebook宣布收购Web服务公司Friendfeed,继续向用户提供与好友分享和互联的最好工具。同年12月,Facebook的使用人次达到了4.69亿。Facebook一个月内增加的新用户量相当于雅虎一年所增加的用户量,也相当于Digg总用户量和Twitter用户量的一半。

2010年2月2日,Facebook赶超雅虎成为全球第三大网站,与微软、谷歌领衔前三。

2013年,Facebook Home问世,它把Facebook多年成功的产品巧妙地整合到了主屏上。

2014年2月19日,Facebook宣布,已经同快速成长的跨平台移动通信应用WhatsApp公司达成最终协议,将以大约160亿美元的价格,外加30亿美元限制性股票,共计190亿美元,收购WhatsApp。

2015年1月9日,Facebook收购位于加州圣迭戈的QuickFire Networks。该公司主要开发视频内容发布设备,以及转码和处理软件。

2020年4月22日,Facebook斥资57亿美元入股印度互联网巨头Jio Platforms。Jio Platforms拥有宽带、移动服务和在线商务平台等多种业务,Facebook入股后获得Jio约10%的股份。

Facebook作为典型的SNS(社会性网络服务)网站,其成功与SNS顺应当今网络潮流有关,并有5大独创因素,即向已存在的实体社区提供辅助的网络在线服务;限制用户注册来创建理想的在线服务；集合一系列被渗透的微社区；通过用户群和广告商建立强大的品牌效应；公开页面源代码。

5. 百度

百度是全球最大的中文搜索引擎、最大的中文网站。2000 年 1 月由李彦宏创立于北京中关村，致力于向人们提供简单、可依赖的信息获取方式。“百度”二字源于中国宋朝词人辛弃疾的《青玉案·元夕》词句“众里寻他千百度”，象征着百度对中文信息检索技术的执着追求。

1999 年底，身在美国硅谷的李彦宏看到了中国互联网及中文搜索引擎服务的巨大发展潜力，抱着技术改变世界的梦想，他毅然辞掉硅谷的高薪工作，携搜索引擎专利技术，于 2000 年 1 月 1 日在中关村创建了百度公司。从最初的不足 10 人发展至今，员工人数超过 3 万人。如今的百度，已成为中国最受欢迎、影响力最大的中文网站。

百度拥有数千名研发工程师，这是中国乃至全球最为优秀的技术团队，这支队伍掌握着世界上最为先进的搜索引擎技术，使百度成为中国掌握世界尖端科学核心技术的中国高科技企业，也使中国成为美国、俄罗斯和韩国之外，全球仅有的 4 个拥有搜索引擎核心技术的国家之一。

2005 年，百度在美国纳斯达克上市，一举打破首日涨幅最高等多项纪录，并成为首家进入纳斯达克成分股的中国公司。

百度不断坚持技术创新，其中包括以网络搜索为主的功能性搜索，以贴吧为主的社区搜索，针对各区域、行业所需的垂直搜索，MP3 搜索，以及门户频道、IM 等，全面覆盖了中文网络世界所有的搜索需求。

2009 年，百度推出全新的框计算技术概念，并基于此理念推出百度开放平台，帮助更多优秀的第三方开发者利用互联网平台自主创新、自主创业，在大幅提升网民互联网使用体验的同时，带动起围绕用户需求进行研发的产业创新热潮，对中国互联网产业的升级和发展产生巨大的拉动效应。

百度还创新性地推出了基于搜索的营销推广服务，并成为最受企业青睐的互联网营销推广平台。如今，中国已有数十万家企业使用了百度的搜索推广服务，不断地提升企业自身的品牌及运营效率。通过持续的商业模式创新，百度正进一步带动整个互联网行业和中小企业的经济增长，推动社会经济的发展和转型。

百度借助超大流量的平台优势，联合所有优质的各类网站，建立了世界上最大的网络联盟，使各类企业的搜索推广、品牌营销的价值、覆盖面均大面积提升。与此同时，各网站也在联盟大家庭的互助下，获得最大的生存与发展机会。

百度还利用自身优势积极投身公益事业，先后投入巨大资源，为盲人、少儿、老年人群体打造专门的搜索产品，解决了特殊群体上网难问题，极大地弥补了社会信息鸿沟问题。此外，在加速推动中国信息化进程、净化网络环境、搜索引擎教育及提升大学生就业率等方面，百度也一直走在行业领先的地位。2011 年初，百度还特别成立了百度基金会，围绕知识教育、环境保护和灾难救助等领域，更加系统规范地管理和践行公益事业。

随着中国互联网从 PC 端向移动端转型，百度积极围绕核心战略加大对移动和云领域的投入和布局，不断地把 PC 领域的优势向移动领域扩展。

同时，百度积极推动移动云生态系统的建设和发展，与产业实现共赢。2012 年 9 月，百度面向开发者全面开放包括云存储、大数据智能和云计算在内的核心云能力，为开发者量身定制从开发到运营的“七种武器”，为开发者提供更强大的技术运营支持与推广变现保障，以帮助开发者在移动云时代获得更好的收益和成长。

2013年中国互联网络信息中心(CNNIC)发布的《搜索引擎市场研究报告》结果显示百度搜索份额超过80%。

2014年12月15日，《世界品牌500强》排行榜在美国纽约揭晓，百度公司首次上榜。16日，百度、阿里巴巴集团在全球净数字广告营收市场的份额，超越多数美国同行，直追Google与Facebook。

2016年，百度大脑AI平台正式发布，百度大脑是中国唯一的“软硬一体AI大生产平台”，对外全方位输出超过250多项AI能力。同年，百度深度学习框架PaddlePaddle正式开源。

2017年，百度推出Apollo(阿波罗)自动驾驶平台，向汽车行业及合作伙伴提供了一个开放、完整、安全的软件平台，这是全球范围内自动驾驶技术的第一次系统级开放。

2019年5月，百度深度学习平台PaddlePaddle发布中文名“飞桨”，是中国首个全面开源开放、功能完备的产业级深度学习平台，是中国自主研发的“智能时代的操作系统”。

2019年，百度用户规模突破10亿。

如今，百度已经成为中国最具价值的品牌之一，英国《金融时报》将百度列为“中国十大世界级品牌”，成为这个榜单中最年轻的一家公司，也是唯一一家互联网公司。而“亚洲最受尊敬企业”“全球最具创新力企业”和“中国互联网力量之星”等一系列荣誉称号的获得，也无一不向外界展示着百度成立数年来的成就。

6. 腾讯

腾讯公司把为用户提供“一站式在线生活服务”作为战略目标，提供互联网增值服务、移动及电信增值服务和网络广告服务。通过即时通信QQ、腾讯网、腾讯游戏、QQ空间、无线门户、搜搜、拍拍、财付通等中国领先的网络平台，腾讯打造了中国最大的网络社区，满足互联网用户沟通、资讯、娱乐和电子商务等方面的需求。

1998年11月11日，马化腾和同学在广东省深圳市正式注册成立“深圳市腾讯计算机系统有限公司”，当时公司的业务是拓展无线网络寻呼系统，为寻呼台建立网上寻呼系统。

1999年2月，腾讯公司即时通信服务(OICQ)开通，与无线寻呼、GSM短消息、IP电话网互联。同年11月，QQ用户注册数达100万。

2000年6月，QQ注册用户数破千万，“移动QQ”进入联通“移动新生活”。

2001年1月，NetValue宣布了亚洲五个国家和地区的互联网网站及实体的排名，包括中国香港特别行政区、韩国、新加坡、中国台湾地区和中国大陆的数据，腾讯网在中国排名第六。

2002年3月，QQ注册用户数突破1亿。

2003年8月，腾讯推出的“QQ游戏”再度引领互联网娱乐体验。同年9月，腾讯在北京嘉里中心隆重宣布推出企业级实时通信产品“腾讯通(RTX)”，标志着腾讯公司进军企业市场，成为中国第一家企业实时通信服务商。同年12月，腾讯一款最新的即时通信软件——Tencent Messenger(简称腾讯TM)对外发布，提供办公环境中和熟识朋友即时沟通的网友下载使用。

2004 年 8 月 27 日，腾讯 QQ 游戏的最高同时在线人数突破了 62 万人，标志着 QQ 游戏成为了国内最大乃至世界领先的休闲游戏门户。同年 10 月 22 日，在“2004 中国商业网站 100 强”大型调查中，腾讯网得票率名列第一，领先于新浪、搜狐、网易等门户。同时，腾讯网还被评为中国“市值最大 5 佳网站”之一。

2007 年 10 月，腾讯投资过亿元在北京、上海和深圳三地设立了中国互联网首家研究院——腾讯研究院，进行互联网核心基础技术的自主研发，逐步走上自主创新的民族产业发展之路。

2009 年 2 月 9 日，QQ 空间的月登录账户数突破 2 亿，继续保持全球最大互联网社交网络社区的地位。3 月，手机 QQ 空间同时在线突破 200 万。同时腾讯正式取得国家级高新技术企业证书。截至 2009 年 7 月，腾讯公司授权专利总数突破 400 项，比肩 Google、Yahoo 和 Aol 等国际互联网巨头，成为全球互联网拥有专利数量较多的企业之一。

2011 年 1 月 21 日，腾讯推出为智能手机提供即时通信服务的免费应用程序——微信。

2012 年 5 月，腾讯宣布进行公司组织架构调整，从原有的业务系统制升级为事业群制，划分为企业发展事业群（Corporate Development Group，CDG）、互动娱乐事业群（Interactive Entertainment Group，IEG）、移动互联网事业群（Mobile Internet Group，MIG）、网络媒体事业群（Online Media Group，OMG）、社交网络事业群（Social Network Group，SNG）和技术工程事业群（Technology and Engineering Group，TEG），并成立腾讯电商控股公司（Tecent E-commerce Holding Company，ECC）专注运营电子商务业务。

2013 年 9 月，搜狐公司及搜狗公司与腾讯共同宣布达成战略合作。腾讯向搜狗注资 4.48 亿美元，并将旗下的腾讯搜搜业务、QQ 输入法业务和其他相关资产并入搜狗，交易完成后腾讯随即获得搜狗 36.5％的股份。同日，腾讯股价上涨，报 418.2 港元，市值约 7772 亿港元，约合 1002 亿美元，成为中国首家市值超 1000 亿美元互联网公司。

2014 年 5 月，腾讯宣布成立微信事业群（WeiXin Group，WXG），撤销 2012 年组建的腾讯电商控股公司，其中的 O2O 业务并入微信事业群，实物电商业务并入京东。12 月，腾讯首次入选由世界品牌实验室编制的 2014 年度（第十一届）《世界品牌 500 强》排行榜。

2015 年 1 月，NBA 与腾讯共同宣布，双方签署了一份为期 5 年的合作伙伴协议，腾讯成为 NBA 中国数字媒体独家官方合作伙伴。

2018 年 3 月 7 日，腾讯联手联发科技共同成立联合创新实验室，围绕手机游戏及其他互娱产品的开发与优化达成战略合作，共同探索 AI 在终端侧的应用。

2018 年 9 月 30 日，腾讯公布了组织架构调整方案：在原有七大事业群（Business Group，BG）的基础上进行重组整合，保留原有的企业发展事业群（CDG）、互动娱乐事业群（IEG）、技术工程事业群（TEG）、微信事业群（WXG），新成立了云与智慧产业事业群（Cloud and Smart Industries Group，CSIG）、平台与内容事业群（Platform and Content Group，PCG）。

腾讯公司通过互联网服务提升了人类生活品质，使产品和服务像水和电一样源源不断地融入人们的生活，为人们带来便捷和愉悦。它关注不同地域、不同群体，并针对不同对象提供差异化的产品和服务，打造了开放共赢平台，与合作伙伴共同营造出了健康的互联网生态环境。

7. 阿里巴巴

阿里巴巴集团控股有限公司(简称阿里巴巴集团)是一家提供电子商务在线交易平台的公司,其使命是让天下没有难做的生意,旨在助力企业,帮助其变革营销、销售和经营的方式,提升其效率,业务核心包括商业、云计算、数字媒体及娱乐,以及创新业务等。阿里巴巴集团的子公司包括淘宝网、天猫、聚划算、支付宝、阿里云、1688、蚂蚁金服等。其中淘宝网和天猫在2012年销售额达到1.1万亿元人民币,2015年度商品交易总额已经超过3万亿元人民币,是全球最大零售商。

阿里巴巴集团成立于1999年,由曾担任英语教师的马云与其他来自不同背景的伙伴共18人在中国杭州成立。集团的创立是为了支持小企业发展,所有创始人都相信互联网能够创造公平的环境,让小企业通过创新与科技拓展业务,并更有效地参与中国及国际市场竞争。

2003年5月,阿里巴巴集团投资1亿元人民币创建网上购物平台淘宝网。

2004年10月,阿里巴巴集团投资成立支付宝,面向中国电子商务市场推出第三方担保交易服务。

2007年8月,阿里巴巴集团推出广告交易平台阿里妈妈,以支付的低端门槛吸引了大量的中小站长加入。

经过了8年的发展,阿里巴巴集团旗下的B2B电子商务公司——阿里巴巴网络有限公司于2007年11月6日以13.5港元正式在中国香港联合交易所挂牌上市,开盘价30港元,较发行价提高122%,融资116亿港元,创下中国互联网公司融资规模的历史新高。

2009年9月,阿里巴巴集团庆祝创立十周年,同时宣布成立另一家子公司阿里云计算。公司的18位创始人宣布辞去创始人职位,公司改为合伙人制度。

2010年,阿里巴巴集团成立全球速卖通在线交易平台,是面向国际市场打造的跨境电商平台,被广大卖家称为“国际版淘宝”。全球速卖通面向海外买家客户,通过支付宝国际账户进行担保交易,并使用国际物流渠道运输发货,是全球第三大英文在线购物网站。

2011年6月,阿里巴巴集团将淘宝网分拆为三个独立的公司:淘宝网、淘宝商城(后更名为天猫)和一淘,以更精准和有效地服务于中国的网购人群。

2012年6月20日,阿里巴巴集团旗下的B2B电子商务公司阿里巴巴网络有限公司在中国香港联交所退市,阿里巴巴集团私有化B2B业务,并表示未来阿里巴巴集团将再次整体上市。

2012年7月23日,阿里巴巴集团宣布调整公司组织架构,从原有的子公司制调整为事业群制,把现有子公司的业务调整为淘宝、一淘、天猫、聚划算、阿里国际业务、阿里小企业业务和阿里云七个事业群。

2013年1月10日,阿里巴巴集团旗下的音乐事业部收购音乐网站——虾米网。

2013年5月28日,阿里巴巴集团联合银泰商业、复星集团、富春集团、顺丰、申通、圆通、中通、韵达等共同宣布正式启动“中国智能物流骨干网”项目,共同组建菜鸟网络科技有限公司,并公布新公司的产业定位和发展战略。这是阿里巴巴集团继架构调整、筹备成立小微金融服务集团后,又一战略性举措,是基于互联网思考、互联网技术、对未来判断而建立的创新型企业,希望打造出具有示范效应的物流数据公司。该公司开发了用于查快递的手机应用程序“菜鸟裹裹”,并提供了名为“菜鸟驿站”的快递代收服务。

2014年2月，作为天猫平台延伸方案的天猫国际正式推出，让国际品牌直接向中国消费者销售产品。

2014年9月19日，阿里巴巴集团于纽约证券交易所正式挂牌上市，股票代码为BABA。阿里巴巴当日开盘价92.7美元，成中国第二大市值公司，其市值已经接近百度与腾讯公司之和，且仍未上市其独立资产支付宝。当日收盘价格为93.89美元，上涨38.07%，总市值为2314亿美元。盘中最高价为99.70美元，最低价为89.95美元。

2014年10月，阿里巴巴集团关联公司蚂蚁金融服务集团（前称“小微金融服务集团”）正式成立。

2014年10月28日，阿里巴巴集团宣布，将旗下航旅事业部升级为航旅事业群，“淘宝旅行”升级为全新独立品牌“阿里旅游·去啊”。2016年10月28日，阿里巴巴将其旗下的阿里旅行更名为“飞猪”。

2017年10月11日，阿里巴巴集团对外公开阿里达摩院的成立信息，阿里达摩院是一个民营投资的基础科学研究机构，也称阿里巴巴全球研究院。达摩院宣布其未来二十年的目标是打造世界第五大经济体，为世界解决1亿个就业机会，服务跨国界的20亿人口，为1000万家企业创造盈利。

2019年11月26日上午9:30，阿里巴巴集团（09988.HK）正式在中国香港联合交易所挂牌上市，开盘价为187港元，成为首个同时在美国纽约和中国香港两地上市的中国互联网公司。

2020年新冠肺炎疫情暴发后，阿里巴巴积极投资抗疫。同年5月23日，阿里巴巴公布了抗击新冠肺炎疫情的投入明细，截至2020年3月31日，阿里巴巴经济体实际投入抗疫已达33.56亿元。其中，阿里巴巴集团累计投入27.63亿元，蚂蚁集团累计投入5.93亿元。

2019年10月，阿里巴巴集团在“2019福布斯全球数字经济100强榜”中位列第10位。2019年12月11日，在世界品牌实验室公布的2019年度《世界品牌500强》排行榜中，阿里巴巴集团位列第75位。阿里巴巴集团在2020年《财富》中国榜中位列第18位。2020年6月30日，阿里巴巴集团在“2020年BrandZ最具价值全球品牌100强”排行榜中位列第6位。

2.1.3 其他著名IT公司

1. Oracle

Oracle（甲骨文）公司是全球大型数据库软件公司，总部位于美国加利福尼亚州的红木滩。1989年正式进入中国市场。2013年，Oracle公司已超越IBM，成为继Microsoft后全球第二大软件公司。

1977年，拉里·埃里森、Bob Miner和Ed Oates三位工程师共同创办了一家名为“软件开发实验室”（Software Development Labs）的公司，并在加利福尼亚州圣克拉拉拥有了第一间只有84m^2的办公室。1978年，公司迁往硅谷，更名为“关系式软件公司”（Relational Software Incorporation，RSI）。RSI在1979年的夏季发布了可用于美国数字设备公司（Digital Equipment Corporation，DEC）的PDP-11计算机上的商用Oracle产品，这个数据库产品整合了比较完整的SQL实现，其中包括子查询、连接及其他特性。美国中央情报局想买一套这样的软件来满足他们的需求，但在咨询了IBM公司之后发现IBM没有可用的商用产品，他们联系了RSI，于是RSI有了第一个客户。1982年，公司名称更改为Oracle公司。

Oracle公司先后进军加拿大、荷兰、英国、奥地利、日本、德国、瑞士、瑞典、澳洲、芬兰、法国、中国香港、挪威、西班牙。1986年，甲骨文成为纳斯达克交易市场的上市公司，年收入升至5500万美元，同年3月招股，集资3150万美元。1987年收入达到1.31亿美元，甲骨文一年后成为世界第四大软件公司。

1989年进入中国市场，1991年成立北京甲骨文软件系统有限公司，2008年3月12日更名为甲骨文(中国)软件系统有限公司。

1990年，甲骨文的业绩首次发生亏损，市值急跌80%，埃里森首次安排资深管理人员参与经营。1992年，旗舰产品Oracle 7面世，使该公司业务重新步上正轨，年收入达到11.79亿美元。

2013年7月15日起，甲骨文公司正式由纳斯达克转板至纽约证券交易所挂牌上市。2013年，甲骨文已超越IBM公司，成为继Microsoft后全球第二大软件公司。

甲骨文公司的产品主要有服务器及工具和应用软件两大类，服务器主要是Oracle数据库服务器、Oracle应用服务器，开发工具有Oracle JDeveloper、Oracle Designer、Oracle Developer等，应用软件主要是企业资源计划(Enterprise Resource Planning，ERP)软件和客户关系管理(Customer Relationship Management，CRM)软件。

2020年世界品牌实验室编制的《2020年世界品牌500强》中，甲骨文公司排名第29位。

2. 英伟达

英伟达(NVIDIA)公司是一家人工智能计算公司，是全球可编程图形处理技术的领袖。公司创立于1993年，总部位于美国加利福尼亚州圣克拉拉市。英伟达公司专注于打造能够增强个人和专业计算平台的人机交互体验的产品。

1993年，黄仁勋、Chris Malachowsky和Curtis Priem怀着个人计算机(Personal Computer，PC)有朝一日会成为畅享游戏和多媒体的消费级设备的信念，共同创立了英伟达公司。当时，市场上有20多家图形芯片公司，三年后这个数字飙升至70家。不过，到2006年，英伟达公司是唯一一家仍然独立运营的公司。

1994年，英伟达公司与SGS-Thomson Microelectronics达成了首个战略合作伙伴关系，为该公司制造单芯片图形用户界面加速器。1995年，英伟达公司推出其首款产品——NV1。在街机游戏领导者Sega的助力下，"VR战士"成为首款在英伟达显卡上运行的3D游戏。1996年，英伟达公司推出首款支持Direct3D的Microsoft DirectX驱动程序。1997年，英伟达公司推出全球首款128位3D处理器RIVA 128。它迅速获得了原始设备制造商(Original Equipment Manufacturer，OEM)的认可，在前四个月内出货量就突破了一百万台。

1999年，英伟达公司发明了GPU，极大地推动了PC游戏市场的发展，重新定义了现代计算机图形技术，并彻底改变了并行计算。2002年，英伟达公司被评为美国发展最快的公司，英伟达公司的第1亿台处理器出货。

2004年，NVIDIA SLI问世，大大提升了单台PC的图形处理能力。2006年，英伟达公司推出CUDA，这是一种用于通用GPU计算的革命性架构。借助CUDA，科学家和研究人员能够利用GPU的并行处理能力来应对最为复杂的计算挑战。2008年，英伟达公司推出Tegra移动处理器，其功耗比普通PC笔记本电脑低30倍，并可提供酷炫的性能。2012年，英伟达公司发布基于 KEPLER 架构的 GPU，可提供世界上超快的游戏性能。2017 年，英伟达公司推出 NVIDIA Volta GPU 架构，采用 VOLTA 的 GPU 深度学习进一步推动现代 AI 的发展。

2020 年，英伟达公司收购了高性能互联技术领域的领头羊 Mellanox，高性能计算领域的两家卓越公司合二为一。

英伟达公司全球员工总数已接近 12 000 名，其中硅谷员工约有 5000 名。英伟达公司的图形和通信处理器拥有广泛的市场，已被多种多样的计算平台采用，包括个人数字媒体 PC、商用 PC、专业工作站、数字内容创建系统、笔记本电脑、军用导航系统和视频游戏控制台等。

3. 华为

华为公司是全球领先的 ICT（Information and Communication technology，信息与通信技术）基础设施和智能终端提供商，创立于 1987 年，目前华为约有 19.4 万名员工，业务遍及 170 多个国家和地区，服务 30 多亿人口。

1987 年，任正非于广东省深圳市创立华为公司，是一家生产专用小交换机（Private Branch Exchange，PBX）的香港公司的销售代理。1989 年，华为公司自主开发 PBX。1994 年，推出 C&C08 数字程控交换机。1995 年，销售额达 15 亿元人民币，主要来自中国农村市场。1997 年，推出无线 GSM（Global System for Mobile Communications，全球移动通信系统）解决方案，于 1998 年将市场拓展到中国主要城市。

1999 年，华为公司在印度班加罗尔设立研发中心。该研发中心分别于 2001 年和 2003 年获得 CMM4 级认证、CMM5 级认证。1999 年到 2000 年的两年时间里，华为先后拿下了越南、老挝、柬埔寨和泰国的 GSM 市场。随后，华为又将优势逐渐扩大到中东地区和非洲市场。2000 年，华为公司在瑞典首都斯德哥尔摩设立研发中心。海外市场销售额达 1 亿美元。

2003 年，与 3Com 合作成立合资公司，专注于企业数据网络解决方案的研究。2004 年，与西门子公司成立合资企业，针对中国市场开发 TD-SCDMA 移动通信技术。2006 年，与摩托罗拉公司合作在上海成立联合研发中心，开发 UMTS 技术。推出新的企业标识，新标识充分体现了其聚焦客户、创新、稳健增长和和谐的精神。

2009 年，华为公司的无线接入市场份额跻身全球第二，成功交付了全球首个 LTE/EPC 商用网络，获得的 LTE 商用合同数居全球首位，获得 IEEE 标准组织 2009 年度杰出公司贡献奖。

2010 年，华为公司超越了诺基亚、西门子和阿尔卡特朗讯公司，成为全球仅次于爱立信公司的第二大通信设备制造商。全球部署超过 80 个 SingleRAN 商用网络。华为公司与中国工业和信息化部签署节能自愿协议。

2010 年 7 月 8 日，美国《财富》杂志公布的世界 500 强企业最新排名中，华为公司首次入围。继联想集团之后，华为公司成为闯入世界 500 强的第二家中国民营科技企业，也是 500 强中唯一一家未上市的公司。

2010 年 9 月，华为 C8500 作为中国电信首批推出的天翼千元 3G 智能手机，百日内其零售销量即突破 100 万台，到 2010 年底，天翼终端产品发货已超过 2000 万部，已经成为推动 CDMA 产业链发展的重要动力之一。

2011年,华为公司发布GigaSite解决方案和泛在超宽带网络架构U2Net,并推出华为honor荣耀手机,智能手机销售量达到2000万部。

2012年3月18日,华为发布电子商城进入电商渠道,快递公司已切换到顺丰。同年7月30日,华为公司在北京正式发布Emotion UI系统,实现了华为可分享自主独特的应用的目的。

2017年12月21日,百度公司与华为公司共同宣布达成全面战略合作。2018年10月10日,华为公司推出自动驾驶的移动数据中心。2018年10月11日,华为公司和百度公司在5G MEC领域达成战略合作。2018年12月24日,华为公司发布了智能计算战略。

2019年11月19日,华为公司采购四维图新高精度地图数据产品,推进自动驾驶落地。

2020年4月30日,中国移动联合华为首次实现5G覆盖珠峰峰顶,双千兆网络覆盖6500米高度。

2020年6月28日,华为公司与喜马拉雅航空公司(喜航)在尼泊尔首都加德满都签署云战略合作备忘录,双方将推进智慧航空建设,探索客运、货运系统的全方位合作。

华为公司致力于把数字世界带入每个人、每个家庭、每个组织,构建万物互联的智能世界:让无处不在的联接,成为人人平等的权利;为世界提供最强算力,让云无处不在,让智能无所不及;所有的行业和组织,因强大的数字平台而变得敏捷、高效、生机勃勃;通过AI重新定义体验,让消费者在家居、办公、出行等全场景获得极致的个性化体验。

华为公司聚焦全联接网络、智能计算、创新终端三大领域,在产品、技术、基础研究、工程能力等方面持续投入,构建智能社会的基石。在无线领域,华为公司发布了业界首个3GPP(3rd Generation Partnership Project,第三代合作伙伴计划)标准的全系列5G端到端商用产品与解决方案;在网络领域,华为智简网络(Intent-Driven Network)在25个领先运营商和企业成功落地,利用智能技术,帮助客户解决网络问题,提升运维效率;在软件领域,致力于打造Cloud Native、开放、敏捷的运营软件平台;在云核心网领域,率先完成IMT(2020)5G推进组NSA和SA 5G核心网测试,发布IoT云服务2.0和CloudLink协作智真系列产品,引领企业通信与协作迈入智能时代;在云计算领域,发布华为云Stack全栈混合云解决方案;在智能计算领域,发布了Atlas智能计算平台和ARM-based处理器华为鲲鹏920,并推出基于鲲鹏920的TaiShan服务器;在智能手机、PC和平板领域,分别发布了基于AI芯片的智慧手机华为Mate 20系列、MateBook X Pro产品和M5系列平板。

2.2 著名的计算机科学家

计算机领域的伟大成就离不开众多科学家的努力,本节将介绍计算机界的几位国内外优秀代表。图灵和冯·诺依曼是国际上最著名的计算机科学家,分别在计算机理论和计算机逻辑结构设计上做出了卓越的贡献,都被称为"计算机之父"。吴文俊、王选和金怡濂是中国最著名的计算机科学家,都曾获得国家最高科学技术奖。

1. 图灵

阿兰·麦席森·图灵(Alan Mathison Turing,1912—1954),是英国科学家,被誉为"计算机科学之父""人工智能之父"和"破译之父"(见图2.1)。图灵是计算机逻辑的奠基者,提出了"图灵机"和"图灵测试"等重要概念。美国计算机协会(ACM)1966年设立的以其名命名的“图灵奖”是计算机界最负盛名和最崇高的奖项，有“计算机界的诺贝尔奖”之称。

图 2.1　图灵

图灵 1912 年 6 月 23 日出生于伦敦，上中学时数学特别优秀。1931 年中学毕业后，图灵考入剑桥大学国王学院，由于成绩优异而获得数学奖学金，师从著名数学家哈代，主要研究量子力学、概率论和逻辑学。

1936 年，图灵向伦敦权威的数学杂志投了一篇论文，题为“论可计算数及其在判定问题中的应用”。他提出了一种理想的计算机器的抽象模型，现在被称为“图灵机”，回答了计算机是怎样的机器、应该由哪些部分组成以及如何进行计算和工作等问题。在图灵之前，没有人清楚地说明过这些问题。图灵机理论解决了纯数学基础理论问题，证明了研制通用数字计算机的可行性。“图灵机”的提出奠定了现代计算机的理论基础，也奠定了图灵在计算机发展史上的重要地位。

1938 年，图灵在美国普林斯顿大学取得博士学位，“二战”爆发后返回剑桥从事研究工作，并应邀加入英国政府破译“二战”德军密码的工作。在破译纳粹德国通信密码的工作上成就杰出，并成功破译了德军 U-潜艇密码，为扭转“二战”盟军的大西洋战场战局立下汗马功劳。图灵因此在 1946 年获得“不列颠帝国勋章”。历史学家认为，他让“二战”提早了两年结束，至少拯救了 2000 万人的生命。

图灵的另一个杰出贡献是他在 1950 年 10 月发表的论文“计算机器和智能”(*Computing Machinery and Intelligence*)。在这篇经典的论文中，图灵进一步阐明了他认为计算机可以有智能的思想，并提出了测试机器是否有智能的方法，人们称之为“图灵测试”(Turing Test)。能通过图灵测试的机器就可以认为是具有智能的。

由于图灵的一系列杰出贡献和重大创造，1951 年图灵被选为英国皇家学会院士。

图灵是计算机逻辑的奠基者，许多人工智能的重要方法也源自于他。他对计算机的重要贡献在于提出了有限状态自动机即图灵机的概念；对于人工智能，他提出了重要的衡量标准“图灵测试”。图灵杰出的贡献使他成为计算机界的第一人。

2. 冯·诺依曼

冯·诺依曼(John von Neumann，1903—1957)，20 世纪最重要的数学家之一，是在现代计算机、博弈论和核武器等诸多领域内有杰出建树的最伟大的科学全才之一，被称为“计算机之父”和“博弈论之父”(见图 2.2)。

图 2.2　冯·诺依曼

1903 年，冯·诺依曼生于匈牙利布达佩斯的一个犹太人家庭。他从小就显示出数学和记忆方面的天分，从孩提时代起，冯·诺依曼就有过目不忘的天赋，六岁时他就能用希腊语同父亲互相开玩笑，能心算做八位数除法，八岁时掌握微积分，在十岁时他花费了数月读完了一部四十八卷的世界史，可以对当前发生的时间和历史上某个时间做出对比，并讨论两者的军事理论和政治策略，十二岁就读懂领会了波莱尔的大作《函数论》要义。

中学时，冯·诺依曼受到特殊严格的数学训练，19 岁时发表了有影响的数学论文。1921年至1923年,他在苏黎世工业大学学习,1926年获得布达佩斯大学数学博士学位。1933年,被聘为美国普林斯顿大学高等研究院的终身教授,成为著名物理学家爱因斯坦最年轻的同事。

1944年8月到1945年6月,冯·诺依曼与莫尔小组积极合作,经过10个月的紧张工作,一个全新的存储程序通用电子计算机方案——EDVAC方案诞生,EDVAC是离散变量电子计算机(Electronic Discrete Variable Computer)的简称,人们通常称它为冯·诺依曼机。时至今日,所有的计算机都没有突破冯·诺依曼机的基本结构。

EDVAC方案明确规定了计算机有5个基本组成部分:用于完成算术运算和逻辑运算的运算器;基于程序指令控制计算机各部分协调工作的控制器;用来存放程序和数据的存储器;把程序和数据输入到存储器的输入装置;以显示、打印等方式输出计算结果的输出装置。

EDVAC方案较以前有两个非常重大的改进:一是为了充分发挥电子元件的高速度而采用了二进制;二是提出了"存储程序"的概念,可以自动地从一个程序指令进到另一个程序指令,其作业顺序可以通过一种称为"条件转移"的指令而自动完成。"指令"包括数据和程序,把它们用码的形式输入到机器的记忆装置中,即用记忆数据的同一记忆装置存储执行运算的命令,这就是所谓"存储程序"的概念。这个概念被誉为计算机史上的一个里程碑,"存储程序"不仅解决了速度匹配问题,还带来了在机器内部用同样速度进行程序逻辑选择的可能性,从而使全部运算成为真正的自动过程。

冯·诺依曼及莫尔小组提出的长达101页的EDVAC方案是计算机发展史上一个划时代的文献,影响波及国内外。从此,现代电子计算机的时代开始了,人类掌握了智力解放的伟大工具。

3. 吴文俊

吴文俊(1919—2017),中国著名的数学家,祖籍浙江嘉兴,1919年5月12日出生于中国上海,毕业于交通大学(今上海交通大学、西安交通大学)数学系,1949年获得法国斯特拉斯堡大学博士学位,1957年被选为中国科学院学部委员(院士)。他曾任中国数学会理事长、中国科学院数理学部主任、全国政协常委、中国人工智能学会名誉理事长、中国科学院系统所名誉所长。2001年,获得2000年度国家最高科学技术奖(见图2.3)。

图2.3　吴文俊

吴文俊教授的数学研究活动,可分为前后两个时期,涉及几个数学领域,在代数拓扑和机器证明两个领域有重大贡献,对数学研究影响深远。

前期自1947年至20世纪70年代,以代数拓扑为主,他的贡献主要有两个方面:示性类研究和示嵌类研究。研究成果于1956年获国家自然科学一等奖,被国际数学界称为"吴公式""吴示性类"和"吴示嵌类",至今仍在国际上广泛引用。

示性类研究,通过Grassmann流形对在20世纪30年代由瑞士Stiefel、美国Whitney、前苏联Pontrjajin和我国陈省身以不同途径引入的示性类进行了系统的论述,确定了名称,探讨了相应关系,并应用于流形的构造。吴文俊引入的上同调类,后来在文献中被称为"吴示性类",他提出的蕴含拓扑不变性和同伦不变性的两个公式,后来都被称之为"吴公式"。由于这些结果的根本重要性,在多种问题中被广泛应用。

示嵌类研究，吴文俊引入具有非同伦拓扑不变量的一种一般构造方法，并系统地用之于嵌入问题，引入了复合形示嵌类，并用同样方法研究浸入问题与同痕问题，引入类似的示浸类与示痕类。瑞士 Haefiger 由于在 1958 年听到了他关于上述示嵌类研究工作的讲学，于 1961 年将嵌入问题做了重要推广，因而成为瑞士主要拓扑专家。美国 Smale 应用他的工作于维数大于 4 的 Poincare 猜测，并因而获 Fields 奖。他后来应用关于示嵌类的成果于电路布线问题，给出线性图平面性的新的判定准则，与以往的判定准则在性质上完全不同，尤其是可计算性。

后期始于 1976 年，从事机器证明与数学机械化的研究。他提出的用计算机证明几何定理的方法，与常用的基于数理逻辑的方法根本不同，显现了无比的优越性，改变了国际上自动推理研究的面貌，被称为自动推论领域的先驱性工作，并因此获得 Herbrand 自动推论杰出成就奖。第 14 届国际自动推论大会上对吴文俊的工作给予了高度评价："吴文俊在自动推理界以他于 1977 年发明的(定理证明)方法著称。这一方法是几何定理自动证明领域的突破。"

吴文俊引入的求解非线性代数方程组的"吴方法"是求解代数方程组精确解最完整的方法之一，已经被成功地用于解决很多问题，并实现在当前流行的符号计算软件中。欧共体资助的 POSSO 计划(POlynomial System SOlving)中也有"吴方法"的专用软件包。"吴方法"还被用于若干高科技领域，得到一系列国际领先的成果，包括曲面造型、机器人机构的位置分析、智能 CAD 系统(计算机辅助设计)、机器人、图像压缩等。20 世纪 80 年代末，他提出了偏微分代数方程组的整序方法，是目前处理偏微分代数方程组的完整的构造性方法。该方法已被应用于微分几何定理机器证明和偏微分方程组求解。

4. 王选

王选(1937—2006)，祖籍江苏无锡，1937 年生于上海，1958 年毕业于北京大学数学力学系计算数学专业，中国科学院院士，中国工程院院士，第三世界科学院院士，北京大学教授，如图 2.4 所示。他是汉字激光照排系统的创始人和技术负责人。他所领导的科研团队研制出的汉字激光照排系统为新闻、出版全过程的计算机化奠定了基础，被誉为"汉字印刷术的第二次发明"。

图 2.4　王选

1975 年，王选对国家正要开展的汉字激光照排项目产生了兴趣。当时国外已经在研制激光照排四代机，而我国仍停留在铅印时代。我国政府打算研制自己的二代机、三代机。王选大胆地选择技术上的跨越，直接研制西方还没有的第四代激光照排系统。针对汉字的特点和难点，他发明了高分辨率字形的高倍率信息压缩技术和高速复原方法，率先设计出相应的专用芯片，在世界上首次使用"参数描述方法"描述笔画特性，并取得欧洲和中国的发明专利。这些成果开创了汉字印刷的一个崭新时代，引发了我国报业和印刷出版业"告别铅与火，迈入光与电"的技术革命，彻底改造了我国沿用上百年的铅字印刷技术。国产激光照排系统使我国传统出版印刷行业仅用了短短数年时间，从铅字排版直接跨越到激光照排，走完了西方几十年才完成的技术改造道路，被公认为毕昇发明活字印刷术后中国印刷技术的第二次革命。王选两度获中国十大科技成就奖和国家技术进步一等奖，1987 年获我国首次设立的印刷界个人最高荣誉奖——毕昇奖,被誉为“当代毕昇”。

1993年,国内99%的报社、90%的黑白书刊出版社和印刷厂选用了王选的汉字激光照排系统,所有到中国来的国外公司全部退出了中国大陆市场。

从1976年至1993年,王选先后主持设计并实现了六代汉字激光照排控制器。采用双极型微处理器与专用芯片相结合的技术,在计算能力和存储能力较低的计算机系统上完成了页面描述语言的解释处理,使我国的电子出版技术处于世界先进水平,共获得8项中国专利,一项欧洲专利,成为我国第一个欧洲专利获得者。

1991年到1994年,王选率领他的团队不断地创新技术,又引发了我国报业和印刷业的三次技术跨越。一是跨过报纸的传真机传版作业方式,直接推广以页面描述语言为基础的远程传版新技术;二是跨过传统的电子分色机阶段,直接研制开放式彩色桌面出版系统;三是规划和组织研制新闻采编流程计算机管理系统,使报社实现网络化生产与管理。这些电子出版新技术的应用,推动和促进了整个印刷行业的技术和设备改造,书刊和新闻出版业呈现空前繁荣。1999年,我国出版图书、报纸和期刊分别比1978年提高846%、1095%和780%。王选对市场的洞察力和敏感性也超乎寻常。

王选不仅是一位优秀的科学家,而且在推动高科技产业化方面也做得非常出色。作为一名优秀的科学家,他对科技创新一直给予高度关注。他主持研发的汉字激光照排系统为我国的新闻、出版行业信息化奠定了基础,实现了印刷革命,使我们国家在这个领域处于世界的前列。他这种追求不懈的科研精神,对科研人员起到了很好的启发和示范作用。同时,王选院士也是第一批把科研技术推向市场的人,通过创办方正,实现了中文激光照排技术的产业化,不仅取得了经济效益,还带来了思想的变革,推动了中国高科技产业化的发展。

5. 金怡濂

金怡濂(1929—),原籍江苏常州,1929年9月出生于天津市,1951年毕业于清华大学电机系,1956—1958年在苏联科学院精密机械与计算技术研究所进修电子计算机技术,1994年当选为中国工程院首批院士,2003年2月28日,获得第三届国家最高科学技术奖,如图2.5所示。

图2.5 金怡濂

1958年,金怡濂从苏联归国,从此,开始了他为之奋斗的计算机事业。半个多世纪以来,他致力于计算机体系结构、高速信号传输和计算机技术等方面的研究与实践。20世纪50年代到60年代末,他作为技术骨干、运控部分技术负责人,相继参加了我国第一台大型电子计算机和多种通用机、专用机的研制。20世纪70年代初,金怡濂敏锐地认识到双机并行在性能、可靠性、可用性和可维性上比单机将有较大的提高,提出了双机并行计算设计思想和实现方案。20世纪70年代后期,金怡濂与其他科学家一起,主持完成了多机并行计算机系统的研制,取得了我国计算机技术的突破。他运用Markov链随机过程方法,分析主存供数矛盾,提出了混合互连网络方案,解决了多机系统中互逢拓扑结构的难题;运用叠堆原理,分析、解决了小信号高速传输问题;提出系统重新组合,运行、维护两个系统并行互不干扰的思路,提高了机器的可用性。

20世纪80年代中期,随着微处理机芯片的迅速发展,金怡濂预见到大规模并行处理计算机将成为国际巨型机发展的主流，提出了基于通用CPU芯片的大规模并行计算机设计思想、实现方案和多种技术相结合的混合网络结构，解决了240个处理机互连的难题，从而研制出运算速度达到当时国内领先水平的并行计算机系统，实现了我国巨型计算机向大规模并行处理方向的发展，中国巨型计算机研制进入与国际同步发展的时代。

20世纪90年代，金怡濂撰写了"大规模并行计算机的发展和我们的对策"等专论，倡议抓住机遇，发展大规模并行计算机，使我国赶上世界巨型机技术先进水平。在西方强国对我国实行高性能计算机禁运的背景下，金怡濂受命主持研制国家重点工程——"神威"巨型计算机系统，担任总设计师。他提出了以平面格栅网为基础的"分布共享存储器大规模并行结构"的总体方案，提出了网上多种集合操作以无匹配高速信号传送等技术构想和解决方案，这些方案均获得成功，使我国高性能计算机峰值运算速度从每秒10亿次跨越到每秒3000亿次以上。

"神威"计算机先后安装在北京高性能计算机应用中心和上海超级计算中心。国家气象中心利用"神威"计算机精确地完成了极为复杂的中尺度数值天气预报，在国庆五十周年和澳门回归等重大活动的气象预测中发挥了关键作用。中国科学院上海药物研究所用"神威"计算机作为通用药物研究平台，大大缩短了新药的研制周期。中国科学院大气物理研究所用"神威"机进行新一代高分辨率全球大气模式动力框架的并行计算，取得了令人鼓舞的结果。"神威"计算机为气象气候、石油物探、生命科学、航空航天、材料工程、环境科学和基础科学等领域提供了不可缺少的高端计算工具，取得了显著效益，为我国经济建设和科学研究发挥了重要的作用。

随后，金怡濂继续担任新一代超级计算机系统的总设计师。他提出以三维格栅网为基础的可扩展共享存储体系结构和消息传送机制相结合的总体方案，为系统关键技术指标进入国际领先行列奠定了基础；率先将消息传递、全局共享、规模可变的节点共享三种工作模式集于一体，能够适合不同用户、不同课题的需要，有利于不同模式的国内外已有程序的移植，扩展了使用范围；提出具有双端口异构访问的大规模共享磁盘阵列群的构想，提高了系统效率；针对巨型计算规模庞大、功耗过高等难题，提出循环水冷却、分布式盘阵、透明的保留恢复、高密度组装等创新构想。在研制人员的共同努力下，攻克了相关的技术、工艺难关，有效地提高了系统的可靠性，缩小了系统的体积并降低了功耗。

金怡濂是我国高性能计算机领域的著名专家，是中国巨型计算机事业的开拓者之一。半个多世纪以来，金怡濂作为主要技术负责人，先后提出多种类型、各个时期居国内领先或国际先进水平的大型和巨型计算机系统的设计思想和技术方案，并组织科技人员共同攻关，取得了一系列创造性的成果，为我国高性能计算机技术的跨越式发展和赶超世界计算机先进水平做出了重要贡献。

6. 姚期智

姚期智（1946— ），世界著名计算机学家，祖籍湖北孝感，1946年12月24日出生于中国上海。1967年获中国台湾大学物理学学士学位，1972年获哈佛大学物理学博士学位，1975年获伊利诺伊大学计算机科学博士学位。2000年图灵奖得主，中国科学院院士，美国科学院外籍院士，美国科学与艺术学院外籍院士，国际密码协会会士，清华大学交叉信息研究院院长，"清华学堂计算机科学实验班""清华学堂人工智能班"首席教授，973项目首席科学家，中国香港中文大学博文讲座教授，如图2.6所示。

1975年至1986年,姚期智分别在麻省理工学院、斯坦福大学、加州大学伯克利分校任教授;1986年至2004年6月担任普林斯顿大学William and Edna Macaleer工程与应用科学系教授;2004年离开普林斯顿大学出任清华大学计算机科学专业教授,在清华大学先后创办计算机科学实验班、理论计算机科学研究中心、交叉信息研究院、量子信息中心和清华学堂人工智能班。

图2.6 姚期智

姚期智的研究方向包括计算理论及其在密码学和量子计算中的应用,在三大方面具有突出贡献:①创建理论计算机科学的重要次领域——通信复杂性和伪随机数生成计算理论;②奠定现代密码学基础,在基于复杂性的密码学和安全形式化方法方面有根本性贡献;③解决线路复杂性、计算几何、数据结构及量子计算等领域的开放性问题并建立全新典范。他是研究量子计算与通信的国际前驱,于1993年最先提出量子通信复杂性,基本完成了量子计算机的理论基础。1995年,姚期智教授提出分布式量子计算模式,后来成为分布式量子算法和量子通信协议安全性的基础。

2000年,姚期智对计算理论包括伪随机数生成、密码学与通信复杂度的突出贡献使姚教授荣膺图灵奖(A. M. Turing Award)。姚期智教授还获得了诸多荣誉和奖项,其中包括1987年的波里亚奖(George Polya Prize)和1996年的高德纳奖(Donald E. Knuth Prize)等。

2003及2004年,姚期智教授先后获中国香港城市大学和中国香港科技大学荣誉博士学位,2006年获中国香港中文大学荣誉理学博士学位,2009年获滑铁卢大学荣誉博士学位,2012年获中国澳门大学理学荣誉博士学位,2014年获中国香港理工大学荣誉博士学位。2010年2月姚期智先生当选"2009首都十大教育新闻人物"。2014年获颁"功勋外教奖"。2005年及2014年获得"高等教育国家级教学成果一等奖"。

2004年,姚期智当选为中国科学院外籍院士。同年,57岁的姚期智辞去普林斯顿大学终身教职身份,卖掉在美国的房子,正式加盟清华大学高等研究中心,担任全职教授。2005年,由姚期智主导并与微软亚洲研究院共同合作的"软件科学实验班"(后更名为"计算机科学实验班",也被称为"姚班")在清华成立,并先后招收大一、大二两班学生。次年3月,姚期智在致清华大学全校同学的一封信中掷地有声地写道:"我们的目标并不是培养优秀的计算机软件程序员,我们要培养的是具有国际水平的一流计算机人才。"2007年,姚期智创建中国香港中文大学理论计算机科学与通信科学研究所。2010年6月,清华大学-麻省理工学院-中国香港中文大学理论计算机科学研究中心正式成立,姚期智担任主任。2011年1月,担任清华大学交叉信息研究院院长。姚期智从清华大学开始,逐步建立中国的计算机理论科学的研究队伍,试图在国际上造成影响。

2007年3月29日,教育部部长周济、科技部部长徐冠华共同到清华大学看望姚期智。周济强调,姚期智全职归来并带动一批人才回国发展,堪称一面"旗帜"。徐冠华也谈到,像姚期智这样的旗帜性人物回国必然会产生"放大效应"。

2016年,姚期智放弃外国国籍成为中国公民,2017年2月,姚期智加入中国科学院信息技术科学部,正式转为中国科学院院士。

姚期智是图灵奖创立以来首位获奖的亚裔学者,也是迄今为止获此殊荣的唯一华裔计算机科学家。

2.3 计算机领域著名的学术组织与奖项

2.3.1 著名的学术组织

计算机学术组织为我们进行学术交流提供了良好的平台和机会，本节主要介绍国内外四个著名的学术组织，包括美国电气和电子工程师学会计算机协会、美国计算机学会、中国计算机学会和中国人工智能学会。

1. 美国电气和电子工程师学会计算机协会

美国电气和电子工程师学会(Institute of Electrical and Electronic Engineers,IEEE)是全球最大的非营利性专业技术学会，其会员人数超过40万人，遍布160多个国家。IEEE致力于电气、电子、计算机工程和与科学有关的领域的开发和研究，在太空、计算机、电信、生物医学、电力及消费性电子产品等领域已制定了900多个行业标准，现已发展成为具有较大影响力的国际学术组织。

IEEE的前身是美国无线电工程师学会(Institute of Radio Engineers,IRE)和美国电气工程师学会(American Institute of Electrical Engineers,AIEE)。由于第二次世界大战以后电子学的迅速发展，以及电气与电子密不可分的联系，这两个组织经过反复酝酿、讨论和协商，在1963年1月1日宣布合并成为电气和电子工程师学会，也就是IEEE。

1971年1月1日，IEEE宣布它下属的"计算机协会"(Computer Society)成立，这就是IEEE-CS。IEEE-CS的宗旨是推进计算机和数据处理技术的理论和实践的发展，促进会员之间的信息交流与合作。IEEE-CS每年都要举办一系列的学术会议和讨论会，出版定期、不定期的刊物，成立许多地区分会和专题的技术委员会，其活动范围包括同计算机、计算和信息处理有关的设计、理论和实践的各个层面。IEEE-CS的会员目前已超过10万，成为IEEE中最大的一个分会，也成为计算机界影响最大的群众性学术团体之一。

IEEE-CS现有几十个专业技术委员会，在各特定领域组织学术会议、研讨会，技术委员会的设置是随计算机科学与技术的发展而变化的。现设有计算机体系结构、计算机通信、计算机元件、数据获取和控制、设计自动化、数据库工程、分布式处理、容错计算、机器智能和模式分析、海量存储系统、数学基础、微程序设计、小型/微型计算机、操作系统、安全保密、软件工程和测试技术等专业技术委员会。

除专业技术委员会外，IEEE-CS还设有标准化委员会和教育与专业技能开发委员会，前者负责制定技术标准，后者负责制定计算机专业的教学大纲和课程设置方案以及发展继续教育。

另外，IEEE-CS还出版多种刊物，代表了各领域研究的国际先进水平，主要刊物如下。

- 《计算机》(*Computer*)，综合性期刊，主要刊登技术综述、讲座、应用方面的论文。
- 《IEEE计算机学报》(*IEEE Transaction on Computer*)，主要刊登关于计算机和信息处理的理论、设论和实践方面的论文。
- 《IEEE软件工程学报》(*IEEE Transaction on Software Engineering*)，主要刊登软件规划、开发、管理、测试、维护和文档方面的论文。
- 《IEEE模式分析和机器智能学报》(*IEEE Transaction on Pattern Analysis and*

Machine Intelligence),主要刊登模式分析和处理以及有关人工智能方面的论文。

- 《固态电路学报》(*Journal of Solid State Circuits*),主要刊登有关固态电路及器件和系统设计方面的论文。

2. 美国计算机学会

美国计算机学会(Association of Computing Machinery,ACM),是世界上第一个科学性及教育性计算机学会,总部设在美国纽约,致力于提高信息技术在科学、艺术等各行各业的应用水平。

ACM于1947年9月15日在纽约的哥伦比亚大学成立,当时的名称是"东部计算机协会"(Eastern Association for Computing Machinery),后来才把Eastern这个词去掉而成为ACM,1949年9月通过了学会章程。

章程规定协会的宗旨有3个:一是推进信息处理科学和技术,包括计算机、计算技术和程序设计语言的研究设计、开发和应用,也包括过程的自动控制和模拟;二是促进信息处理科学和技术在专业人员和非专业人员中的自由交流;三是维护信息处理科学和技术从业人员的权益。

ACM建立以来,积极地开展活动,目前已成为计算机界最有影响的两大国际性学术组织之一(另一个为IEEE-CS)。

ACM还设立了多个专业委员会,如算法和计算理论(Algorithms and Computation Theory)、应用计算(Applied Computing)、计算机体系结构(Computer Architecture)等。

同样,ACM每年都会出版大量计算机科学的专门期刊,并就每项专业设有兴趣小组。兴趣小组每年会在全世界(主要在美国)举办世界性讲座及会谈,以供各会员分享学会的研究成果。

3. 中国计算机学会

中国计算机学会(China Computer Federation,CCF)成立于1962年6月,1985年3月5日被批准为全国性一级学会,是国内计算机科学与技术领域群众性的学术团体,是中国科学技术协会(China Association for Science and Technology,CAST)的成员。

学会总部设在中国科学院计算技术研究所,宗旨是团结和组织广大的计算机科技工作者,促进计算机科学技术事业的繁荣和发展,促进计算机技术的普及和应用,发现、培养和扶植年轻的科技人才,促进科技成果的转化,促进产业的发展。

学会设有多媒体技术、服务计算、高性能计算、工业控制计算机、互联网、计算机安全、计算机辅助设计与图形学、计算机工程与工艺、计算机视觉、计算机应用等38个专业委员会。专业委员会是根据计算机及相关领域的研究、开发及应用的发展需要,由CCF设立的二级专业分支机构,是CCF开展学术活动的主体。专业委员会接受CCF的直接领导。

学会的业务范围如下:

① 组织开展国内外学术交流。

② 组织开展对计算机科学技术和产业发展战略的研究,向政府部门提出咨询建议。

③ 参加国家或政府部门有关计算机和信息技术相关技术项目的科学论证,提出咨询建议。

④ 开展计算机技术培训和技术咨询,普及计算机知识,推广计算机技术,促进计算机技术在各个领域的应用,组织青少年计算机科技活动,开展计算机继续教育。

⑤ 经业务主管单位或有关部门批准，表彰、奖励计算机和信息技术相关技术领域优秀科技成果及有成就的专业人士；接受委托，开展项目评估、学位论文评审、技术职务及职称的评审工作。

⑥ 根据国家有关法规或接受政府有关部门授权或委托，承担计算机技术领域的成果鉴定及计算机领域工程教育认证和职业资格认定等工作；编辑、制定和审定有关计算机技术标准。

⑦ 根据国家的有关法规或根据市场和行业发展需要举办计算机和相关信息技术领域的展览。

⑧ 依照有关规定编辑出版计算机方面的学术刊物、科技书籍、报刊和多媒体制品。

⑨ 促进民间国际计算机科技交流，和国际同类学术组织建立合作关系，参与相关的国际计算机学术活动，参加相关的国际组织。

学会设有办公自动化、理论计算机科学、人工智能与模式识别、多媒体、数据库、体系结构、软件工程、计算机安全、开放系统、计算机应用、虚拟现实与可视化、系统软件、中文信息处理、计算机辅助设计与图形学、网络与数据通信、教育等若干专业委员会。

学会出版刊物有《计算机学报》《软件学报》《计算机研究与发展》《计算机科学》《小型微型计算机系统》《计算机工程》《计算机工程与应用》等。

4. 中国人工智能学会

中国人工智能学会(Chinese Association for Artificial Intelligence,CAAI)成立于1981年，是经国家民政部正式注册的我国智能科学技术领域唯一的国家级学会，是全国性4A级社会组织，挂靠单位为北京邮电大学；是中国科学技术协会的正式团体会员，具有推荐“两院院士”的资格。

中国人工智能学会目前拥有48个分支机构，包括40个专业委员会和8个工作委员会，覆盖了智能科学与技术领域。学会活动的学术领域是智能科学技术，活动地域是中华人民共和国全境，基本任务是团结全国智能科学技术工作者和积极分子，通过学术研究、国内外学术交流、科学普及、学术教育、科技会展、学术出版、人才推荐、学术评价、学术咨询、技术评审与奖励等活动促进我国智能科学技术的发展，为国家的经济发展、社会进步、文明提升、安全保障提供智能化的科学技术服务。

学会自主创办全球人工智能技术大会、中国人工智能大会、中国智能产业高峰论坛、“华为杯”全国大学生智能设计竞赛、全国大学生计算机博弈大赛、IEEE云计算与智能系统国际会议等规模化、系列化学术活动。与此同时，学会带头发起成立了全国智能机器人创新联盟等创新联盟。为智能科学技术工作者提供了一个展示、交流、融合科研成果的平台，有效地促进了智能科学技术的发展。

学会主办有公开出版物《智能系统学报》(*CAAI Transactions on Intelligent Systems*)(中文核心期刊)；内部刊物《智能技术学报》(*CAAI Transactions on Intelligent Technology*)、《中国人工智能学会通讯》、《学会通讯》青年专刊、《AI学者》网络文摘等中文杂志，另有在日本出版的英文刊物 *International Journal of Advanced Intelligence*；2015年推出了学科白皮书系列以及三本颇具影响力的发展报告，同期年底还推出了以中国人工智能学会命名的“机器人与人工智能”书系。

学会充分利用行业和学科资源、发挥自身优势，结合学会学术活动、学科行业重大科技事件、学科行业发展需求及人才储备等,开展有特色、有创新、具有典型示范作用的科普工作,让公众尽可能直观、形象地了解、体验智能科技带来的便捷,取得良好社会效果。

学会高度重视人才队伍建设,大力开展人才奖励与举荐优秀科技人才工作,同时发挥青年工作委员会的优势,把发现人才、培养人才、举荐人才作为人才建设的抓手,为促进人才队伍的建设做出大量的工作,收效良好。学会围绕"吴文俊人工智能科学技术奖""中国人工智能学会优秀博士学位论文评选""学会先进个人"等奖项及院士推荐等推荐申报工作,表彰了一批优秀青年才子,推出了一大批的优秀科技工作者和优秀研究成果。

2.3.2 著名的计算机奖项

计算机软硬件技术的快速发展,是无数科学家和工程技术人员辛勤努力的结果,其中的杰出代表发挥了关键性和根本性的作用。计算机奖项就是对这些有杰出贡献的科学家予以奖励。著名的计算机奖项有图灵奖和计算机先驱奖。

1. 图灵奖

世界上第一台电子计算机ENIAC在1946年2月诞生于美国宾夕法尼亚大学莫尔学院。但学术界公认,电子计算机的理论和模型是由英国数学家图灵在1936年发表的一篇论文"论可计算数及其在判定问题中的应用"中奠定了基础的。因此,当美国计算机协会ACM在1966年纪念电子计算机诞生20周年,也就是图灵具有历史意义的论文发表30周年的时候,决定设立计算机界的第一个奖项(在此之前,做出杰出贡献的计算机科学家只能获得数学方面或电气工程方面的奖项),并且把它命名为"图灵奖(Turing Award)",以纪念这位计算机科学理论的奠基人。

图灵奖,又叫"A. M. 图灵奖",专门奖励那些在计算机科学研究中做出创造性贡献,推动了计算机科学技术发展的杰出科学家。虽然没有明确规定,但从实际执行过程来看,图灵奖偏重在计算机科学理论与软件方面做出贡献的科学家。由于图灵奖对获奖条件要求极高,评奖程序又是极严,一般每年只奖励一名计算机科学家,只有极少数年度有两名合作者或在同一方向做出贡献的科学家共享此奖。因此它是计算机界最负盛名、最崇高的一个奖项,有"计算机界的诺贝尔奖"之称。

从1966年到2020年的55届图灵奖,共计有74位科学家获此殊荣,其中美国学者最多。在这74位获奖者中,除极少数几位科学家是偏重在计算机的研制及体系结构设计上的贡献而获奖外,其他绝大多数学者都是因为在理论研究和软件研发上的突出贡献而获奖。

值得一提的是,2000年的图灵奖获得者姚期智是首位获得该奖项的美籍华人,在计算理论领域(包括基于复杂性的伪随机数生成理论、密码学和通信复杂性等)做出了根本性的贡献。

2. 计算机先驱奖

IEEE-CS的计算机先驱奖(Computer Pioneer Award)设立于1980年,如果把ENIAC的诞生当作计算机历史的起点,到1980年时,它已走过了34年的历史。34年间,计算机本身经历了巨大的发展变化,性能的提高以若干个数量级计算。大、中、小、巨、微各个档次的计算机百花齐放,在各个领域、各个部门发挥着巨大的作用,推动着社会文明和人类进步,把人类由原子能时代带入了信息时代。在这一巨大的、前所未有的科技成果背后,是无数科学家和工程技术人员奉献的智慧、创造才能和辛勤努力，尤其是其中的佼佼者所做出的关键性贡献。因此，IEEE-CS 决定设立计算机先驱奖以奖励这些理应赢得人们尊敬的学者和工程师。

同其他奖项一样，计算机先驱奖也有严格的评审条件和程序，但与众不同的是，这个奖项规定获奖者的成果必须是在十五年以前完成的。这样一方面保证了获奖者的成果确实已经得到时间的考验，不会引起分歧；另一方面又保证了这个奖的得主是名副其实的“先驱”，是走在历史前面的人。

此外，该奖项还兼顾了理论与实践、设计与工程实现、硬件与软件、系统与部件等各个与计算机科学技术发展有关的方面，每年可以有多人获奖。在一定意义上讲，是对偏重计算机科学理论、算法、语言和软件开发方面图灵奖的一个补充。

遗憾的是，中国的计算机科学家至今无人获得该奖项，只有一名美籍华裔杰弗里·朱于1981 年获此殊荣。

3. 中国计算机学会奖项

在我国，对计算机专业人员的国家级奖励包括在国家最高科学技术奖、国家自然科学奖、国家技术发明奖、国家科技进步奖等奖励中。中国计算机学会下还设有“王选奖”、“海外杰出贡献奖”、“优秀博士学位论文奖”、“CCF 夏培肃奖” 和“CCF 终身成就奖”等。

中国计算机学会“王选奖”原名“中国计算机学会创新奖”，于 2005 年创立，每年评选一次，属于社会力量设立的科学技术奖。该奖旨在推动中国计算机及相关领域的科技创新和进步，促进科研成果的转化和 IT 产业的发展，推动科技界学术共同体评价体系的建立，发现和激励创新型科技人才。2006 年，为了纪念著名科学家王选院士为中国计算机事业做出的非凡贡献，学习他严谨、务实、奉献、创新、勇于超越的科研精神，中国计算机学会决定将“中国计算机学会创新奖”以王选院士的名字命名，更名为中国计算机学会“王选奖”。

中国计算机学会“海外杰出贡献奖”是为表彰海外人士对中国计算机事业所做贡献颁发的荣誉奖。中国计算机学会希望更多的海外有识之士为中国的计算机事业发展贡献力量。中国计算机学会“海外杰出贡献奖”是由中国计算机学会按照评审程序评选产生的。评选每年进行一次，授予一名在海外的个人或组织。

为推动中国计算机领域的科技进步，鼓励创新性研究，促进青年人才成长，中国计算机学会(CCF)设立了“优秀博士学位论文奖”。迄今已有 135 名博士获得该奖，他们或在计算机科学与技术及其相关领域的基础理论或应用基础研究中取得了重要成果，或在关键技术或应用技术创新等方面成绩显著，并在重要学术刊物或重要学术会议上发表过论文。他们在国内外学术界和产业界产生了重大影响，很好地反映了中国计算机科学技术研究的最新进展。

2010 年设立的“CCF 终身成就奖”授予 70 岁以上、在计算领域做出卓越成就与贡献、被业界广泛认可的老科学家，以激励业界同仁向他们学习，承担起继往开来的责任，为祖国的计算事业创新、奉献。获得首届“CCF 终身成就奖”的是两位德高望重的中国科学院院士——张效祥院士和夏培肃院士，他们是中国计算机事业的创始人，张效祥先生在 20 世纪 50 年代末主持研制成功我国第一台大型通用电子计算机——104 机，并先后组织领导和亲自参加了我国自行设计的电子管、晶体管到大规模集成电路各代计算机的研制。夏培肃先生在 1960 年主持研制成功我国第一台自行设计的通用电子数字计算机——107 机，并在高速计算机的研究和设计方面做出了一系列创造性的成果,还为我国培养了大批优秀的计算领域人才。

"CCF杰出女计算机工作者奖"设立于2014年,旨在奖励在学术、工程、教育及产业等领域,为推动中国的计算机事业做出杰出贡献、取得突出成就的CCF女性会员。2014年度该奖获得者为我国计算机专家、CCF会士、江南计算技术研究所研究员黄永勤。为纪念我国杰出女科学家夏培肃先生为中国计算机事业做出的卓越贡献,经CCF常务理事会决定并征得夏培肃先生亲属同意,"CCF杰出女计算机工作者"奖目前正式更名为"CCF夏培肃奖"。

4. 中国人工智能学会奖项

中国人工智能学会设有"吴文俊人工智能科学技术奖""中国人工智能学会优秀博士学位论文"等奖项。

"吴文俊人工智能科学技术奖"是由我国智能科学技术领域唯一的国家级学会——中国人工智能学会发起主办,得到人民科学家、数学大师、人工智能先驱、我国智能科学技术开拓者和领军人、首届国家最高科学技术奖获得者、中国科学院院士、中国人工智能学会名誉理事长吴文俊(1919—2017)先生的支持,经科学技术部、国家科学技术奖励工作办公室公告(国科奖社证字第0218号),于2011年正式设立的奖项。通过奖励机制表彰在我国智能科学技术领域取得重大科技突破、贡献卓著的先进代表人物和组织,充分调动我国智能科学技术工作者的积极性和创造性。"吴文俊人工智能科学技术奖"设置七类奖项,它们是:吴文俊人工智能最高成就奖、吴文俊人工智能杰出贡献奖、吴文俊人工智能自然科学奖、吴文俊人工智能技术发明奖、吴文俊人工智能科技进步奖(含吴文俊人工智能科技进步奖科普项目和吴文俊人工智能科技进步奖企业技术创新工程项目)、吴文俊人工智能优秀青年奖和吴文俊人工智能专项奖。

为推动中国人工智能领域的科技进步,鼓励创新性研究,促进青年人才成长,中国人工智能学会(CAAI)设"优秀博士学位论文"奖项。从2011年开始每年评选一次CAAI优秀博士学位论文,已有数十名博士获得该奖,他们在人工智能及其相关领域的研究中成绩显著,并在重要学术刊物或重要学术会议上发表了论文,反映了中国人工智能领域的最新进展。

2.4 计算机的社会影响

高科技是一柄双刃剑,计算机也不例外。计算机的广泛使用为社会带来了巨大的经济利益,同时也对人类社会生活的各个方面产生了深远的影响。由计算机和通信线路构成的计算机网络作为资源共享的手段是史无前例的,正在使这个世界经历一场巨大的变革。然而,随着20世纪90年代以来网络的迅猛发展,计算机犯罪和网络侵权事件越来越多。为了让网络长远地造福于社会,就必须规范计算机和网络的使用。

2.4.1 计算机相关的知识产权

随着网络的快速发展,需要保障网络资源提供者的权利,规范使用者的行为。

1. 软件相关知识产权

2006年3月,上海市版权局对大亚信息公司的微软软件使用情况进行了现场核查及询问，发现在该公司办公场所内，总共 9 个品种共计 130 套的微软软件被侵权使用。为此，微软公司将该公司告上法庭。2009 年 4 月 22 日，上海市第二中级人民法院对微软与上海大亚信息产业有限公司计算机软件著作权纠纷进行了一审宣判，判决被告大亚信息公司立即停止对原告微软公司享有的 9 种软件的侵害，并赔偿微软公司包括合理费用在内的经济损失共计人民币 40 万元。

本案成为我国首例上市公司以及上市公司的参股公司因为盗版软件诉讼而进行信息披露的案件。该案件的判决结果，加强了我国上市公司及其他企业对计算机软件著作权的认知，众多上市公司开始积极地开展企业内自检，积极联络软件合法提供商，着手消除软件著作权侵权隐患。

对计算机软件的所有权加以保护是为保护智力成果创造者的合理权益，维护软件开发者成果不应被无偿占用的原则，鼓励软件开发者的积极性，推动计算机软件产业及整个社会经济文化的尽快发展。由此可见，对软件开发者生产的软件保障一定的所有权是非常重要的。

我国通过计算机软件著作权和专利权保障软件开发者的权利。

计算机软件著作权又称为版权，属于知识产权的著作权范畴，具有知识产权的特征，即时间性、专有性和地域性。计算机软件著作权是指作品作者根据国家著作权法对自己创作的作品所享有的专有权的总和。我国的《著作权法》规定：计算机软件是受著作权保护的一类作品。《计算机软件保护条例》作为著作权法的配套法规是保护计算机软件著作权的具体实施办法。我国的法律和有关国际公约认为：计算机程序和相关文档、程序的源代码和目标代码都是受著作权保护的作品。按照法律规定，软件开发者在一定的期限内对自己软件的表达（如程序的代码、文档等）享有专有权利，包括发表权，开发者身份权，以复制、展示、发行、修改、翻译、注释等方式使用软件的使用权，使用许可权和获得报酬权以及转让权。国家依法保护软件开发者的这些专有权利。

著作权是保护作品的表达，即作品本身，著作权法不涉及作品的构思。对软件的著作权保护不能扩大到开发软件所有的思想、概念、发现、原理、算法、处理过程和运行方法。参照他人程序的技术设计，独立地编写出表达不同的程序的做法并不违反著作权法。因此，多年来很多真正具有创新性的软件产品的开发人员无法从自己的发明中充分获利（其中两个著名的例子是电子制表软件和 Web 浏览器）。在大多数情况下，往往是另一家公司成功地开发了具有竞争力的产品，并占据了具有绝对优势的市场份额。就这一方面来说，阻止竞争对手侵扰的一个法律依据就是专利法。

专利权是由国家专利主管机关根据国家颁布的专利法授予专利申请者或其权利接受者在一定的期限内实施其发明以及授权他人实施其发明的专有权利。专利法所保护的是已经获得了专利权、可以在生产过程中实现的技术法案。能够获得专利权的发明应当具备新颖性、创造性和实用性。

一个计算机程序如果在其处理问题的技术设计中具有发明创造，这些发明创造可以作为专利申请，很多有关地址定位、虚拟存储、文件管理、信息检索、程序编译、多重窗口、图像处理、设计压缩、多道运行控制、自然语言翻译、程序编写自动化等发明创造已经获得了专利权。

但是获取专利是一个昂贵、费时的过程，通常历时几年。在这段时间内，软件产品可能已经被淘汰了,或被别人盗用仿制。

因此,一般软件通常用著作权法来保护,软件开发者可以为软件申请软件著作权。

2. 数字版权

随着全球信息化进程的推进以及信息技术向各个领域的不断延伸,数字出版产业的发展势头强劲,并日益成为我国出版产业变革的前沿阵地。2020年12月,第十届中国数字出版博览会上发布了《2019—2020中国数字出版产业年度报告》,报告指出,我国数字出版产业整体收入规模持续增长,2019年全年收入超9800亿元。然而,事实证明,图书数字化以后,盗版极其容易,复制件与原件一模一样,而且复制几乎没有什么成本,所以,就需要对网络出版的版权加以控制。

2007年,“七位知名作家状告书生”和“400位学者状告超星盗版”等事件一度成为业界关注的焦点,数字版权问题也成为业界谈论的焦点话题。

数字版权也就是各类出版物和信息资料通过新兴的数字媒体传播内容的权利,包括制作和发行各类电子书、电子杂志、手机出版物、计算机软件、数据等的版权。

由于数字出版是以技术开发与版权增值为核心的产业,版权保护是其发展的核心问题。在美国,版权产业是经济增长的主要动因和信息经济的驱动力,可以说,没有版权保护就没有好莱坞的全球市场。1998年,美国通过《数字千禧版权法》对网上作品著作权的保护提供了法律依据。在我国,由于数字技术对传统版权保护带来的冲击,数字作品的版权不能得到充分保护,再加上为数相当多的网民缺乏良好的版权保护意识以及正确的数字消费观等,导致数字版权保护不完善。目前,用来保护数字版权的主要技术有数字水印、数字签名、数据加密。

数字水印是隐蔽地嵌入在数字图像或声音文件里的数字码或数字流。可以用来监视、识别、控制用户对数字化作品的使用。

数字签名是一种类似写在纸上的普通的物理签名,使用了公钥加密技术实现,用于鉴别数字信息。就是将摘要信息用发送者的私钥加密,与原文一起传送给接收者。接收者只有用发送者的公钥才能解密被加密的摘要信息。

数据加密是通过对数字内容进行加密和附加使用规则对数字内容进行保护,附加使用规则可以断定用户是否被授权。

通过以上三种技术可以加强对数字版权的保护,但是网络出版物形式多种多样,制作技术手段不断地进步,很难形成一种通用的、有效的数字版权技术来彻底保护各种网络出版物,并且保证其加密技术永远不被破解。因此,数字出版领域的版权保护问题已经成为制约出版社进入数字出版领域的障碍之一。对此,除了加大相关法律和法规的执行力度外,也要在版权保护的技术方面加以突破和创新。

2.4.2 隐私问题

在电子信息时代,网络对个人隐私权已形成了一种威胁,计算机系统随时都可以将人们的一举一动记录、收集、整理成一个个人资料库,使人们仿佛置身于一个透明的空间,毫无隐私可言。随着计算机技术和人工智能应用的成熟,公民的指纹、人脸等生物特征信息的获取、采集、存储和应用越来越便利,在信息化加速发展的今天,这些生物特征信息也存在被泄露、滥用的风险。隐私保护,已成为关系到现代社会公民在法律约束下的人身自由及人身安全的重要问题。

2006 年，Facebook 启动动态新闻功能引起其历史上一次重大危机。该功能动态突出用户在 Facebook 社交圈中发生的事，显示用户个人主页上最近的变化和更新。该功能启动后，所有关于动态新闻的消息中只有 1%是正面评价，反对声铺天盖地。危机产生几天后，Facebook 的工程师迅速增加新的隐私设置功能，给予用户一些控制权，指定自己哪些信息可被动态新闻广播出去，隐私设置功能上线后迅速平息了抗议声。可以看出，人们对于隐私非常重视，隐私保护实际上体现了对个人的尊重。

网络隐私权是隐私权在网络中的延伸，是指自然人在网上享有私人生活安宁，私人信息、私人空间和私人活动依法受到保护，不被他人非法侵犯、知悉、搜集、复制、利用和公开的一种人格权；也指禁止在网上泄露某些个人相关的敏感信息，包括事实、图像以及诽谤的意见等。

近些年来以指纹、人脸、虹膜为代表的生物识别技术正逐步普及，越来越多的生物特征信息被广泛应用到生活和工作中，而这些信息与个人财产、人格权益之间的联系日趋紧密，是特别敏感的隐私信息，可能会在使用与存储的过程中泄漏，信息一旦丢失或泄漏，将给信息所有者造成难以挽回的损失，并且一旦泄漏将无法撤销和更新，严重影响用户的隐私。所以生物特征信息上的隐私权也是网络隐私权中的一项重要内容。

侵犯网络隐私权主要表现在两个方面，一是通过网络宣扬、公开或转让他人隐私，即未经授权在网络上宣扬、公开或转让他人或自己和他人之间的隐私；二是未经授权收集、截获、复制、修改他人信息，比如黑客(Hacker)的攻击。

各国对网络隐私权都做了相应的保护措施，具体如下。

① 以美国为代表的行业自律模式。美国政府对互联网商业活动中隐私权保护主要采取行业自律、减少法律限制的态度。美国之所以这样规定，是为了鼓励和促进互联网产业的发展，避免给网络服务商施加过多压力。

② 软件保护模式。这主要是采用技术的手段，由互联网消费者自己选择、自我控制为主的模式。该模式是将保护消费者隐私的希望寄托于消费者自己，通过某些隐私保护的软件，来实现网上用户隐私材料的自我保护。

③ 以欧盟为代表的立法规制模式。这种模式由国家通过立法从法律上确立网络隐私保护的各项基本原则与各项具体的法律规定和制度，并在此基础上建立相应的司法或行政救济措施。如欧盟 1995 年 10 月通过《个人数据保护指令》，要求欧盟各国根据该指令调整制定本国的个人数据保护法。

以上三种保护模式各有利弊，行业自律模式表明以美国为代表的有关国家的隐私权观念建立在自由的基础之上，有利于促进该行业的发展，但在发生利益冲突时容易引发侵犯网络隐私权的行为；软件保护模式依赖相关技术的发展，其安全性和可信度有待考察；立法规制使网上用户的个人隐私更容易得到保护，但增加了网络服务提供商的法定义务，有可能伤害其进行网络服务的积极性，从而阻碍整个行业的发展。因此，学者认为可以采取三者相结合的保护模式：以立法规制为主导，以行业自律和技术为辅。

从目前我国隐私权保护的立法来看，隐私权并未成为我国法律体系中一项独立的人格权。我国法律对隐私权的保护也没有形成一个完整的体系，其依据仅是《宪法》所确立的保护公民人身权的基本原则和《民法通则》中所规定的个别条款。关于我国网络隐私权的法律保护，1997 年 12 月 8 日，国务院信息化工作领导小组审定通过的《计算机信息网络国际联网管理暂行规定实施办法》第十八条规定："不得在网络上散发恶意信息，冒用他人名义发出信息，侵犯他人隐私。"1997年12月30日，公安部发布施行的《计算机信息网络国际联网安全保护管理办法》第七条规定："用户的通信自由和通信秘密受法律保护。任何单位和个人不得违反法律规定，利用国际联网侵犯用户的通信自由和通信秘密。"2000年10月8日，信息产业部第4次部务会议通过的《互联网电子公告服务管理办法》第十二条规定："电子公告服务提供者应当对上网用户的个人信息保密，未经上网用户同意不得向他人泄露，但法律另有规定的除外。"可见，在我国现阶段还没有关于网络隐私权比较成形的法律，仅在一些部门规章中有所涉及。

在隐私保护技术方面，主要采用两类技术：一类是建立私人信息保护机制的技术，如Cookie管理、提供匿名服务、防火墙和数据加密技术等。Cookie管理技术允许用户管理Web站点放置在其硬盘上的Cookie。Cookie是由Web服务器置于用户硬盘上的一个非常小的文本文件，其信息包括用户登录或注册数据、购物选择信息、用户偏好等，可以方便网站为用户提供个性化服务。Cookie管理技术使用户可以选择禁用或有条件使用Cookie，以避免其私人信息泄露。另一类保护隐私的技术虽然不直接提供保护私人信息的能力，但能够增加Web站点隐私政策的透明性，加强用户在隐私政策上与站点的交流，从而有利于隐私保护，如P3P(Platform for Privacy Preferences Project，个人隐私安全平台项目)标准，P3P是万维网协会(World Wide Web Consortium，W3C)制订的一套软件制作指导方针。2000年6月21日，因特网公司第一次对新一代的Web浏览软件进行了演示，该软件是基于P3P平台开发的，它允许用户对其私人信息拥有更强的控制能力。在使用P3P的Web站点上，用户访问该站点之前，浏览器首先把该站点的隐私政策翻译成机器可识别的形式，然后把它传递给用户，这样用户就可以基于该信息决定是否进入该网站。

2.4.3 计算机系统的安全和防护

个人存储在计算机上的数据必须受到保护。计算机系统本身也同样需要保护，以防范自然灾害、破坏、偷窃及非法访问行为。这个问题无论对家庭计算机系统还是对机构的计算机系统都存在。保证计算机系统的安全，就是保护计算机的硬件、软件和数据安全。

1. 硬件安全

计算机存放和处理的信息对于PC机用户来说几乎是无价的。如果存放宝贵的财务数据和数以月计的研究成果的计算机被盗，尽管计算机本身可能很便宜，但还是会造成巨大的损失。计算机防盗设备有多种，如防盗安全锁孔、锁柜、移动感应报警器等。

为了防止火灾，重要的机房应当安装烟火监测器及灭火系统。有些企业间往往会签订一个互助灾害应急合约，以便某公司的计算机系统出问题时，该公司可以应用另一家公司的计算机系统进行处理。

对于经常发生断电的地区，或者不允许中断运行的计算机系统，应考虑使用不间断电源(Uninterruptible Power Supply，UPS)。一旦断电，UPS可以为系统提供几个小时的电力供应。

高性能处理器、硬盘驱动器、显卡和一些其他的计算机部件会产生大量热量，过热会缩短内部部件和芯片的使用寿命。多数的计算机都有散热风扇，这可以使计算机维持在一定温度内。所以，保证计算机系统周围的空气流通是很重要的，而且要保证风扇可以从房间中吸入空气,然后吹过计算机内的部件。如果用户认为设备过热,可以加装额外的散热风扇。

还应该定期对计算机进行基本维护,定期清洁、进行磁盘碎片整理。计算机系统容易受到来自自然灾害的损坏。为了防止数据丢失,计算机专业人员和用户都应当定期对程序和数据进行备份。重要数据的备份存放应当远离相应的计算机系统,以免它们受到和系统同样的灾害。当硬件发生故障时,可以使用故障检查和诊断工具找到硬件故障,然后通过备份的数据来对计算机还原。

2. 软件安全

当一台计算机连接到网络时,它会遭受到未授权用户的访问和恶意破坏。通过网络连接侵袭计算机系统及其所存储的资源有很多种方法,大多数方法会用到恶意软件。这类软件可以在某台计算机内部扩散和运行,也可以侵袭远距离的计算机。病毒、蠕虫、特洛伊木马和间谍软件都是以入侵的方式在计算机中扩散和运行的恶意软件。

病毒是一种感染可执行文件的程序,感染后的文件以不同于原先的方式运行,从而造成不可预料的后果,如删除硬盘文件或破坏用户数据等。世界上第一个计算机病毒是1983年出于学术研究目的而编写的,而计算机第一次真正遭受病毒的恶意攻击则是在1987年。当时来自巴基斯坦拉合尔一台计算机上的病毒感染了美国Delaware大学的计算机,至少造成该校一名研究生论文被毁。从此之后,计算机病毒就以每月100个以上新病毒的速度不断地增长。目前世界上的计算机病毒达4万种,并且增长速度达到了每月近300种。

蠕虫是能够自我复制的计算机程序。虽然它并不感染其他文件,但其危害较大,比如把蠕虫放在网络上会使网络负载大大地增加,造成网络拥塞;而在计算机上则会占用大量存储空间。

特洛伊木马是一种能够散布病毒、蠕虫或其他恶意程序的计算机程序。公元前1200年,在特洛伊战争中,古希腊人利用把士兵隐藏在木马腹中的战术攻克了特洛伊城堡。这种思想用于计算机犯罪中,就是一种以软件程序为基础进行欺骗和破坏的犯罪手段。特洛伊木马程序和计算机病毒不同,它不依附于任何载体而独立存在,如AIDS事件就是一个典型的特洛伊木马程序,它声称是艾滋病数据库,但它实际运行时会毁坏硬盘。

间谍软件收集它所驻留计算机的活动信息,并把这些信息报告给攻击的发起者。有的公司使用间谍软件来建立目标客户档案,这么做毫无疑问违背了道德。对于其他情况,使用间谍软件的目的就是用来破坏,比如通过记录计算机键盘的打字序列,来寻找密码或信用卡卡号。

防火墙是目前常用的用于防止文件和数据被非法访问的软件,如果一台计算机不用作万维网服务器、域名服务器或邮件服务器,那么安装在这台计算机上的防火墙应当阻止所有用于这些应用的通信。入侵者获得计算机入口的一个途径就是通过一个已经不存在的服务器留下的"漏洞"来建立联系。尤其是,利用间谍软件获取信息的方法就是在感染的计算机上建立一个秘密的服务器,通过这个服务器,恶意客户端可以获取间谍软件的嗅探结果。正确安装防火墙可以阻止这类恶意客户端的报文。

另一种防护工具也具有过滤功能,它就是代理服务器。代理服务器是一个软件单元,它作为客户机和服务器之间的媒介,目标是保护客户机,屏蔽来自服务器的不利行为。

还有一种防御方法就是采用防病毒软件。这种软件可以用来探测和删除被已知病毒或其他方式感染的文件。由于新的计算机病毒感染会不断地出现,因此,用户必须从软件提供商那里定期购买下载更新。

另一种增强计算机网络系统安全性的方法就是应用法律措施。在美国,针对恶意软件的繁殖问题,1984年通过了《计算机欺诈和滥用法》,这个法案规定:通过非授权的方式访问计算机并获取任何有价值的信息的行为均不合法。而我国在这方面的法律比较欠缺,所以除了采用技术手段外,还需要加强制定有关法律来保护计算机系统安全。

3. 数据安全

数据安全有两方面的含义:一是数据本身的安全,主要指采用现代密码算法对数据进行主动保护,如数据保密、数据完整性、双向强身份认证等;二是数据防护的安全,主要是采用现代信息存储手段对数据进行主动防护,如通过磁盘阵列、数据备份、异地容灾等手段保证数据的安全。

威胁数据安全的因素有很多,比较常见的主要有以下几个。

① 硬盘驱动器损坏。一个硬盘驱动器的物理损坏意味着数据丢失。设备的运行损耗、存储介质失效、运行环境以及人为的破坏等,都能对硬盘驱动器设备造成影响。

② 人为错误。由于操作失误,使用者可能会误删系统的重要文件,或者修改影响系统运行的参数,以及没有按照规定要求或操作不当导致系统宕机。

③ 黑客。这类入侵者通过网络远程入侵系统,侵入形式包括系统漏洞、管理不力等。

④ 病毒。计算机病毒的复制能力强,感染性强,特别是网络环境下,传播性更快。由于感染计算机病毒而破坏数据造成的重大经济损失屡屡发生。

⑤ 信息窃取。从计算机上复制、删除信息或干脆把计算机偷走。

⑥ 自然灾害,包含水灾、洪水、飓风和其他类似的不可预见的事件。自然灾害能够切断对所有用户的服务并很可能毁掉整个系统。

⑦ 电源故障。电源供给系统故障,一个瞬间过载会损坏硬盘或存储设备上的数据。

⑧ 磁干扰。指重要的数据接触到有磁性的物质,引起计算机数据被破坏。

为防止计算机中的数据意外丢失,一般采用重要的安全防护技术来确保数据的安全,几种常用和流行的数据安全防护技术如下。

① 磁盘阵列。磁盘阵列是指把多个类型、容量、接口甚至品牌一致的专用磁盘或普通硬盘连成一个阵列,使其以更快的速度、准确、安全的方式读写磁盘数据,从而保证数据读取速度和安全的一种手段。

② 数据备份。备份管理包括备份的可计划性、自动化操作、历史记录的保存或日志记录。

③ 双机容错。双机容错的目的在于保证数据不丢失和系统不停机。即当某一系统发生故障时,仍然能够通过另一系统向网络系统提供数据和服务,使得系统不至于停顿。

④ NAS(Network Attached Storage,网络附属存储)。NAS解决方案通常配置作为文件服务的设备,由服务器通过网络协议和应用程序来进行文件访问,大多数NAS链接在工作站客户机和NAS文件共享设备之间进行。这些链接依赖于企业的网络基础设施来正常运行。

⑤ 数据迁移。由在线存储设备和离线存储设备共同构成一个协调工作的存储系统,该系统在在线存储和离线存储设备间动态地管理数据,使得访问频率高的数据存放于性能较高的在线存储设备中,而访问频率低的数据存放于较为廉价的离线存储设备中。

⑥ 异地容灾。以异地实时备份为基础的高效、可靠的远程数据存储。在各单位的 IT 系统中，必然有核心部分，通常称之为生产中心，往往给生产中心配备一个备份中心，该备份中心是远程的，并且在生产中心的内部已经实施了各种各样的数据保护。当火灾和地震这种灾难发生时，一旦生产中心瘫痪了，备份中心会接管生产，继续提供服务。

⑦ SAN(Storage Area Network，存储区域网络)。SAN 允许服务器在共享存储装置的同时仍能高速传送数据。这一方案具有带宽高、可用性高、容错能力强的优点，而且它可以轻松升级，容易管理，有助于改善整个系统的总体成本状况。

⑧ 数据库加密。对数据库中数据加密是为增强普通关系数据库管理系统的安全性，提供一个安全适用的数据库加密平台，对数据库存储的内容实施有效保护。它通过数据库存储加密等安全方法实现了数据库数据存储保密和完整性要求，使得数据库以密文方式存储并在密态方式下工作，确保了数据安全。

⑨ 硬盘安全加密。经过安全加密的故障硬盘，硬盘维修商根本无法查看，绝对保证了内部数据的安全性。

4. 网络与信息系统安全

在计算机连接到网络中时，用户必须认真地对待可能遭受的风险。尤其在网络连接是基于因特网时，数十亿用户的计算机以及计算机上存储的数据之间仅有一个 IP 地址之隔。互联网的发展为病毒的传播和蔓延提供了便捷的通道。病毒的传播途径越来越广，传播速度越来越快，造成的危害也越来越大。计算机网络通常由网络服务器和网络节点组成。计算机病毒一般首先通过工作站传播到软盘和硬盘，然后进入网络，进一步在网上传播。网络威胁的形式有多种，如通过网络传播的病毒、数据嗅探及篡改、“钓鱼”网站、拒绝服务攻击、垃圾邮件和端口威胁。

数据嗅探指对数据的非授权访问或侦听。侦听数据后，侦听者篡改信息，使信息对他们有利。

“钓鱼”是一种网络欺诈行为，指不法分子利用各种手段，仿冒真实网站的 URL 地址以及页面内容，或利用真实网站服务器程序上的漏洞在站点的某些网页中插入危险的 HTML 代码，以此来骗取用户银行或信用卡账号、密码等私人资料。

拒绝服务(Denial of Service，DoS)攻击是一种常见的网络攻击方式，其基本特征是：攻击者通过某种手段，如发送虚假数据或恶意程序等剥夺网络用户享有的正常服务。DoS 攻击常见的形式有：缓冲区溢出攻击，如通过发送大量的垃圾邮件耗尽邮件服务器资源，使合法的邮件用户不能得到应有的服务；扰乱正常 TCP/IP 通信的 SYN 攻击和 Teardrop 攻击；向目标主机发送哄骗 Ping 命令的 Smurf 攻击等。近年来又出现了一种攻击力更强、危害更大的“分布式拒绝服务”攻击(Distributed Denial of Service，DDoS)。这种攻击采用了分布协作的方式，从而更容易在攻击者的控制下对目标进行大规模的侵犯。2000 年 2 月 7 日，Yahoo、Amazon 和 eBay 等著名站点遭受的攻击就是 DDoS 攻击，攻击期间，服务器基本停止了对合法用户的服务。现在，对 DDoS 攻击的防范已经引起计算机安全人员的高度重视。

垃圾邮件是指未经用户许可就强行发送到用户邮箱中的任何电子邮件。垃圾邮件一般具有批量发送的特征。其内容包括赚钱信息、成人广告、商业或个人网站广告、电子杂志、连环信等。恶性垃圾邮件是指具有破坏性的电子邮件，例如，具有攻击性的广告。

端口威胁是指黑客通过查找打开的端口来获取对网络计算机的未经授权访问,诸如Web、FTP和电子邮件之类的网络服务都是通过端口进行活动的。所有计算机,只要端口是打开的而且在侦听请求,黑客都可像通过一道未上锁的门那样通过这些端口来访问用户的计算机。黑客会不断地扫描因特网并探测端口,以寻找他们的下一个目标。

可以从技术防护和法律对策来保护网络安全。技术防护对策主要有防火墙、垃圾邮件过滤器、代理服务器、审计软件、防病毒软件和加密。

防火墙可以防止通过Internet对局域网进行未经许可的访问。很多软件公司提供的防火墙软件具有多项保护功能。防火墙可能安装在组织内联网的网关处来过滤进出区域的信息,阻止向某些特定目的地址发送信息以及阻止接受已知的有问题的来源所发送的信息。

许多垃圾邮件过滤器在区分正常邮件和垃圾邮件时采用了相当复杂的技术。一些过滤器通过一个训练式的过程来学会这种区分判断,先由用户确定哪些属于垃圾邮件,过滤器获得了足够多的例子后可以自行做出判断。

代理服务器(Proxy Server)是一种重要的服务器安全功能,它的工作主要基于开放系统互联(Open Systems Interconnection,OSI)模型的会话层,扮演客户机角色与实际服务器相连,从而起到防火墙的作用。代理服务器大多被用来连接INTERNET(国际互联网)和Local Area Network(局域网)。

通过网络审计软件,系统管理员能够察觉到管辖范围内不同位置突然激增的报文流量,监控系统防火墙的活动状态,并且可以对个人计算机的请求模式进行分析,用以探测网内的非正常行为。

防病毒软件可以防止计算机病毒对系统的传染和破坏。比如,CPU内嵌的防病毒技术是一种硬件防病毒技术,与操作系统相配合,可以防范大部分针对缓冲区溢出漏洞的攻击(大部分是病毒)。

即使安装了防火墙、代理服务器及防病毒软件,有时也难以完全防止信息被窃取。所以,可以再实施一种安全措施——加密。在加密领域里一个令人关注的话题是公钥加密。公钥加密系统涉及两个称为密钥的值的使用。一个密钥称为公钥,用来对报文进行加密;另一个密钥称为私钥,用来对报文进行解密。使用这个系统时,首先将公钥分发给那些需要向某个目的地发送报文的一方,而私钥则在这个目的地端机密地保存。报文发起方可以用公钥对报文进行加密,然后将该报文送往目的地,即使在这期间被其他知道公钥的中间人截获,也仍能保证它的内容是安全的。数字签名则是把加密密钥和解密密钥的作用转换,通过对报文附加这样的签名,发送者就能对报文做可以信任的标记。所有的发送方必须要做的事情就是对要发送的报文用自己的私钥进行加密。当接收方收到报文时,就利用发送方的公钥对这个签名进行解密,这样得出的报文就能保证其可信性,这是因为只有私钥的持有方才能产生该报文的加密形式。

我国的计算机信息系统实行安全等级保护制度,该制度是对信息和信息载体按照重要性等级分级别进行保护的一种工作,是在很多国家都存在的一种信息安全领域的工作,工作包括定级、备案、安全建设和整改、信息安全等级测评、信息安全检查五个阶段。公安部、国家保密局、国家密码管理局、国务院信息化工作办公室于2007年6月印发了《信息安全等级保护管理办法》,其中规定信息系统的安全保护等级应当根据信息系统在国家安全、经济建设、社会生活中的重要程度,信息系统遭到破坏后对国家安全、社会秩序、公共利益以及公民、法人和其他组织的合法权益的危害程度等因素确定。信息系统的安全保护等级分为五级，一至五级等级逐级增高。

2017年6月1日，《中华人民共和国网络安全法》正式实施，其中第二十一条明确规定，国家实行网络安全等级保护制度，明确了网络安全等级保护制度的法律地位。网络安全指通过采取必要措施，防范对网络的攻击、侵入、干扰、破坏和非法使用以及意外事故，使网络处于稳定可靠运行的状态，以及保障网络数据的完整性、保密性、可用性的能力。等级保护工作中的对象通常是指由计算机或者其他信息终端及相关设备组成的按照一定的规则和程序对信息进行收集、存储、传输、交换、处理的系统，主要包括基础信息网络、云计算平台/系统、大数据应用/平台/资源、物联网、工业控制系统和采用移动互联技术的系统等。等级保护对象根据其在国家安全、经济建设、社会生活中的重要程度，遭到破坏后对国家安全、社会秩序、公共利益以及公民、法人和其他组织的合法权益的危害程度等，由低到高被划分为五个安全保护等级。

另外，我国也逐步建立起了比较完善的打击计算机犯罪和惩治违法行为的法律和规章体系。《中华人民共和国刑法》第二百八十七条规定“利用计算机实施金融诈骗、盗窃、贪污、挪用公款、窃取国家机密或者其他犯罪的，依照本法有关规定定罪处罚。”《中华人民共和国治安管理处罚法》第二十九条“有下列行为之一的，处五日以下拘留；情节较重的，处五日以上十日以下拘留：(一)违反国家规定，侵入计算机信息系统，造成危害的；(二)违反国家规定，对计算机信息系统功能进行删除、修改、增加、干扰，造成计算机信息系统不能正常运行的；(三)违反国家规定，对计算机信息系统中存储、处理、传输的数据和应用程序进行删除、修改、增加的；(四)故意制作、传播计算机病毒等破坏性程序，影响计算机信息系统正常运行的。”还通过了《中华人民共和国电子签名法》《中华人民共和国计算机信息系统安全保护条例》《互联网上网服务营业场所管理条例》《计算机信息网络国际联网安全保护管理办法》和《计算机软件保护条例》等法律和规章。

2.4.4 社会职业的影响

计算机技术与人工智能技术的发展越来越快，计算机已经实现了写程序、绘画、下棋、收费等众多功能，随着这些技术在人类社会中越来越广泛的应用与普及，就像曾经的工业革命淘汰了一批手工工人一样，如今的很多职业也即将甚至已经完全被计算机和人工智能机所取代。

对于一些非常规范的日常任务、重复劳动、流水线作业等这类具有一定重复性的工作，创造性较低，这类工作正好是计算机的强项，计算机不仅可以取代人类完成这些工作，甚至还能够获得比人类更高效、更精确的效果。比如美国加州大学洛杉矶学院医学中心已经用机器人来帮病人配置药物，机器人只需收入处方，就能自动分拣，包装病人所需的所有药品。这种机器人一年能分配35万件药品，且失误率为零，再熟练的药剂师也无法达到这种程度。

同时，计算机技术与人工智能技术的发展也创造了一些新的需求，从而有了新的工作岗位，尤其在当下，人工智能时代的来临以及智能机器人在生产线上的普遍替代，使新行业不断涌现，如人类对数据的需求产生了给数据上标签的新工作，这甚至让一些残疾人士也能有较好的收入，还有很多过去没有的新职位，如自然语言处理工程师、语音识别工程师以及人工智能、机器人产品经理等，甚至有人断言，未来还将可能出现机器人道德评估师、机器人暴力评估师等职位。

人工智能技术的兴起,使人类操作工具的结构逐渐从之前的"人-机"结构发展成为"人-智能机器-机"结构,人类不单要掌握直接操作机器的技术,还要掌握控制智能机器来操作机器的技术。

在这种科技不断进步的新时代下,一些职业势必会被淘汰。对相关从业人员而言,今天熟练掌握的技术很有可能就被明天的计算机完全取代,计算机技术的发展对他们造成了心理上的威胁。

事实上,计算机技术与人工智能技术没有淘汰工作,但是更新了工作使用的工具。正如人类最早靠锄头耕种,后来靠牲畜,再后来靠机器一样,工具变得越来越高效,从业人员使用工具的技术也不断更新。所以工作是随需求的变化而变化的,人类的需求没变,则工作就不会被淘汰,淘汰的只是还在使用旧工具的从业人员。三十年前,计算机被视为一个新兴行业,但现在人们早已意识到计算机其实是一个更新了所有行业效率的工具。现在所有行业都用计算机,确实也有一批人类被取代了,但并不是计算机取代了人类,而是利用计算机的人类取代了没有计算机辅助的人类。因此,并不是计算机取代了人类的工作,而是人类工作所使用的工具在不断发展和更新。

如今人们对智能机器取代工作感到担忧,但实际上,计算机技术和人工智能技术没有取代任何行业,而是在改变所有行业。过去那些重复性相对较高的工作对人类而言是非常枯燥的,所以计算机技术代替人类来完成这些工作对人类来讲应该是受欢迎的。此外,机器还可以做人类难以完成的较为危险的工作。工作人员利用计算机技术来代替人类完成这些危险的工作,对相关从业人员实际上并不构成威胁,反而是提高了从业人员工作的安全性。真正会被人工智能取代的并非哪个行业的从业人员,而是行业里那些不能紧跟时代提升劳动技能的从业人员。这就要求从业人员必须要紧随技术的发展不断提升劳动技能,要利用计算机技术和人工智能技术来提升工作效率。

计算机技术和人工智能技术高速发展的时代下,人才素质要求和就业需求已经逐步发生变化,尤其是计算机处理速度和能力的快速增长导致日常任务的自动化,对于重复性、标准化、程序化的岗位,人工智能正在逐步取代人工,其需求已初现下降趋势,如生产业工人、操作性劳工、办公文员等。与此同时,强调沟通、逻辑与创造的专业服务人才,以及直接与计算机技术打交道的技术人才的需求量则不断增长。

在人工智能技术的深刻影响下,企业在人才要求方面已产生了显著的变化。过去的环境变化速度较慢,人们学习一项技术,即可工作终身。很多从业人员还停留在曾经的工作模式中。这样的工作模式在高速发展的今天显然是不行的,工作需求和工具都在不停地变换和更新,这就需要新知识、新能力,那些不具备先进知识的工人必然要被时代所淘汰。想要保持自身价值,只有适应当代的工作模式,不断提升劳动技能,具备终身学习的能力,专注于自己所擅长领域,学习使用新工具,思考如何更好地将计算机技术、人工智能技术与自己的行业结合,不仅要利用新兴信息技术获取所需要的信息、知识,还要提升知识运用的效率和质量。

就业需求的变化主要体现为对基础类技术人才的需求,目前企业对人才素质要求较以前更为看重技术能力。技术相关人才作为技术革命的中流砥柱,将长期保持为就业市场的需求增长点。就业需求的转变也将对人才技能和素质的培养提出新的要求。合格的技术人才需要实现从态度到实践、从理念到行为、从内在到外在的全面跃迁，在理念层面、专业层面和实践层面掌握与机器竞争、对话、合作的能力。理念是行为的先导，科学而超前的理念能够引导技术人才专注于技艺的磨炼与提升，忽视外界的诱惑与吸引。在基础理论研究方面、高新技术开发方面，我国已经面临着严重的人才断层与瓶颈，必须寻找新时代的工匠。对于技能人才而言，专业是第一位的，不仅要有过硬的专业知识，更要有能够把自己所掌握的理论、知识和先进做法推而广之的能力。面对大数据、人工智能、区块链等提出的知识化挑战以及冲击高精尖技术的现实需求，国家需要一批具有真才实学的执行者。在人工智能时代，知识传播和消费模式的改变，提升了技术变现的效率，并缩短了从书桌走向生产线的时间。面对这样一种知识爆炸和去中心化的传播模式，技能型人才必须始终秉持一颗善于学习的心，紧扣理论研究前沿，不断更新自己的专业知识库。一旦技能型人才跟不上理论研究与技术发展的步伐，就无法理解科学家们提出的最新构想，也将抑制我国科学技术的进步，阻碍社会的前进。机器需要人的创造、应用与优化，新技术的诞生，不仅需要创造技术的人才，同时也需要具有应用与沟通能力的人才，将高阶的技术成果实际应用到生产与生活中去。

2.5 职业道德

任何一个职业都要求其从业人员遵守一定的职业和道德规范，同时还要承担起维护这些规范的责任。虽然这些职业和道德规范没有法律法规所具有的强制性，但遵守这些规范对行业的健康发展至关重要。从事计算机有关职业的人员或企业都需要遵循以下道德准则。

1. 计算机专业人员的道德准则

计算机在人类的生活中发挥着越来越重要的作用，作为计算机专业人员，在本专业领域中都会遇到由于使用计算机带来的一些特殊道德问题。这些问题可能涉及商业机密和个人信誉等。

俗话说“最难防范的人是内部有知识的雇员”，这句话说出了关于计算机安全系统的弱点所在。计算机专业人员包括程序员、系统分析员、计算机设计人员以及数据库管理员等，他们有很多的机会使用计算机系统，因此系统的安全防范在很大程度上取决于计算机专业人员的道德素质。计算机专业人员需要遵循两方面的道德准则：专业准则和职业责任。

专业准则主要指资格要求，要求专业人员要跟上行业的最新进展。由于计算机行业涵盖了众多领域并且发展迅速，因此要求专业人员应尽力地跟上自己所属的那个特殊领域的技术发展。

职业责任提倡专业人员尽可能地做好本职工作，如要确保每个程序尽可能正确，即使没有人能在近期内发现它的错误，也要尽可能排除错误。职业责任的另一个重要方面是离开工作岗位时应保守公司的秘密。当离开公司时，专业人员不应该带走本人为公司开发的程序和公司数据，也不应该把公司正在开发的项目告诉别的公司。

2. IEEE-CS/ACM 软件工程职业道德规范

软件工程师应履行其实践承诺，使软件的需求分析、规格说明、设计、开发、测试和维护成为一项有益和受人尊敬的职业。为实现他们对公众健康、安全和利益的承诺目标，软件工程师应当坚持以下八项原则。

① 公众：软件工程师应当以公众利益为目标。

② 客户和雇主：在保持与公众利益一致的原则下，软件工程师应注意满足客户和雇主的最高利益。

③ 产品：软件工程师应当确保他们的产品和相关的改进符合最高的专业标准。

④ 判断：软件工程师应当维护他们职业判断的完整性和独立性。

⑤ 管理：软件工程的经理和领导人员应赞成和促进对软件开发和维护合乎道德规范的管理。

⑥ 专业：在与公众利益一致的原则下，软件工程师应当推进其专业的完整性和声誉。

⑦ 同行：软件工程师对其同行应持平等、互助和支持的态度。

⑧ 自我：软件工程师应当参与终生职业实践的学习，并促进合乎道德的职业实践方法。

3. 企业道德准则

一个企业或机构必须保护它的数据不丢失或不被破坏、不被滥用或不被未经许可的访问。要保护数据不丢失，企业或机构应当有适当的备份。要保证数据的安全和正确，公司在一定程度上依赖于计算机专业人员的道德。公司应该制定针对雇员的明确的行为规范，并且严格执行。

4. 计算机用户道德

几乎每个计算机用户都会碰到关于软件盗版的道德困惑，其他道德问题还包括浏览不健康内容和对计算机系统的未经授权的访问等。

1）软件盗版

对于计算机用户来说，最迫切的道德问题之一就是软件的复制。有些软件是免费提供给所有人的，这种软件称作自由软件或免费软件，用户可以合法地复制或随意下载这种软件。有些软件称作共享软件。共享软件具有版权，创作者将它提供给所有的人复制和试用。如果用户在试用后仍想继续使用这个软件，软件的版权拥有者有权要求用户登记或付费。大部分软件都是有版权的软件。软件盗版包括非法复制有版权的软件，法律禁止对这些软件不付费的复制和使用。大多数软件公司不反对为软件做备份，以防在以后磁盘或文件破坏时备用，但是，用户不应该制作备份送给他人或出售。

2）不做“黑客”

未经授权的计算机访问是一种违法行为，“黑客”是那些试图对计算机进行未经授权访问的人。“黑客”行为是错误的，因为他们违反了尊重别人隐私及其他道德准则。

3）自律

随着在线信息服务、公用网络(如 Internet)和 BBS 的增长，资料的在线公布已成为现实。最具爆炸性的问题就是色情内容，现在常被称为计算机色情。而且 Internet 又是一个开放的论坛，很难受到检查。只要还没有限制从网上获取资料，上述问题就不可能获得彻底解决，只能靠成年人来保护未成年人，使他们不受计算机色情危害。目前有些软件专营店出售可以对网址进行选择及屏蔽的过滤软件。但最重要的还是用户的自律，不要在网上制造和传播这类东西。

5. 计算机从业者的科技伦理

科技伦理是指在科学技术活动中人与社会、人与自然和人与人关系的思想与行为准则，它规定了科技工作者及其共同体的价值观念、社会责任和行为规范。目前的计算机与人工智能技术虽然发展很快，但是依然存在着很多理论和技术上的问题，这些问题在科学技术的不断向前发展中最终会被解决，人工智能的真正实现也成为可能。

对于计算机和人工智能技术所引发的伦理道德问题，计算机和人工智能领域方面的专家和学者们正在团结合作，深入思考和分析，制订相应的应对策略，让计算机技术在提升人类幸福感的星光大道上走得更远。

欧盟委员会发布了人工智能伦理准则，以提升人们对人工智能产业的信任。欧盟委员会同时宣布启动人工智能伦理准则的试行，邀请工商企业、研究机构和政府机构对该准则进行测试。该准则由欧盟人工智能高级别专家组起草，列出了“可信赖人工智能”的7个关键条件——人的能动性和监督能力、安全性、隐私数据管理、透明度、包容性、社会福祉、问责机制，以确保人工智能足够安全可靠。欧盟将“人工智能”定义为“显示智能行为的系统”，它可以分析环境，并行使一定的自主权来执行任务。

可信赖的人工智能有两个必要的组成部分：一是应尊重基本人权、规章制度、核心原则及价值观；二是应在技术上安全可靠，避免因技术不足而造成无意的伤害。举例来说，如果人工智能在未来诊断出一个人患有某种病症，欧盟的准则可以确保系统不会做出基于患者种族或性别的偏见诊断，也不会无视人类医生的反对意见，患者可以自行选择获得对诊断结果的解释。另外，算法做出的任何决定都必须经过验证和解释。例如，当保险公司的智能系统拒绝了一次索赔后，客户应当能详细地知晓缘由。同时还需要确保人工智能系统的公平。如果招聘系统使用的算法是由一家仅雇佣男性员工的公司数据生成的，其算法就可能会筛除女性应聘者，这样带有偏见的数据输入将会带来伦理困境。

近年来，国际计算机和人工智能界日益重视计算机技术与人工智能中的伦理与法律问题，并推动相关技术标准及社会规范的研讨和制定。IEEE自主与智能系统伦理全球倡议项目为构建一个人工智能健康发展的伦理和法律环境，汇聚了来自六大洲的数百名参与者，他们具有相关的技术与人文学科的学术背景，是来自学术界、产业界、社会研究领域、政策研究领域以及政府部门的思想领袖，该项目发布了《IEEE人工智能设计的伦理准则》倡议，其中指出：智能和自主的技术系统的设计，旨在减少日常生活中的人工活动。正因为如此，这些新领域对个人和社会的影响已引起人们的关注。目前的讨论涉及对积极影响的倡导，也涉及关于隐私侵害、歧视、技能丧失、负面经济影响、关键基础设施的安全风险以及社会福祉之长期影响的警告。正是由于系统的这些性质，只有它们能够符合人类的道德价值和伦理原则，这些系统才能充分实现其益处。因此，我们必须建立框架，指导我们认识这些技术可能造成的技术以外的影响，并就此进行对话和讨论。

合乎伦理地设计、开发和应用这些技术，应遵循以下一般原则。

① 人权：确保它们不侵犯国际公认的人权。

② 福祉：在它们的设计和使用中优先考虑人类福祉的指标。

③ 问责：确保它们的设计者和操作者负责任且可问责。

④ 透明：确保它们以透明的方式运行。

⑤ 慎用：将滥用的风险降到最低。

我国为抢抓人工智能发展的重大战略机遇，构筑我国人工智能发展的先发优势，加快建设创新型国家和世界科技强国，国务院于2017年7月8日印发并实施了《新一代人工智能

发展规划》,其中在人工智能伦理与法律方面也提出了三步走规划:

第一步,人工智能发展环境进一步优化,在重点领域全面展开创新应用,聚集起一批高水平的人才队伍和创新团队,部分领域的人工智能伦理规范和政策法规初步建立。

第二步,初步建立人工智能法律法规、伦理规范和政策体系,形成人工智能安全评估和管控能力。

第三步,形成一批全球领先的人工智能科技创新和人才培养基地,建成更加完善的人工智能法律法规、伦理规范和政策体系。

每个从事计算机科学与人工智能方面研究的科技工作者,都应该始终把人类的利益放在首位,具有强烈的社会道德责任意识,不断学习和提高自己的伦理道德素养,提高自己的研发能力,编写出可以让机器人的行为更加符合伦理道德的程序,掌握好人工智能技术的方向盘,将人工智能技术带向科学伦理道德的真善美中去。

习　题　2

1. 以下不属于冯·诺伊曼的贡献的是(　　)。
   A. 与奥斯卡·摩根斯特恩合著《博弈论与经济行为》
   B. 提出了存储程序概念
   C. 提出了EDVAC方案
   D. 设计了高级程序设计语言
2. 以下是获图灵奖的唯一华裔计算机科学家的是(　　)。
   A. 吴文俊　　B. 王选
   C. 金怡濂　　D. 姚期智
3. “飞桨”是(　　)公司的深度学习平台。
   A. 谷歌　　B. 百度
   C. 华为　　D. 腾讯
4. (　　)在示性类研究和示嵌类研究两个方面都做出了重大贡献。
   A. 金怡濂　　B. 吴文俊
   C. 图灵　　D. 王选
5. 计算机界最负盛名、最崇高,有“计算机界的诺贝尔奖”之称的奖项是(　　)。
   A. 计算机先驱奖　　B. 国家最高科技奖
   C. 冯·诺依曼奖　　D. 图灵奖
6. 以下不是中国计算机学会下设的奖项的是(　　)。
   A. 王选奖　　B. 海外杰出贡献奖
   C. 吴文俊人工智能科学技术奖　　D. 夏培肃奖
7. (　　)领导的科研团队研制了汉字激光照排系统,被誉为“汉字印刷术的第二次发明”。
8. 我国的两个著名的计算机学术组织是(　　)和(　　)。
9. 《计算机软件保护条例》作为著作权法的配套法规是保护(　　)的具体实施办法。
10. 用来保护数字版权的主要技术有(　　)、(　　)和(　　)。

11. 选择一家你感兴趣的IT公司，从企业发展、研发产品、经营状况、企业文化等方面进行深入了解。

12. 你还了解哪些计算机科学家？他们做出了什么贡献？

13. 什么是知识产权？什么是发明专利？

14. 公司有权掌握其雇员信息吗？需要实行控制吗？如果需要，应怎样实行？

15. 因特网的使用应当被监控吗？说说自己的想法。

16. 目前你的身份信息被盗用的可能性到了什么程度？采取哪些措施会使信息泄露机会降低？

17. 保障计算机系统安全的技术措施主要有哪些？

18. 如果一台接入因特网的计算机被其他人用来进行拒绝服务攻击，该计算机的所有者该负多大责任？

19. 简述防火墙的作用，了解和比较几种不同类型防火墙的优缺点。

20. 什么是恶意程序？请列举5种以上的恶意程序。

21. 了解和比较计算机病毒与蠕虫的区别和联系。

22. 为什么职业道德规范对计算机专业人员来说非常重要？

23. 设计一个实现非法行为的算法是道德的吗？开发这种算法的人具备该算法的所有权吗？

24. 假设一个软件包非常昂贵，超过了你的预算，那么复制这个软件供自己使用是否有违道德？

第3章 数据表示

在计算机发展的早期，编写程序的目的是完成对数值数据的计算。随着计算机技术的不断发展和应用范围的拓展，数据处理成为计算机的一个重要应用领域，此时的数据包括数值数据，也包括非数值数据（如字符串、图像等），处理既可以是算术运算，也可以是插入、删除、查找和排序等操作。

在计算机系统上处理数据，需要解决三个问题：用什么方法表示数据？用什么方法表示数据的加工过程？前两个表示怎么在机器上实现？本章主要解决第一个问题，在计算机内用分层次的方法来表示数据。

3.1 数据的分层表示

计算机科学用数据来表示客观世界里要处理的对象。计算机只能用二进制来存储、处理和传送各类信息，即能够物理实现的数据记号是二进制数字0和1，因此数据表示面临的任务是用最简单的记号表示内容复杂而形式多变的对象。可以把计算机科学在不同时期提出的数据表示方法总结为一种分层次的表示数据的方法，图3.1描述了这种层次。

假设在现实世界层，一名学生的基本信息包括学号、姓名和年龄三个特征，则在信息世界层，学生和学生选修课程的表示分别如图3.2和图3.3所示。

在高级语言层，定义一个结构体来表示学生如下（以C语言为例）：

```
struct student
{
    char number[3];
    char name[5];
    short age;
};
```

则学号为032、年龄为20岁的学生Lily可以表示为：

```
struct student stu1;
stu1.number = 032;
stu1.name = "Lily";
stu1.age = 20;
```

在机器层，学生Lily的学号存储为二进制数字：00110000 00110011 00110010，姓名存储为二进制数字：01001100 01101001 01101100 01111001 00000000，年龄存储为二进制数字：00010100。在物理层，则分别用高电平和低电平表示二进制数字0和1。

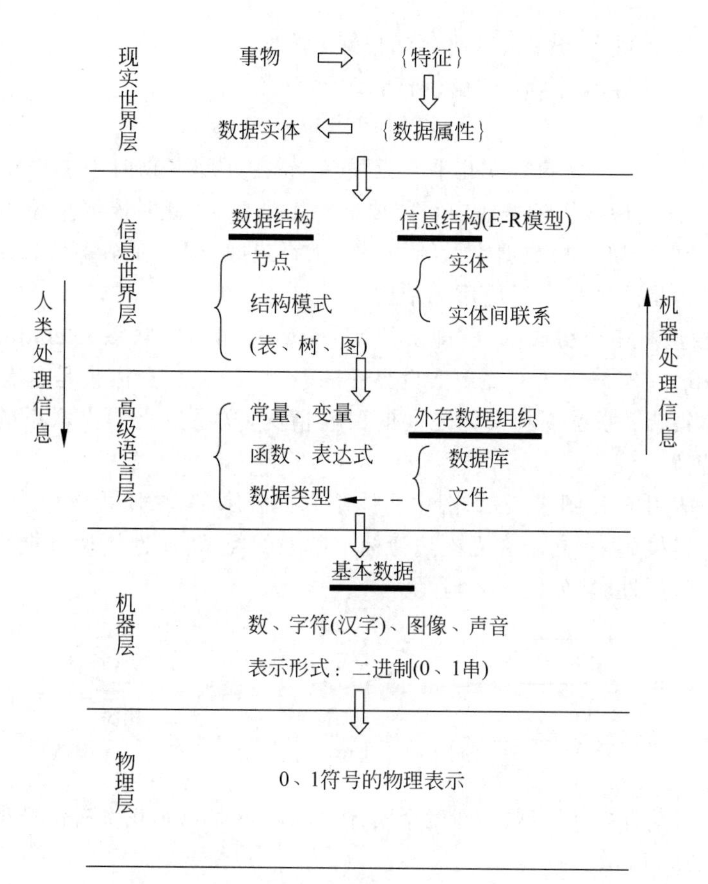

图 3.1 数据的分层表示

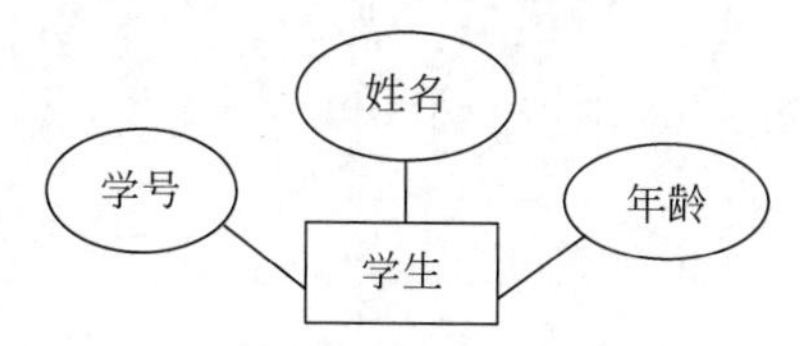

图 3.2 信息世界层学生的表示

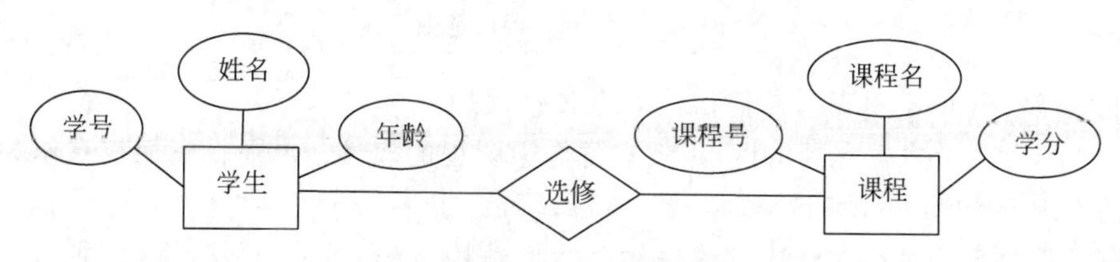

图 3.3 信息世界层学生选修课程的表示

1. 现实世界层

现实世界层的数据就是从现实世界客观事物中提取出来的一组特征，也就是说，不管事物是有形的还是无形的，总是用事物特征的一个集合来表示事物本身。提取事物特征的原则有：抓主要矛盾、抓重点、真实、准确、够用。如下所示学生的信息，在不同应用中的特征有所不同。

教学系统：学号、姓名、班级、专业、政治、英语等。

教务系统：学号、姓名、性别、年龄、身高、政治面貌等。

2. 信息世界层

信息世界层中一种事物的特征几乎有无限多个，在处理事物时需要选择恰当的特征来代表事物；而且，在处理数据任务时有可能要面对多种事物，此时需要抽象出数据对象之间的关联，以便组成一个统一的数据表示结构，称之为信息结构。在众多信息结构中，实体-联系模型和数据结构是两种被广泛应用的结构。

实体-联系模型有三个组成部分，即实体(Entity，实体集)、联系(Relationship，联系集)和属性(Attribute)。实体描述的是现实世界中的对象或概念，实体集是具有相同类型和性质(属性)的实体集合；联系刻画实体之间的关联情况，联系集是同类联系的集合；属性是实体的性质和特征。

E-R模型一般用E-R图来表示，图中实体用方框表示，联系用菱形框表示，并用无向边分别与有关实体连接起来，同时在无向边旁标上联系的类型，属性用椭圆框表示；在框中标注实体名、联系名、属性名，如图3.4所示。

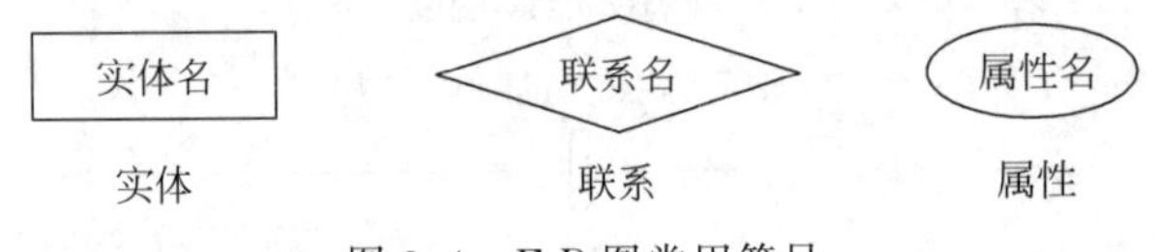

图3.4　E-R图常用符号

实体之间的联系有多种类型，一般两个实体之间联系即二元联系有三种类型(1∶1，1∶n或m∶n)，如图3.5所示。

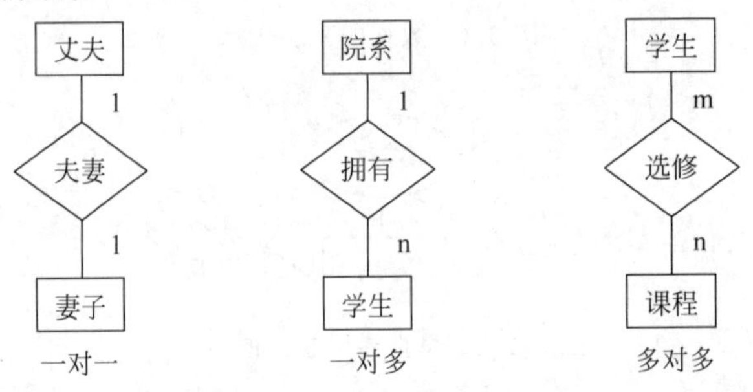

图3.5　二元联系示意图

【例3.1】　用E-R图表示课程和教室的E-R模型。

解：若不需要考虑教室的特性，则教室可作为课程的属性；否则就应把教室作为实体。该模型的E-R图如图3.6所示。

数据结构是另一种被广泛应用的结构。数据结构(Data Structure)简称DS，是数据元素的组织形式，或数据元素之间存在的一种或多种特定关系的集合。任何数据都不是彼此孤立的，通常把相关联的数据按照一定的逻辑关系组织起来，按照计算机语言中语法、语义的规定将结构或形式进行相应存储，并且为这些数据指定一组操作，这样就形成了一个数据结构。

程序要处理的数据需要存储在内存单元中，整个内存空间是由连续编址的一个个内存单元组成的，就是说，多么复杂的数据也只能存放在这样的一个空间内，这是数据存储的物

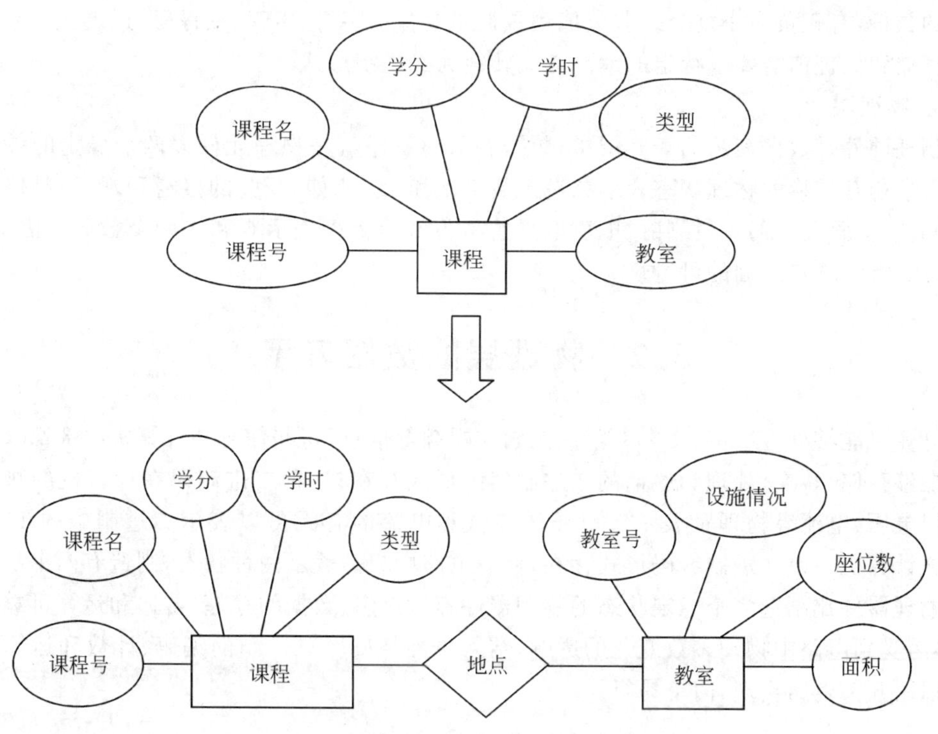

图 3.6 课程和教室的 E-R 图

理结构。对于一些简单的运算,编程人员可直接面对这种存储方式,例如,在机器语言和汇编语言编程阶段,程序员就直接使用这种物理存储结构。这种方式的数据处理能力有限、编程复杂,对于矩阵、家族关系表这样的数据就会增加编程人员的编程难度和工作量。能否找到一种机制,使得数据的内部存储结构(物理结构)是线性连续的,而其逻辑结构更符合人们习惯的方式,编写程序时面对的是逻辑结构(数据的一种抽象方式),程序执行时由支持相应结构的编译程序自动把逻辑结构映射成物理结构,从而简化程序的编写,减轻编程人员的工作量,这就是数据结构要解决的问题之一。

3. 高级语言层

信息世界层的数据是抽象的,表示数据的概念和方法仍然没有进入计算机系统的范围。而高级语言层就是进一步将信息世界层抽象的信息结构利用程序设计语言提供的数据表达手段来表示,如此更加接近数据表示的最终目标。

目前为止,高级语言是程序设计的主要工具。尽管有多种高级语言,但是数据对象的表示可以归纳成常量、变量、表达式、函数和数据类型五种方式。其中,常量和变量是数据表示的基本概念,表达式和函数表示经过操作过程得到的结果数据,数据类型刻画不同种类的数据。

4. 机器层

高级语言层的数据表示方式已经进入计算机系统范围,经过编译,高级语言层的数据可以转换成机器层的数据。机器层靠各种数据编码规则将二进制数存储在顺序组织的、可寻址的存储单元中。

机器层的数据按照基本用途可以分为数值型数据和非数值数据两类。数值型数据表示具体的数量,有正负大小之分。非数值型数据主要包括字符、声音、图像等,这类数据在计算机中存储和处理前需要以特定的编码方式转换为二进制形式。

5. 物理层

物理硬件是数据表示的最终层次,数据表示的目标就是物理元件以两个稳定的并可以按照需求相互转换的物理状态表示二进制数字0和1。比如,开关的接通和断开、晶体管的导通和截止、磁元件的正负剩磁、电位电平的高与低等都可表示0和1两个数码。因此,电子器件具有实现二进制的可行性。

3.2 物理层的数据表示

计算机能够处理数值、文字、声音、图画和视频等信息,这些信息在计算机内部都采用计算机能够存储、转换、处理和通信的二进制编码形式存在,这种二进制码在计算机的物理硬件上以电压、电流等物理量表示。电压的高低和电流的有无可以表示二进制中的1和0。信息在计算机中以二进制编码形式存在,使得电路中只需表示两种状态,制造有两个稳定状态的物理器件比制造多个稳定状态的物理器件容易得多,数据的存储、传递和运算可靠性更高,不易受到电路中物理参数变化的影响,结果更加精确。二进制的编码、计数和运算规则都可以用开关电路实现,简单易行。

3.2.1 数字信号

计算机中的工作信号为数字信号,数字信号是指在两个稳定状态之间呈阶跃式变化的信号。与人们熟悉的自然界中许多在时间和数值上都连续变化的物理量不同,数字信号在时间上和数值上都是不连续变化的离散信号,其数值的变化总是发生在一系列离散时间的瞬间,数值的大小以及增减变化都是某一最小单位的整数倍。通常将这类物理量称为数字量,用于表示数字量的信号称为数字信号。数字信号有电位型(见图3.7(a))和脉冲型(见图3.7(b))两种表示形式。电位型数字信号用信号的电位高低表示数字1和0;脉冲型数字信号用脉冲的有无表示数字1和0。图3.7(a)和(b)均表示数字信号100101011。

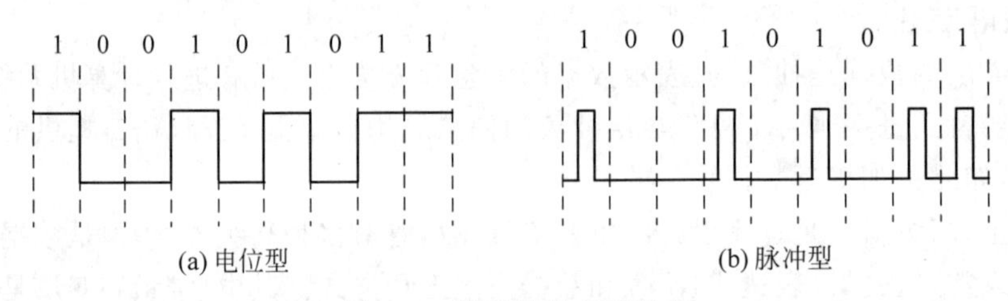

图3.7 数字信号表示形式

数字信号的最小度量单位称为“比特(bit)”,也叫“位”,即二进制的一位。在媒体中传输的信号是以比特的电子形式组成的数据。比特是一种存在的状态:开或关、真或伪、上或下、入或出、黑或白。bit即“二进制数字”,亦即0和1。“数字时代”准确的意思是“二进制数字时代”或“比特时代”。

数字信号在时间上和数值上均是离散的,它只有两种可能形式:开和关(或1和0),在数学上用方波表示。早在20世纪40年代,仙农证明了采样定理,即在一定条件下,用离散的序列可以完全代表一个连续函数。就实质而言，采样定理为数字化技术奠定了重要基础。传输、处理数字信号的电路称为数字逻辑电路，简称数字电路。

3.2.2 数字系统

计算机是一种能够自动、高速、精确地完成数值计算、数据加工和控制、管理等功能的数字系统。数字系统是指用来处理逻辑信息，并对数字信号进行加工、传输和存储的电路实体。通常一个数字系统由若干单元电路组成，各单元电路的功能相对独立而又相互配合，共同实现了数字系统。

数字系统处理的是数字信号，当数字系统要与模拟信号发生联系时，必须经过模/数转换和数/模转换电路对信号类型进行变换。数字技术是将模拟(连续)过程(如话音、地图、信息传输、发动机的运转过程等)按一定规则进行离散取样，然后进行加工、处理、控制和管理的技术。数字技术与模拟技术相比具有便于处理、控制精度高、通用灵活和抗环境干扰能力强等一系列优点。

构成数字系统的单元电路称为数字电路。数字电路也叫数字逻辑电路或逻辑电路，它是用数字信号完成对数字量进行算术运算和逻辑运算的电路。从功能上说，它除了可以对信号进行算术运算外，还能够进行逻辑判断，即具有一定的"逻辑思维能力"。所谓逻辑就是指一定的规律性。数字电路就是按一定的规律控制和传送多种信号的电路，它实际上就是用电来控制开关。当满足某些条件时，开关即接通，信号就能通过；否则开关断开，信号不能通过，所以逻辑电路又叫开关电路或门电路，它是构成数字电路的基本单元。

在数字电路中，两个基本逻辑量以高电平与低电平的形式出现。例如，用高电平代表逻辑 1，用低电平代表逻辑 0。数字电路就是要根据用户希望达到的目的，运用逻辑运算法则对数字量进行运算。数字逻辑电路具有如下特点。

(1) 被处理的量为逻辑量，且用高电平或低电平表示，不存在介于高、低电平之间的量。例如，规定高于 3.6V 的电位一律认作高电平，记为逻辑 1；低于 1.4V 的电位一律认作低电平，记为逻辑 0。一般干扰很难如此大幅度地改变电平值，故工作中抗干扰能力很强，数据不容易出错。

(2) 表示数据的基本逻辑量的位数可以很多，当进行数值运算时，可以达到很精确的程度；当进行信息处理时，可以表达非常多的信息。

(3) 随着电子技术的进步，逻辑电路的工作速度越来越高，通常完成一次基本逻辑运算花费的时间为纳秒(10^{-9}s)级，尽管完成一个数据的运算要分解为大量的基本逻辑运算，但在电路中可以让大量的基本逻辑运算单元并行工作，因此处理数据的速度非常高。

(4) 因基本逻辑量仅有两个，故基本逻辑运算类型少，仅有 3 种。任何复杂的运算都是由这 3 种逻辑运算构成的。在逻辑电路中，实现 3 种运算的电路称为逻辑门。逻辑运算电路就是 3 种门的大量重复，因此，在制作工艺上逻辑电路要比模拟电路容易得多。

随着集成电路技术的发展，数字电路的集成度(每个芯片所包含门的个数)越来越高。从早期的小规模集成电路(SSI)、中规模集成电路(MSI)，到现在广泛应用的大规模集成电路(LSI)、超大规模集成电路(VLSI)和甚大规模集成电路(ULSI)，数字系统的功能越来越强、体积越来越小，成本越来越低。

任何复杂的数字系统都是由最底层的基本电路开始逐步向上构建起来的。从底层向上,复杂度逐层增加,功能不断增强,如图3.8所示。基本电路由单独的元件组成,能执行特定的功能。各种元件,如电阻、电容、三极管、二极管等。对电路设计者有用,但对系统设计者不会马上有用。

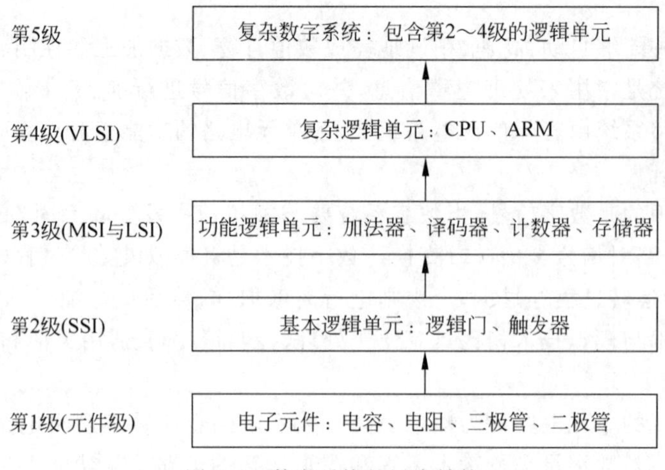

图3.8 数字系统的层次结构

集成电路是构成数字系统的物质基础,数字系统设计时考虑的基本逻辑单元为逻辑门,一旦理解了基本逻辑门的工作原理,便不必过于关心门电路内部电子线路的细节,而是更多地关注它们的外部特性及用途,以便实现更高一级的逻辑功能。

3.3 机器层的数据表示

机器层的数据有数值、字符、图像、声音、文本、程序等多种,最终都会以某种编码方式转换成二进制形式。

3.3.1 数值型数据的表示

当数据仅为数值时,用二进制计数法对数值数据进行编码。

1. 数制及其转换

r 进制即 r 进位制。r 进制数 N_r 写为按权展开的多项式之和:

$$N_r = \sum_{i=-\infty}^{+\infty} D_i \times r^i \tag{3.1}$$

其中,D_i 是该数制采用的基本数符号,r^i 是第 i 位的权,r 是基数。例如,十进制数123456.7可以表示为:$123456.7=1\times10^5+2\times10^4+3\times10^3+4\times10^2+5\times10^1+6\times10^0+7\times10^{-1}$。

计算机中常用的计数制是二进制、八进制和十六进制。

1) 二进制的运算法则

二进制加法的进位法则是“逢二进一”,即0+0=0,1+0=1,0+1=1,1+1=10。二进制减法的进位法则是“借一为二”,即0-0=0,1-0=1,1-1=0,10-1=1。二进制乘法规则:0×0=0,1×0=0,0×1=0,1×1=1。二进制除法是乘法的逆运算,类似十进制除法。

2) 十进制与二进制相互转换

算法：将十进制整数部分除以 r 取余，小数部分乘以 r 取整，最后将两部分合并。

【例 3.2】 将十进制数$(347.625)_{10}$转化为二进制数。

解：

步骤一：转换整数部分

347/2 = 173……余 1
173/2 = 86……余 1
86/2 = 43……余 0
43/2 = 21……余 1
21/2 = 10……余 1
10/2 = 5……余 0
5/2 = 2……余 1
2/2 = 1……余 0
1/2 = 0……余 1

$(347)_{10}=(101011011)_2$

步骤二：转换小数部分

0.625×2=1.25　　1
0.25×2=0.5　　0
0.5×2=1　　1

$(0.625)_{10}=(101)_2$

得：

$$(347.625)_{10}=(101011011.101)_2$$

二进制、八进制、十进制和十六进制的对应关系如表 3.1 所示。

表 3.1　二进制、八进制、十进制和十六进制的对应关系

二进制	八进制	十进制	十六进制	二进制	八进制	十进制	十六进制
000	0	0	0	1000	10	8	8
001	1	1	1	1001	11	9	9
010	2	2	2	1010	12	10	A
011	3	3	3	1011	13	11	B
100	4	4	4	1100	14	12	C
101	5	5	5	1101	15	13	D
110	6	6	6	1110	16	14	E
111	7	7	7	1111	17	15	F

2. 机器数和码制

各种数据在计算机中的表示形式称为机器数，其特点是采用二进制数。计算机中表示数值数据时，为了便于运算，带符号数常采用原码、反码、补码三种编码方式，这种编码方式称为码制。为区别起见，将带符号位的机器数对应的真正数值称为机器数的真值。

1) 原码表示法

原码是一种计算机中对数字的二进制定点表示方法。原码表示法在数值前面增加了一位符号位(即最高位为符号位)：正数该位为 0，负数该位为 1(0 有两种表示：+0 和 −0)，其余位表示数值的大小。例如,用8位二进制表示一个数,+1的原码为00000001,-1的原码为10000001。原码是人脑最容易理解和计算的表示方式。

原码不能直接参加运算,可能会出错。如数学上,1+(-1)=0,而在二进制中00000001+10000001=10000010,换算成十进制为-2,显然出错了。所以原码的符号位不能直接参与运算,必须和其他位分开,这就增加了硬件的开销和复杂性。

2) 反码表示法

反码表示法规定:正数的反码与其原码相同;负数的反码是对其原码逐位取反,但符号位除外。例如,用8位二进制表示一个数,+1的反码为00000001,-1的反码为11111110。可见,如果一个反码表示的是负数,人脑无法直观地看出它的数值,通常要将其转换成原码再计算。

3) 补码表示法

补码表示法规定:正数的补码与其原码相同;负数的补码是在其反码的末位加1。例如,用8位二进制表示一个数,+1的补码为00000001,-1的补码为11111111。对于负数的补码表示方式,人脑也是无法直观地看出其数值的,通常也需要转换成原码再计算。补码表示法的一个主要优点是任何带符号数字组合的加法都可以利用相同的算法,也就可以用相同的电路,因此,应用补码表示法的计算机只需知道加法就可以了。今天计算机表示整数最普遍的系统就是补码计数法。

4) 移码表示法

移码(又叫增码)是符号位取反的补码,一般用作浮点数的阶码,引入的目的是保证浮点数的机器零为全0。

3. 定点数和浮点数

计算机在处理数值数据时,对小数点的处理有两种不同的方法,分别是定点数据表示法和浮点数据表示法。

1) 定点数

定点数就是小数点的位置固定不变的数。小数点的位置通常有两种约定方式:定点整数——纯整数,小数点在最低的有效数值位之后;定点小数——纯小数,小数点在最高有效数值位之前。表3.2是机器数字长为 n 时,原码、反码、补码、移码的定点数所表示的范围。

表3.2 机器数字长为 n 时表示的带符号的范围

码 制	定点整数	定点小数
原码	$-(2^{n-1}-1)\sim+(2^{n-1}-1)$	$-(1-2^{-(n-1)}-1)\sim+(1-2^{-(n-1)})$
反码	$-(2^{n-1}-1)\sim+(2^{n-1}-1)$	$-(1-2^{-(n-1)}-1)\sim+(1-2^{-(n-1)})$
补码	$-2^{n-1}\sim+(2^{n-1}-1)$	$-1\sim+(1-2^{-(n-1)})$
移码	$-2^{n-1}\sim+(2^{n-1}-1)$	$-1\sim+(1-2^{-(n-1)})$

2) 浮点数

当机器字长为 n 时,定点数的补码和移码可以表示 2^n 个数,而其原码和反码只能表示 2^n-1 个数(正负0占了两个编码)。定点数所能表示的数值范围比较小,容易溢出,所以引入了浮点数。浮点数是小数点位置不固定的数,它能表示更大的范围,是一种基于科学计数法的计数表示法。

二进制数 N 的浮点数表示方法为：

$$N = 2^E \times F \tag{3.2}$$

其中，E 称为阶码，F 称为尾数。

在浮点表示法中，阶码通常为带符号的纯整数，尾数为带符号的纯小数。浮点数的一般表示格式如下。

阶码符号	阶码	尾数符号	尾数

浮点数的表示不是唯一的，当小数点的位置改变时，阶码也随之相应改变，因此可以用多种浮点形式表示同一个数。

3.3.2 非数值型数据的表示

非数值型数据主要有字符、汉字、图像、声音和视频等类型，每种类型都可以通过二进制编码方式进行编码。

1. 字符编码

在计算机中，除数字外，还需处理各种字符，如字母、运算符号、标点符号等。计算机采用多种类型的编码来表示字符，就是用一个约定的二进制数来表示一个字符，主要的编码标准有 ASCII 码、EBCDIC 码和 Unicode 码。

1) ASCII 码

ASCII(American Standard Code for Information Interchange)即信息交换美国标准码，由美国国家标准学会推出，该编码后来被国际标准化组织(International Organization for Standardization，ISO)采纳而成为一种国际通用的信息交换标准代码，即国际 5 号码。ASCII 码的长度为 7，共有 2^7 种编码，从 0000000 到 1111111 可以表示 128 个不同的字符。这 128 个字符可以分为两类：可显示/打印字符 95 个和控制字符 33 个。可显示/打印字符包括 0～9 十个数字符，a～z、A～Z 共 52 个英文字母符号，“＋”“－”“≠”“/”等运算符号，“。”“?”“，”“;”等标点符号，“#”“%”等商用符号在内的 95 个可以通过键盘直接输入的符号，它们都能在屏幕上显示或通过打印机打印出来。控制字符是用来实现数据通信时的传输控制打印或显示时的格式控制，以及对外部设备的操作控制等特殊功能，共有 33 个，它们都是不可直接显示或打印(即不可见)的字符。如编码为 7DH(最后一个字母 H 表示前面的 7D 用十六进制表示)的 DEL 用作删除操作，编码为 07H 的 BEL 用作响铃控制等。

扩展 ASCII 码有 8 位，这个字节全部用来表示字符，因此可表示 256 种符号和字母，其中前 128 种与常规 ASCII 码相同。

2) EBCDIC 码

EBCDIC(Extended Binary Coded Decimal Interchange Code)即扩展的二/十进制交换码，由 IBM 公司发明，只用在旧式的 IBM 大型计算机上，并未在其他计算机中得到普及。EBCDIC 码采用 8 位表示一个字符，共可以表示 2^8(256)个不同符号，但 EBCDIC 中并没有使用全部编码，只选用了其中一部分，剩下的保留用作扩充。在 EBCDIC 码制中，数字 0～9 的高 4 位编码都是 1111，而低 4 位编码则依次为 0000 到 1001。把高 4 位屏蔽掉，也很容易实现从 EBCDIC 码到二进制数字值的转换。

3) Unicode 码

ISO 扩展的 ASCII 标准在支持全世界多语通信方面取得了巨大进展,但是仍有两个主要障碍。首先,扩展的 ASCII 码中额外可用的位模式数不足以容纳许多亚洲语言和一些东欧语言的字母表;其次,因为一个特定文档只能在一个选定的标准中使用符号,所以无法支持包含不同语种的语言文本的文档。实践证明,这两者都会严重妨碍其国际化使用。为弥补这一不足,Unicode 码在一些主要软硬件厂商的合作下诞生了,并迅速赢得了计算机行业的支持。

Unicode 为每种语言中的每个字符设定了统一并且唯一的二进制编码,以满足跨语言、跨平台进行文本转换、处理的要求,1990 年开始研发,1994 年正式公布。国际组织制定的 Unicode 标准,采用两个字节来表示一个数字、字母、符号或文字,并为中文、日文等都分配了相应的码段(码值连续的区间),以实现各种文字的国际交流。

2. 汉字编码

汉字的内部编码(内码)是在计算机处理汉字信息时所采用的机内代码,与汉字的输入编码不同,通常把汉字的输入码称为外部编码(外码),汉字还需要通过输出编码将其显示在屏幕上或用打印机打印出来。汉字内部编码以连续两个字节(16 位)来表示。汉字数远比 256 种多,不能占用 ASCII 码已经使用的码值。为了和英文字符的机内编码(ASCII 码)相区别,表示汉字的两个字节的最高位均置 1,这样两字节内码就可以表示 $2^{8-1}\times 2^{8-1}$(16 384)个汉字。汉字外码的编码方法种类繁多,曾经被形容为万“码”奔腾,但主要可以分为数字编码、拼音码和字形码 3 类。

数字编码的特点是一字一码,无重码、编码长,且易和内部编码进行转换,但记忆各个汉字的编码是一件极其艰巨的任务,非专业人员很难使用。数字编码中,每一个汉字都分配给一个唯一的数字代码,用以代表该汉字,国际区位码、电报码都属于该类,常用的是国际区位码(又简称国际码或区位码)。国际区位码把 GB 2312 基本集中的 6737 个汉字分为 94 个区,每个区又分 94 位,以区码和位码的二维坐标形式给每个汉字进行编码。区码和位码各有两个十进制数字,每次输入一个汉字需击键 4 次。在 94 个分区中,1～15 区用来表示字母、数字和符号,16～87 区用以表示一级、二级汉字,其中一级汉字以汉语拼音为序排列,二级汉字以偏旁部首为序进行排列。

拼音码用每个汉字的汉语拼音符号作为汉字的输入编码。这种编码很容易学会使用,无须额外记忆,使用人员的负担小,因此成为最常用的一种方法,但是由于汉字同音字太多,重码率高,所以输入速度很难提高。

字形码以汉字的形状特点为每个汉字进行编码。最受欢迎的一种字形编码方法是五笔字型编码,是依据汉字的笔画特征将基本笔画分为点、横、竖、撇、折 5 类并分别赋以代号,另外根据汉字的结构特征把汉字分为上下型、左右型、包围型和单体型 4 种字型并分别赋以代号。汉字的五笔字型编码就是依据其组成部件和结构特征进行编码的,其输入能达到很高的速度。

汉字的编码规则有多个,在我国大陆采用 GB 2312“信息交换汉字编码字符集-基本集”,收集了常用汉字 6763 个:一级汉字 3755 个,二级汉字 3008 个。GB 18030 是 2000 年公布的“信息交换汉字编码字符集基本集扩充”,收录 27 000 多个汉字。2005 年公布最新版,收录 70 000 多个汉字,包括少数民族文字。

3. 图像编码

数字是离散的对象，因此要处理图像，首先要将图像离散化。图像格式大致可以分为两大类：一类为位图，另一类为矢量图。位图把每幅图像看作点的集合，每个点叫作像素，如黑白图像用一位数字表示一个像素点，0 表示亮点，1 表示暗点。像素的色彩通常根据三原色原理表示，即任何颜色都可以用由不同浓度的红、绿、蓝三色混合而成，每个像素的颜色用 24 个位（3 个字节）来表示。若一个图像用 1024×1024 个像素来表示，则存储这一图像大约用几兆字节，同时也不利于放大。解决位图容量大的问题可以使用图像压缩技术，如采用 GIF、JPEG 格式保存图像，可分别压缩 2/3、1/20。目前 JPEG 格式是彩色图像公认的有效标准，被众多相机厂商所接纳。矢量图中的一幅图像不再是像素点的集合，而是一组直线和曲线的集合，用数学方法来表示，它们是指示图像设备产生图形的依据，而不是图像的像素模式。这种表示方法适用于表示字符、汉字和线条图形，不适用于表示相片和图画等。

位图是以点阵即像素形式描述图像的，矢量图是以数学方法描述的由几何元素组成的图像。一般说来，位图由离散的像素组成，很难表示动态图像，如有时视频出现马赛克，就是由于缺少像素信息而造成的；矢量图对图像的表达细致、真实，缩小后图像的分辨率不变，在专业级的图像处理中运用较多。

图像的主要指标为分辨率、色彩数与灰度。分辨率一般有屏幕分辨率和输出分辨率两种，前者用每英寸行数与列数表示，数值越大，图像质量越好；后者衡量输出设备的精度，以每英寸的像素点数表示，数值越大越好。常见的色彩位表示一般有 2 位、4 位、8 位、16 位、24 位、32 位、64 位这几种。图像若是 16 位图像，即为 2 的 16 次方，共可表现 65 536 种颜色；当图像达到 24 位时，可表现 1677 万种颜色，即真彩。

4. 声音编码

模拟音频信号是一种时间上连续的数据，数字编码的声音是一个数据序列，在时间上只能是间断的，因此当把模拟声音变成数字声音时，需要每隔一个时间间隔对音频信号幅度进行测量，称为采样，该时间间隔为采样周期（其倒数为采样频率）。采样之后的数据再量化，用二进制编码表示出来。由此看出，数字声音是经过采样、量化和编码后得到的，数字化声音的过程如图 3.9 所示。

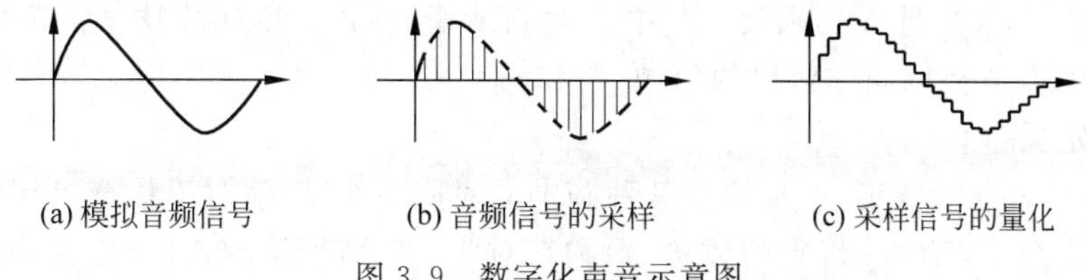

(a) 模拟音频信号　　(b) 音频信号的采样　　(c) 采样信号的量化

图 3.9　数字化声音示意图

为了保证声音还原的音质，采样频率要足够高。采样频率通常有三种：11.025kHz（语音效果）、22.05kHz（音乐效果）、44.1kHz（高保真效果），常见的 CD 唱盘的采样频率即为 44.1kHz。

显然，采样频率越高、编码位数越多，声音的失真程度就越小。通常用 16 或 32 位来对声音振幅的测量值进行编码。

3.4 高级语言层的数据表示

3.4.1 常量

常量是在程序运行中,不会被修改的量。另一层含义指它们的编码方法是不变的,比如字符A无论在硬件、软件还是各种编程语言中,它的信息编码都为0x41。

常量有不同的类型,如25、0、−8为整型常量,6.8、−7.89为实型常量,a、b为字符常量。常量一般从其字面形式即可判断,这种常量称为字面常量或直接常量。

3.4.2 变量

变量一词来源于数学,在计算机语言中是储存计算结果或表示值的抽象概念,变量可以通过变量名访问。

由于变量能够把程序中准备使用的每一数据都赋予一个简短、易于记忆的名字,因此十分有用。变量可以保存程序运行时用户输入的数据、特定运算的结果以及要在窗体上显示的一段数据等。简而言之,变量是用于跟踪几乎所有类型数据的简单工具。

在高级语言中,变量是基本的数据表示方式。使用变量,程序可以表示一类数据,而不仅仅是一个数据。例如,用程序计算圆面积时,如果圆半径用常量4.5表示,那么只能计算一个特定的圆的面积;如果圆半径用变量r来表示,只需要设定r值,就能计算不同圆的面积。

3.4.3 函数

函数(Function)名称出自数学家李善兰的著作《代数学》。之所以如此翻译,他给出的原因是"凡此变数中函彼变数者,则此为彼之函数",即函数指一个量随着另一个量的变化而变化,或者说一个量中包含另一个量。函数的定义通常分为传统定义和近代定义,函数的两个定义的本质是相同的,只是叙述概念的出发点不同,传统定义是从运动变化的观点出发,而近代定义是从集合、映射的观点出发。

1. 传统定义

一般,在一个变化过程中,有两个变量x、y,如果给定一个x值,相应的可以确定唯一的一个y,那么就称y是x的函数。其中x是自变量,取值范围叫作这个函数的定义域;y是因变量,y的取值范围叫作函数的值域。

2. 近代定义

设A、B是非空的数集,如果按照某种确定的对应关系f,使对于集合A中的任意一个数x,在集合B中都有唯一确定的数$f(x)$和它对应,那么就称$f(A)\to B$为从集合A到集合B的一个函数,记作$y=f(x), x\in A$。

其中,x叫作自变量,x的取值范围A叫作函数的定义域;与x值相对应的y值叫作函数值,函数值的集合$\{f(x)|x\in A\}$叫作函数的值域。

定义域、值域和对应法则称为函数的三要素,一般书写为$y=f(x), x\in D$。若省略定义域,一般是指使函数有意义的集合。

3. 程序中的定义形式

```
类型标识符　函数名　(形式参数表){
```

```
    声明部分
    语句
}
```

其中，类型标识符处若不说明类型，一律自动按整数处理；形式参数是被初始化的内部变量，生命周期和可见性仅限于函数内部，若无参数，写 void。

3.4.4 表达式

表达式是由数字、算符、数字分组符号(括号)、自由变量和约束变量等能求得数值的有意义排列方法所得的组合。约束变量在表达式中已被指定数值，而自由变量则可以在表达式之外另行指定数值。

表达式表示程序要执行的一个操作过程，其结果是一个数据，即表达式的值。因此，可以将表达式看作一种数据表示手段，而这种手段需要经过运算。根据不同的运算类别，常用的表达式有算术表达式、关系表达式、逻辑表达式、赋值表达式、条件表达式等。

一个表达式必须是合式的，即每个算符都必须有正确的输入数量。如表达式 2+3 便是合式的；而表达式×2+则不是合式的，至少不是算术的一般标记方式。两个表达式若被说是等值的，表示对于自由变量任意的定值，两个表达式都会有相同的输出，即它们代表同一个函数。

3.4.5 数据类型

数据类型是对程序中被处理数据的抽象，所谓数据类型是按被说明量的性质、表示形式、占据存储空间的多少、构造特点来划分的。例如，C 语言规定在程序中使用的每个数据都属于一种数据类型。在 C 语言中，数据类型可分为基本数据类型、构造数据类型、指针数据类型、空数据类型四大类，如图 3.10 所示。

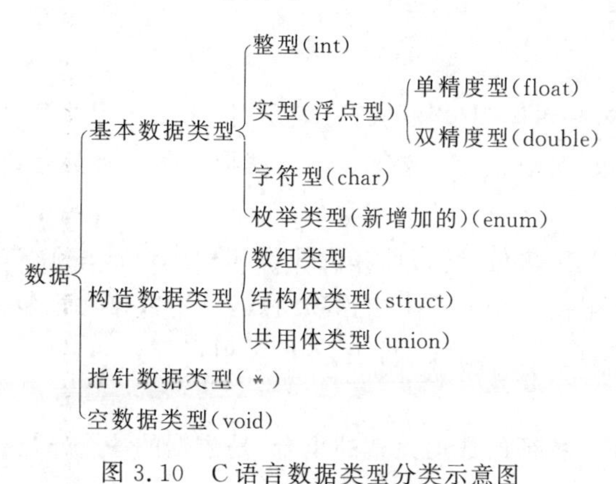

图 3.10 C 语言数据类型分类示意图

基本数据类型也称作简单数据类型。例如，Java 语言有 8 种简单数据类型，分别是 boolean、byte、short、int、long、float、double、char，这 8 种数据类型可分为下列 4 大类型。

- 逻辑类型：boolean；
- 字符类型：char；
- 整数类型：byte、short、int、long；
- 浮点类型：float、double。

3.5 信息世界层的数据表示

实体-联系模型和数据结构是信息世界层中两种被广泛应用的信息结构。本部分重点介绍数据结构。

3.5.1 数据结构的定义

用计算机求解问题首先要抽象出问题的模型,对于数值问题抽象出的模型通常是数学方程,对于非数值问题抽象出的模型通常是表、树或图等数据结构。

数据结构是计算机存储和组织数据的方式。数据结构是指相互之间存在一种或多种特定关系的数据元素的集合。通常情况下,精心选择的数据结构可以带来更高的运行或者存储效率。数据结构往往同高效的检索算法和索引技术有关。

数据结构由相互之间存在着一种或多种关系的数据元素的集合和该集合中数据元素之间的关系组成。记为:

```
Data_Structure = (D,R)
```

其中,D是数据元素的集合,R是该集合中所有元素之间的关系的有限集合。

数据结构是数据的组织、存储和运算的总和。它是信息的一种组织方式,是按某种关系组织起来的一批数据,其目的是提高算法的效率,然后用一定的存储方式存储到计算机中,并且通常与一组算法的集合相对应,通过这组算法集合可以对数据结构中的数据进行某种操作。计算机处理的大量数据都是相互关联,彼此联系的。

3.5.2 数据抽象

1. 数据

数据即信息的载体,是对客观事物的符号表示,指能输入到计算机中并被计算机程序处理的符号的总称,如整数、实数、字符、文字、声音、图形和图像等都是数据。

2. 数据元素

数据元素是数据的基本单位,它在计算机处理和程序设计中通常作为一个整体进行考虑和处理。数据元素一般由一个或多个数据项组成,一个数据元素包含多个数据项时,常称为记录和节点等,数据项也称为域、段、属性、表目和顶点等。

3. 数据对象

数据对象是具有相同特征的数据元素的集合,是数据的一个子集。

4. 数据的逻辑结构

数据的逻辑结构指数据结构中数据元素之间的逻辑关系,它是从具体问题中抽象出来的数学模型,是独立于计算机存储器的(与具体的计算机无关)。

数据的逻辑结构通常有集合形式、线性结构、树形结构、图形结构或网状结构四类基本形式。

5. 数据的存储结构

数据的存储结构是数据的逻辑结构在计算机内存中的存储方式,又称物理结构。数据存储结构要用计算机语言来实现，因而依赖于具体的计算机语言。数据存储结构的特点是用数据元素在存储器的相对位置来体现数据元素相互间的逻辑关系，有顺序和链式两种不同的方式。

顺序存储方式是把逻辑上相邻的节点存储在物理位置相邻的存储单元里，节点间的逻辑关系由存储单元的邻接关系来体现，由此得到的存储表示称为顺序存储结构。顺序存储结构是一种最基本的存储表示方法，通常借助于程序设计语言中的数组来实现。

链式存储方式不要求逻辑上相邻的节点在物理位置上亦相邻，节点间的逻辑关系是由附加的指针字段表示的，由此得到的存储表示称为链式存储结构。链式存储结构通常借助于程序设计语言中的指针类型来实现。

在顺序存储结构的基础上，又可延伸变化出索引存储和散列存储。

索引存储就是在数据文件的基础上增加了一个索引表文件，通过索引表建立索引，可以把一个顺序表分成几个顺序子表，其目的是提高查找效率，避免盲目查找。

散列存储就是通过数据元素与存储地址之间建立起的某种映射关系，使每个数据元素与每一个存储地址之间尽量达到一一对应的目的。这样，查找时同样可以大大地提高效率。

6. 数据类型

数据类型是一组具有相同性质的操作对象和该组操作对象上的运算方法的集合，如整数类型、字符类型等。每种数据类型都有具备自身特点的一组操作方法(即运算规则)。

7. 抽象数据类型

抽象数据类型是指一个数据模型以及在该模型上定义的一套运算规则的集合。在对抽象数据类型进行描述时，要考虑到完整性和广泛性，完整性就是要能体现所描述的抽象数据类型的全部特性，广泛性就是所定义的抽象数据类型适用的对象要广。它与数据类型实质上是一个概念，但其特征是使用与实现分离，实行封装和信息隐蔽(独立于计算机)。

3.5.3 线性结构

线性结构是数据元素之间定义了次序关系的集合(全序集合)，描述的是一对一关系。线性结构要满足几个条件：①有且只有一个根节点；②每个节点最多有一个前驱节点，也最多有一个后继节点；③首节点无前驱节点，尾节点无后继节点。注意：在一个线性结构中插入或删除任何一个节点后还应是线性结构；否则，不能称为线性结构。常见的线性结构有数组和线性表等。

1. 数组

在程序设计中，为了处理方便，把具有相同类型的若干变量按有序的形式组织起来，这些按序排列的同类数据元素的集合称为数组。在C语言中，数组属于构造数据类型，一个数组可以分解为多个数组元素，这些数组元素可以是基本数据类型或是构造类型。因此按数组元素的类型不同，数组又可分为数值数组、字符数组、指针数组和结构数组等各种类别。

数组是 n 个类型相同的数据元素构成的序列，它们连续存储在计算机的存储器中，且数组中的每个元素占据相同的存储空间。

【例 3.3】 下面是定义的几种数组例子。

int a[10]：定义整型数组 a，有 10 个元素。

float b[10],c[20]：定义实型数组 b，有 10 个元素；实型数组 c，有 20 个元素。

char ch[20]：定义字符数组 ch，有 20 个元素。

int a[3][4]：定义了一个三行四列的整型数组，数组名为 a。该数组共有 12 个元素，即

a[0][0]，a[0][1]，a[0][2]，a[0][3]

a[1][0]，a[1][1]，a[1][2]，a[1][3]

a[2][0]，a[2][1]，a[2][2]，a[2][3]

对数组的描述通常包含下列 5 种属性。

- 数组名称：声明数组第一个元素在内存中的起始地址；
- 维度：每个元素所含数据项的个数，如一维数组、二维数组等；
- 数组下标：元素在数组中的存储位置；
- 数组元素个数；
- 数组类型：声明此数组的类型，它决定数组元素在内存所占有的空间大小。

大多数情况下，数组下标是介于 $0 \sim n-1$ 或 $1 \sim n$ 的整数，只要指定数组的下标就能够访问这些元素。对数组的常见操作包括插入、删除、排序和查找等。

2. 线性表

线性表由一组数据元素构成，数据元素的位置取决于自己的序号，元素之间的相对位置是线性的。非空线性表的结构特征：①有且只有一个根节点 a_1，它无前驱节点；有且只有一个终端节点 a_n，它无后继节点；②除根节点与终端节点外，其他所有节点有且只有一个前驱节点，也有且只有一个后继节点。节点个数 n 称为线性表的长度，当 $n=0$ 时，称为空表。在线性表上常用的运算包括初始化、求长度、取元素、修改、插入、删除、检索和排序。图 3.11 是线性表示意图，其中 t_{n-1} 表示第 n 个元素与第 1 个元素位置的距离。

栈和队列是两种运算时受到某些特殊限制的线性表，故也称为限定性的数据结构。

1）栈

栈是只能在某一端插入和删除的特殊线性表。它按照先进后出的原则存储数据，先进入的数据被压入栈底，最后的数据在栈顶，需要读数据的时候从栈顶开始弹出数据(最后一个进栈数据被第一个读出来)，图 3.12 是栈的示意图。栈对于实现递归算法是不可缺少的数据结构。

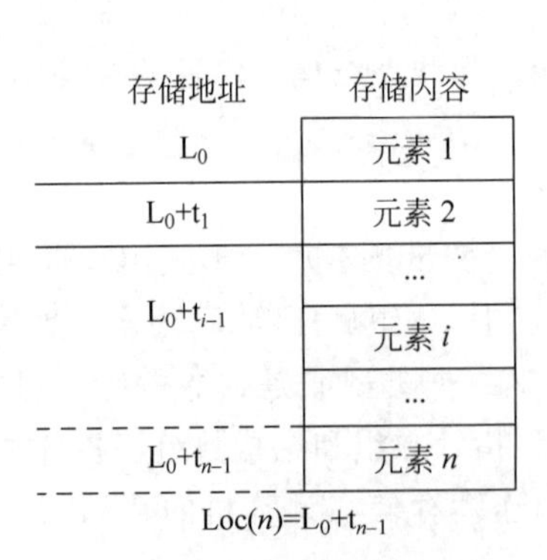

图 3.11　线性表示意图

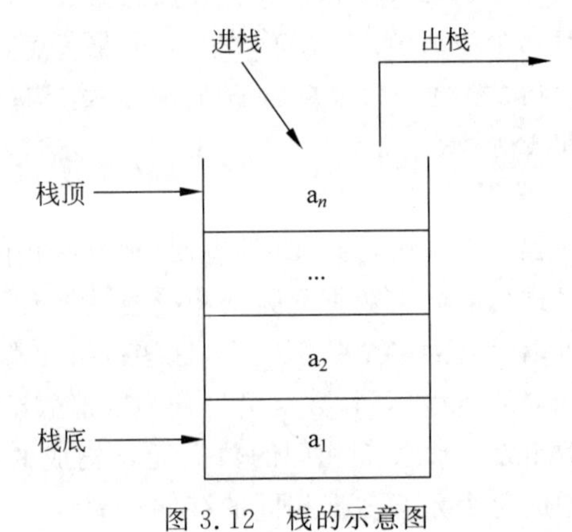

图 3.12　栈的示意图

2）队列

队列是一种特殊的线性表，按照“先进先出”或“后进后出”的原则组织数据，它只允许在表

的前端(Front)进行删除操作,而在表的后端(Rear)进行插入操作。进行插入操作的端称为队尾,进行删除操作的端称为队头,图 3.13 是队列的示意图。队列中没有元素时,称为空队列。

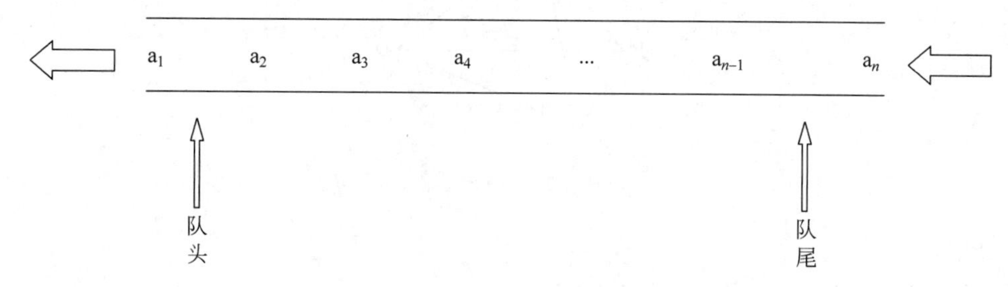

图 3.13　队列示意图

3.5.4　树形结构

树形结构是数据元素之间定义了层次关系的集合(偏序集合),描述的是一对多关系。树是包含 $n(n>0)$个节点的有穷集合 K,且在 K 中定义了一个关系 N,N 满足以下条件:

(1) 有且仅有一个节点 K_0,它对于关系 N 来说没有前驱节点,称 K_0 为树的根节点,简称为根(root)。

(2) 除 K_0 外,K 中的每个节点,对于关系 N 来说有且仅有一个前驱节点。

(3) K 中各节点,对关系 N 来说可以有 m 个后继节点($m\geqslant 0$)。

图 3.14 是一个树形结构的例子,有 12 个节点,A 是根节点,该树又可再分为若干不相交的子树,如 T1={B,E,F,K},T2={C,G},T3={D,H,I,J,L}等。

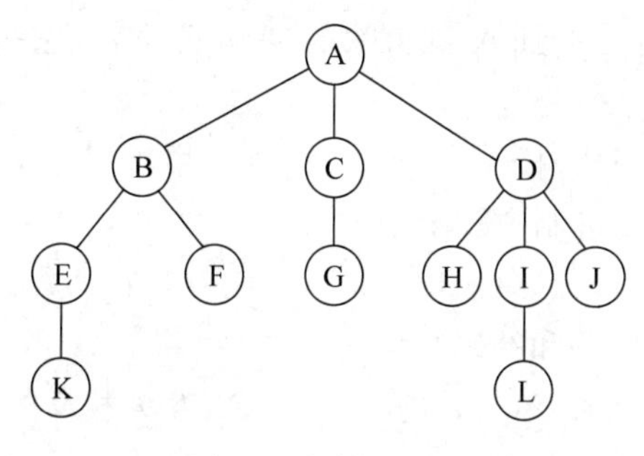

图 3.14　树形结构

3.5.5　图形结构

图形结构是数据元素之间定义了网状关系的集合,描述的是多对多关系。图由节点的有穷集合 V 和边的集合 E 组成。为了与树形结构加以区别,在图结构中常常将节点称为顶点,若两个顶点之间存在一条边,就表示这两个顶点具有相邻关系。

图的形式化定义为:

$$G=\langle V,E\rangle$$

其中,V 是一个非空节点的集合;E 是连接节点的边的集合。

【例3.4】 图3.15是一个图形结构的例子,G=<V,E>。

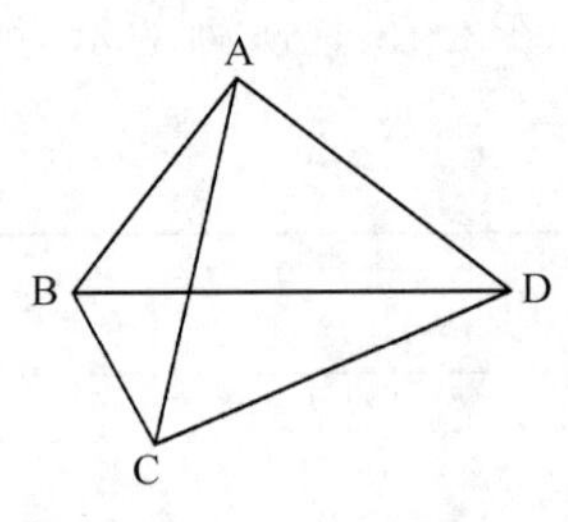

图3.15 图形结构

其中,

$$V=\{A,B,C,D\},$$
$$E=\{(A,B),(A,C),(B,D),(B,C),(D,C),(A,D)\}$$

计算机算法中,图主要有邻接矩阵和邻接链表两种表示方法。

习 题 3

1. 在计算机内部用来传递、存储、加工处理的数据采用(　　)。

   A. 十进制码　　B. 五笔字型码　　C. 八进制码　　D. 二进制码

2. 数据结构可以定义为 Data_Structure=(D,R),其中D是(　　)的集合,R是D上所有元素的(　　)的有限集合。

   A. 数据对象　　B. 关系　　C. 操作　　D. 数据元素

3. (　　)是只能在某一端插入和删除的特殊线性表,它按照先进后出的原则存储数据。

   A. 队列　　B. 栈　　C. 堆　　D. 链表

4. 十进制数$(30)_{10}$的二进制数表示形式为(　　)。

   A. $(11110)_2$　　B. $(11101)_2$　　C. $(10110)_2$　　D. $(11001)_2$

5. 对于正数,其原码、反码和补码是(　　)。

   A. 一致的　　B. 不一致的　　C. 互为相反的　　D. 互为相补的

6. 在计算机内汉字用2字节的二进制编码表示,称为(　　)。

   A. 拼音码　　B. 机内码　　C. 输入码　　D. ASCII码

7. 栈和队列都是(　　)结构,栈只能在表的(　　)插入和删除元素,而队列只允许在表的(　　)删除元素,在表的(　　)插入元素。

8. 在C语言中,数据类型可分为(　　)、(　　)、(　　)、(　　)四大类。

9. (　　)是以数学方法描述的由几何元素组成的图像。

10. 汉字外码的编码方法主要可以分为(　　)、(　　)和(　　)三类。

11. 列举数据表示的层次,并解释为什么要分层次地表示数据。

12. 各种数据在计算机内的共同表示特点是什么?

13. 设某商业集团的仓库管理系统数据库有三个实体集。一是“公司”实体集,属性有公司编号、公司名、地址等；二是“仓库”实体集，属性有仓库编号、仓库名、地址等；三是“职工”实体集，属性有职工编号、姓名、性别等。

公司与仓库间存在“隶属”联系，每个公司管辖若干仓库，每个仓库只能属于一个公司管辖；仓库与职工间存在“聘用”联系，每个仓库可聘用多个职工，每个职工只能在一个仓库工作，仓库聘用职工有聘期和工资。

试画出 E-R 图，并在图上注明属性、联系的类型。

14. 数据结构和数据类型两个概念之间有区别吗？如果有，区别是什么？

15. 对数据的逻辑结构和存储结构简要介绍，并说明它们的分类。

16. 举出现实世界数据对象例子，它们分别具有下列数据结构：线性表、栈、队列、树、图。

17. 列举高级语言层表示数据的 5 种基本手段。

18. 举例说明术语：数组、数组类型、数组元素、数组元素个数和数组下标的概念。

19. 简述函数机制的 3 个要点。

20. 机器数 0011 和 1101 代表两个有符号的整数，用原码规则解释，它们的真值是多少？用补码规则解释，它们的真值是多少？

21. 补码的符号位和原码的符号位的根本区别是什么？

22. 字符编码的常用标准有哪些？并做简单介绍。

23. 已知英文字母 a 的 ASCII 码是 1100001，那么英文单词 beef 的二进制编码是什么？

24. 设彩色图像每个像素用 3 字节表示，一幅图像有 1024×1024 个像素，计算需要的存储容量。

第4章　计算机系统

随着社会的进步与信息技术的不断发展，计算机已经成为国家建设和人们工作、学习和生活中不可缺少的现代化设备。本章从计算机的硬件、软件、软件开发基础知识等方面对计算机系统进行介绍。

4.1　计算机组成及工作原理

电子计算机的问世，最重要的奠基人是英国科学家阿兰·图灵(Alan Turing)和美籍匈牙利科学家冯·诺依曼(John Von Neumann)。图灵的贡献是建立了图灵机的理论模型，奠定了人工智能的基础。冯·诺依曼是首先提出了计算机体系结构的设想和存储程序原理，把程序本身当作数据来对待，程序及其处理的数据用同样的方式存储，并确定了存储程序计算机的五大组成部分和基本工作方法。

冯·诺依曼型计算机包括以下5个部分。

- 控制器(Control Unit,CU)：控制、协调程序和数据的输入、程序运行以及运算结果的处理；
- 运算器(Arithmetic Logic Unit,ALU)：完成算术、逻辑运算；
- 存储器(Memory)：存放数据和程序，是按地址访问的线性编址的一维结构，每个单元的位数是固定的；
- 输入设备(Input)：将数据或程序输入计算机；
- 输出设备(Output)：将运算结果输出。

在冯·诺依曼型计算机中，程序执行的过程就是对程序指令进行分析，形成控制计算机各个部分工作的控制流，对数据进行加工运算(见图4.1)。这样周而复始地产生数据/指令流，并最终得到数据结果的过程。计算机执行指令过程为：从存储器中取出一条指令；对这条指令进行译码，由硬件分析并确定这条指令所指示的操作，同时确定该指令操作对象(操作数)所在的位置，这个位置可以是寄存器单元、存储器的特定单元或者某个输入设备；根据译码确定的位置去取操作数并送到运算器；运算器按照译码确定的操作进行运算；运算结束后，将结果送到指定的位置，这个位置可以是寄存器单元、存储器的特定单元或者某个输出设

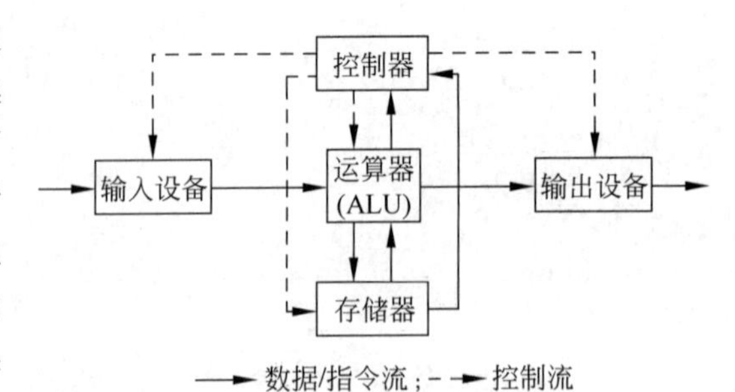

图4.1　冯·诺依曼体系结构计算机

备，至此计算机就将一条指令执行完了，并准备执行下一条指令。

冯·诺依曼体系结构是现代计算机的基础，现在大多计算机仍是冯·诺依曼体系组织结构的一些改进，没有从根本上突破该体系结构的思想。

4.2 计算机的主要硬件组成

4.2.1 CPU

中央处理器(Central Processing Unit，CPU)也叫微处理器，是一块超大规模的集成电路芯片，是一台计算机的运算核心和控制核心。它的功能主要是解释执行计算机指令以及处理计算机软件中的数据。中央处理器主要包括运算器(算术逻辑运算单元)、控制器和寄存器(Register)。控制器负责读取指令、解释指令和执行指令；运算器执行算数运算和逻辑运算；寄存器是内置在CPU中的高速存储装置，用于临时保存正在处理的数据或结果。CPU与内部存储器(Memory)通过一组总线线路进行连接。

CPU主要的性能指标有兼容性、字长和主频。

1) 兼容性

每种处理器都有特定的指令集，即告诉CPU如何操作的具体指令集合。适用于特定CPU的机器语言必须使用该CPU的指令集。由于各处理器都有特定的指令集，为某种计算机设计的程序在另一种计算机上可能无法运行。例如，为Apple Macintosh(Mac机)编写的程序可能就无法在联想PC上运行。可在给定计算机上运行的程序即与该计算机的处理器兼容，或者说此程序是为给定CPU设计的本机应用程序。

微处理器制造商在推出新型号产品时，必须仔细地考虑兼容性问题。特别地，制造商必须决定是否使新的芯片与以前的型号向下兼容。具有向下兼容性的芯片能够运行早期芯片上的程序。推出不与以前的型号向下兼容的微处理器是件很危险的事，人们一般不会购买无法运行已有程序的计算机。

2) 字长

在计算机技术中，把CPU在单位时间内同时处理的二进制数的位数称为字长。字长的大小直接反映计算机的数据处理能力，通常等于CPU数据总线的宽度。一般把单位时间内能处理8位数据的CPU叫8位CPU。同理，64位的CPU在单位时间内能处理字长为64位的二进制数据。CPU字长越长，运算精度越高，信息处理速度越快，CPU性能也就越高。当然，字长越长，制作的技术难度就越大，成本也越高。

3) 主频

主频是指CPU的时钟频率(Clock Speed)，它决定了CPU每秒钟可以有多少个指令周期，可以执行多少条指令。主频越高，CPU的运算速度也就越快。需要说明的是，时钟频率并不等于CPU一秒钟执行的指令条数，因为一条指令的执行可能需要多个指令周期。

对CPU的评价，在具有兼容性的前提下，主要是看其速度，而决定其速度的主要因素是字长和主频，主频越高、字长越长，速度就越快，成本也越高。当然，CPU的速度还受地址总线、数据总线宽度、外频、内部缓存和处理器核心数等因素的影响。

4.2.2 存储器

存储器是用于保存信息的记忆设备。有了存储器,计算机才有记忆功能,才能保证正常工作。在同一台计算机中,有各种工作速度、存储容量和访问方式的存储器,这些存储器构成一个层次结构,如图4.2所示。从上到下,各种存储器的存储容量越来越大,速度越来越慢,但单位价格越来越便宜。

通用寄存器堆、指令和数据缓存栈、高速缓存(Cache)在CPU芯片内部,它们的工作速度比较快。CPU之外的存储器可分为主存储器(又称内存储器,简称内存)和辅助存储器(又称外存储器,简称外存)。

1. 内存储器

主存储器是能够通过指令中的地址直接访问的存储器,用来存储正在被CPU使用的程序和数据。主存储器的种类繁多,目前使用的主存储器主要有3种类型,即随机存取存储器(Random Access Memory,RAM)、只读存储器(Read-Only Memory,ROM)和高速缓存,但说到内存,是指随机存取存储器。RAM示意图如图4.3所示。

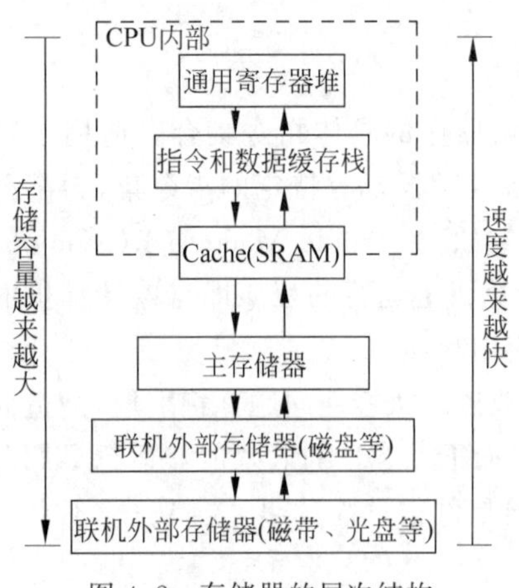

图4.2 存储器的层次结构

图4.3 RAM

1) 随机存取存储器

随机存取是相对于顺序存取来说的。顺序存取是一种只能按地址顺序从存储单元中读取数据或存储数据的访问方式。例如,要想从5号单元中读取数据,要依次找到0~4号单元,才能读取5号单元中的数据。很显然,这种存取方式的存取速度很慢。随机存取可以根据地址直接存取任一单元中的数据,这种存取方式的存取速度要快很多。

随机存取存储器可以分为静态随机存取存储器(Static RAM,SRAM)和动态随机存取存储器(Dynamic RAM,DRAM)。在通电情况下,SRAM中存储的数据不会丢失,所以不需要定时刷新,存取速度快。其不足是集成度较低、体积较大、成本较高,主要用于要求速度快但容量较小的情况。DRAM存储单元需要定时刷新,否则存储的数据就会丢失,存取速度比较慢,但集成度高、体积小、成本低,RAM内存主要选用DRAM。

随着计算机系统不断要求提高对内存的存取速度,出现了同步动态随机存取存储器(Synchronous DRAM,SDRAM),SDRAM比标准动态存储器具有更快的数据存取速度。在此基础上出现了单倍数据速率SDRAM(Single Data Rate SDRAM,SDR-SDRAM),简称

SDR；双倍数据速率SDRAM(Double Data Rate SDRAM,DDR-SDRAM),简称DDR；4倍数据速率SDRAM(Quad Data Rate SDRAM,QDR-SDRAM),简称QDR。SDR在一个时钟周期内只传输一次数据,它是在时钟的上升期进行数据传输；DDR是在一个时钟周期内传输两次数据,它能够在时钟的上升期和下降期各传输一次数据；QDR在一个时钟周期内传输4次数据。现在用得比较多的是DDR内存。

2) 只读存储器

只读存储器(ROM)(见图4.4)中的数据一旦写入,只能读,不能改写。其中的数据,一般是在计算机出厂前由制造商写入的,在停电或关机后数据也不会丢失,主要用于存放系统引导程序、开机自检程序和程序参数等。

图4.4 ROM

除少数品种的只读存储器(如字符发生器)可以通用之外,不同用户所需只读存储器的内容不同。为便于使用和大批量生产,进一步发展了可编程只读存储器(Programmable ROM,PROM)、可擦可编程序只读存储器(Erasable Programmable ROM,EPROM)和带电可擦可编程只读存储器(Electrically Erasable Programmable ROM,EEPROM)。PROM一般可编程一次,需要用电和光照的方法来编写与存放程序等信息。例如,双极性PROM有两种结构：一种是熔丝烧断型,一种是PN结击穿型。它们只能进行一次性改写,一旦编程完毕,其内容便是永久性的。由于可靠性差,又是一次性编程,目前较少使用。EPROM通过紫外线照射可以多次擦除重写数据,但需用紫外线光长时间照射才能擦除,使用很不方便。EEPROM通过高于普通电压的作用来擦除和重写数据,但集成度不高,价格较贵,于是人们又开发出一种新型的存储单元结构,同EPROM相似的快闪存储器(闪存)。闪存集成度高、功耗低、体积小,又能在线快速擦除,因而很快发展起来。

3) 高速缓存

随着集成电路和芯片技术的不断发展,微处理器的主频不断地提高。内存由于容量大、寻址系统和读写电路复杂等原因,工作速度大大低于微处理器的工作速度,很多时间耗费在了对内存单元的读写上,影响了CPU性能的充分发挥,因而影响了计算机的总体性能。为了解决内存与微处理器工作速度上的矛盾,设计者们在设计微处理器和内存之间增设了一级容量不大但速度很快的高速缓存存储器,简称高速缓存(Cache),现在一般都把高速缓存直接集成在CPU内部。Cache中存放部分正在运行的程序和数据,当CPU访问程序和数据时,首先从Cache中查找,找到则直接执行；如果所需程序和数据不在Cache中,再到内存中读取,并同时写入Cache中。因此采用Cache可以提高系统的运行速度。Cache一般由存取速度比较快的静态存储器(SRAM)构成,常用的容量有128KB、256KB、512KB。在高档微机中为了进一步提高性能,还把Cache设置成二级或三级。

2. 外存储器

外存储器是指除计算机内存及CPU缓存以外的存储器,此类存储器一般断电后仍然能保存数据,通常是磁性介质或光盘等,能长期保存信息。与内存相比,外存十分便宜,大多数计算机外存的容量很大。但是外存传送数据的速度不如内存快。应用程序运行完毕后应该将结果保存在外存上。常见的外存储器有硬盘(Hard Disk)、光盘和U盘等。

1) 硬盘

与软盘使用薄的、柔性的塑料盘不同,传统硬盘(见图4.5)是由覆盖了磁性物质的坚硬合金盘片和与之相关的读写头组成,并被密封在驱动器盒里。通过磁化磁盘表面磁粒子的磁场极性来存储数据。除此之外,硬盘能快速地存储和读取信息,并且其容量远远大于软盘。

图4.5 硬盘的外观及内部结构

硬盘是一种精密度较高的设备,其读写头悬浮在大约0.000001英寸厚的气垫上,因此烟尘、指纹、灰尘或头发都可能引起读写头的碰撞。对于硬盘而言,读写头的碰撞是灾难性的,会破坏盘上的部分、甚至全部的信息。

硬盘有固态硬盘(Solid State Drive,SSD,新式硬盘)、传统硬盘(Hard Disk Drive,HDD)和混合硬盘(Hybrid Hard Drive,HHD,基于传统机械硬盘诞生出来的新硬盘)。SSD采用闪存颗粒来存储,HDD采用磁性碟片来存储,HHD是把磁性硬盘和闪存集成到一起的一种硬盘。绝大多数硬盘都是固定硬盘,被永久性地密封固定在硬盘驱动器中。

硬盘的物理结构包括磁头、磁道、扇区和柱面。其中,磁头是硬盘的关键部分,是硬盘进行读写的“笔尖”,每个盘面(若将磁头比喻作“笔”的话,那盘面即是“笔”下的“纸”)都有自己的一个磁头。磁道是指磁盘旋转时由于磁头始终保持在一个位置上而在磁盘表面划出的圆形轨迹,这些磁道是肉眼看不到的,它们只是磁盘面上的一些磁化区,使信息沿轨道存放。扇区是指磁道被等分为的若干弧段,是磁盘驱动器向磁盘读写数据的基本单位,其中每个扇区可以存放512字节的信息。而柱面为一个圆柱形面,由于磁盘是由一组重叠的盘片组成的,每个盘面都被划分为等量的磁道并由外到里依此编号,具有相同编号的磁道形成的便是柱面,因此磁盘的柱面数量与其一盘面的磁道数是相等的。当硬盘读取数据时,盘面高速旋转,使得磁头处于“飞行状态”,并未与盘面发生接触,在这种状态下,磁头既不会与盘面发生磨损,又可以达到读取数据的目的。

闪存的每个存储单元类似一个标准MOSFET(金属氧化物半导体场效应管),除了晶体管有两个闸极。在顶部的是控制闸(Control Gate,CG),如同其他MOS晶体管。但是它下方则是一个以氧化物层与周边绝缘的浮闸(Floating Gate,FG)。这个FG放在CG与MOSFET通道之间。由于这个FG在电气上是受绝缘层独立的,所以进入的电子会被困在里面。在一般的条件下经过多年电荷也不会逸散。当FG抓到电荷时,它部分屏蔽来自CG的电场,并改变这个单元的阀电压。在读出期间,利用CG的电压,MOSFET通道会变导电或保持绝缘。这股电流流过MOSFET通道,并以二进制码的方式读出、再现存储的数据。

在每单元存储1比特以上的数据的MLC(Mutti Level Cell)设备中,为了能够更精确地测定FG中的电荷,则是以感应电流的量达成的。

2) 光盘

光盘(见图4.6)指的是利用光学方式进行信息存储的圆盘。它应用了光存储技术,即使用激光在某种介质上写入信息,然后再利用激光读出信息。光盘螺旋形的光道上刻着能代表数字0或1的一些凹坑。读取数据时,通过发射细小的一束激光到这些区域,根据反射光的强度决定该区域表示1还是0。

图4.6 光盘

市场上光盘有3.5、4.75、5.25、8、12和14英寸多种形式,最常用的是4.75英寸光盘。数据以不同的方式和格式存储在这些光盘上,最常见的光盘是CD和DVD,表4.1列出了常见光盘类型。

表4.1 光盘的类型

格式	类　型	典型容量	描　述
CD	CD-ROM	650MB	存放数据库、图书、软件等不变的内容
	CD-R	650MB	仅能写一次,用于存放大量数据
	CD-RW	650MB	可重复使用,用于创建和编辑大的多媒体图像
DVD	DVD-ROM	4.7GB	存放音频和视频等不变的内容
	DVD-R	4.7GB	仅能写一次,用于存放大量的数据
	DVD-RAM(DVD-RM)	2.6～5.2GB	可重复使用,用于创建和编辑大的多媒体图像

3) U盘

U盘(USB Flash Disk,全称USB闪存盘)是一种使用USB接口的无须物理驱动器的微型高容量移动存储产品,通过USB接口与电脑连接,实现即插即用。U盘的称呼最早来源于朗科科技生产的一种新型存储设备,名曰"优盘",使用USB接口进行连接。连接后,U盘的资料可与电脑交换。

U盘与计算机的传输速率可达30MB/s。U盘小巧便于携带、存储容量大、价格便宜、性能可靠、易扩展、即插即用。U盘体积很小,仅大拇指般大小,重量极轻,一般在15克左右,特别适合随身携带。一般的U盘容量有2GB、4GB、8GB、16GB、32GB和64GB(1GB已没有了,因为容量过小),除此之外还有128GB、256GB、512GB和1TB等。

4.2.3 输入输出设备

中央处理器单元和主存储器构成计算机的主体,称为主机。主机以外的大部分硬设备都称为外部设备或外围设备,简称外设,包括常用的输入输出设备和辅助存储设备等。

1. 输入设备

计算机能够接收各种各样的数据,既可以是数值型的数据,也可以是各种非数值型的数据,如图形、图像和声音等都可以通过不同类型的输入设备输入到计算机中,进行存储、处理和输出。输入设备是人或外部与计算机进行交互的一种装置,用于把原始数据及其处理程序输入到计算机中。输入设备将数据从人能够感知的形式,转换成计算机能够存储和处理的形式。键盘、鼠标、摄像头、扫描仪、光笔、手写输入板、游戏杆和语音输入装置等都属于输入设备。

计算机的输入设备按功能可分为键盘、定位设备和数据扫描设备等。

1) 键盘

键盘是用于操作设备运行的一种指令和数据输入装置,也指经过系统安排操作一台机器或设备的一组功能键(如打字机、电脑键盘)。键盘是最常用也是最主要的输入设备,通过键盘可以将英文字母、数字、标点符号等输入到计算机中,从而向计算机发出命令和输入数据等。

键盘由一组按键排成的开关阵列组成。按下一个键就产生一个相应的字符代码。不同位置的按键对应不同的字符代码。键盘中的电路(实际上是一个单片计算机)将字符代码送到主机,再由主机将键盘字符代码转换成ASCII码。目前,微机上常用的键盘有101键、102键和104键几种。键盘上的主要按键有字符键、控制键和功能键三大类。字符键包括数字、英文字母、标点符号和空格等;控制键包括一些特殊控制(如删除)键;功能键是F1~F12共12个,其功能是由软件或用户定义的。主键盘区键位的排列与标准英文打字机一样;小键盘区有数字键、光标控制键、加减乘除键和屏幕编辑键等。

常规的键盘有机械式按键和电容式按键两种。机械式键盘是最早被采用的结构,一般类似接触式开关的原理,使触点导通或断开,具有工艺简单、维修方便、手感一般、噪声大和易磨损的特性。大部分机械键盘采用铜片弹簧作为弹性材料,铜片易折易失去弹性,使用时间一长故障率升高。电容式键盘是基于电容式开关的键盘,原理是通过按键改变电极间的距离产生电容量的变化,暂时形成允许震荡脉冲通过的条件。理论上这种开关是无触点非接触式的,磨损率极小甚至可以忽略不计,也没有接触不良的隐患,噪声小,容易控制,手感好,键盘质量高,但工艺较机械结构复杂。还有一种用于工控机的键盘为了完全密封采用轻触薄膜按键,只适用于特殊场合。

由于键盘使用的频繁性,人们越来越注重键盘的舒适度。来自加拿大的Keyboardio团队研发了一款名为Model 01的键盘,如图4.7所示,其独特的造型设计和舒适的打字手感一下子吸引了众多网友的目光。

图4.7 Model 01键盘

2) 定位设备

许多人尽可能地选择使用定位设备来代替键盘。定位设备减少了打字的次数,也减少了出错的次数。现有的定位设备包括鼠标、跟踪球、光笔、数字化图形输入板、触摸屏以及笔式系统等。

鼠标是一种很常用的计算机输入设备,它可以对当前屏幕上的游标进行定位,并通过按键和滚轮装置对游标所经过位置的屏幕元素进行操作。鼠标的鼻祖于1968年出现,由美国科学家道格拉斯·恩格尔巴特(Douglas Englebart)在加利福尼亚制作。

较早的鼠标器是机械式的,它的基本结构分为两部分:一是位于顶部前端的两个或三个按键;二是位于底部的圆珠。输送信息的连线接到键盘,或直接连到微机的输入输出端口。使用时把鼠标器放在一个平坦的表面上,移动鼠标器时圆珠也转动,同时把这种运动由光标体现在屏幕上，按下顶部的按键，就可以向计算机发出执行输入方式选择及基本编辑功能等各种命令。现在常用的鼠标多为光电鼠标，通过红外线或激光检测鼠标器的位移，将位移信号转换为电脉冲信号，再通过程序的处理和转换来控制屏幕上的光标箭头的移动。这类传感器需要与特制的、带有条纹或点状图案的垫板配合使用。

现在有了更多种类的鼠标，如空中鼠标（AirMouse）和悬浮式无线鼠标等，如图 4.8 所示。

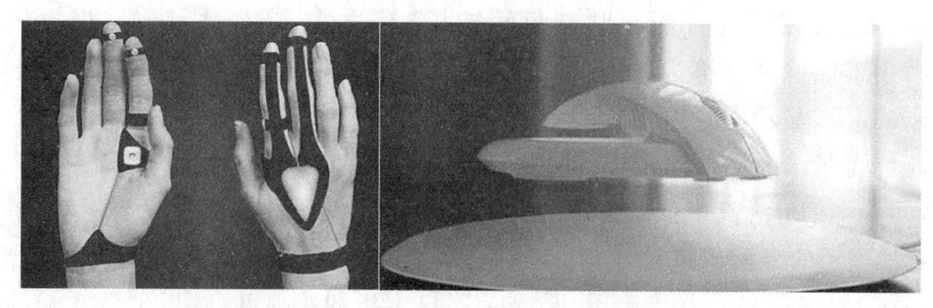

图 4.8 空中鼠标和悬浮式无线鼠标

操纵杆（见图 4.9）也是一种定位设备，常被用来玩游戏、控制飞机和控制机器人等，它的功能与鼠标类似。

触摸屏（见图 4.10）就是在显示器中加上了感应器，不同的触摸屏感应器也不同。触摸屏使用户可以在屏幕上直接操作，作用与鼠标类似。

图 4.9 操纵杆

图 4.10 触摸屏

3）数据扫描设备

光学识别系统提供了从数据源直接捕获数据而减少键盘输入的一种途径。该系统能够使计算机通过扫描可识别类型的印刷文本读入数据。扫描仪（见图 4.11）可以将文字以图片的形式读入计算机，就好像用相机拍照传入计算机一样，不同的是扫描仪读入的方式是逐行扫描。

图 4.11 扫描仪

2. 输出设备

输出设备是计算机硬件系统的终端设备，把数据从计算机能够存储和处理的形式，转换成人能够感知的形式。输出设备用于接收计算机数据的输出显示、打印、声音和控制外围设备操作等，就是把各种计算结果数据以数字、字符、图像、声音等形式表现出来。常见的输出设备有显示器、打印机、绘图仪、影像输出系统、语音输出系统和磁记录设备等。

1）显示器

显示器(Display)又称监视器，是实现人机对话的主要工具。它既可以显示键盘输入的命令或数据，也可以显示计算机数据处理的结果。

常用的显示器主要有两种类型。一种是CRT(Cath-ode Ray Tube，阴极射线管)显示器，用于一般的台式微机；另一种是液晶(Liquid Crystal Display，LCD)显示器，用于便携式微机。按颜色区分，可以分为单色(黑白)显示器和彩色显示器。

彩色显示器又称图形显示器。它有两种基本工作方式：字符方式和图形方式。在字符方式下，显示内容以标准字符为单位，字符的字形由点阵构成，字符点阵存放在字形发生器中。在图形方式下，显示内容以像素为单位，屏幕上的每个点(像素)均可由程序控制其亮度和颜色，因此能显示出较高质量的图形或图像。

显示器的分辨率分为高中低三种。分辨率是用屏幕上每行的像素数与每帧(每个屏幕画面)行数的乘积表示的。乘积越大，像素点越小，数量越多，分辨率就越高，图形就越清晰美观。

显示器适配器又称显示器控制器，是显示器与主机的接口部件，以硬件插卡的形式插在主机板上。显示器的分辨率不仅决定于阴极射线管本身，也与显示器适配器的逻辑电路有关。常用的适配器如下。

- CGA(Colour Graphic Adapter)彩色图形适配器，俗称CGA卡，适用于低分辨率的彩色和单色显示器。它支持的显示方式为：字符方式下，40列×25行，80列×25行，4色或2色；图形方式下，320×200，4色；640×200，2色。
- EGA(Enhanced Graphic Adapter)增强型图形适配器，俗称EGA卡，适用于中分辨率的彩色图形显示器。它支持的显示方式为：字符方式下，80×25列，256色；图形方式下，640×350，16色；超级EGA卡，支持800×600，16色。
- VGA(Video Graphic Array)视频图形阵列，俗称VGA卡，适用于高分辨率的彩色图形显示器。标准的分辨率为640×480，256色。使用的多是增强型的VGA卡，比如SuperVGA卡等，分辨率为800×600、1024×768等，256种颜色。

中文显示器适配器是中国在开发汉字系统过程中，研制的支持汉字的显示器适配器，比如GW-104卡、CEGA卡和CVGA卡等，解决了汉字的快速显示问题。

显卡由显示芯片、显示内存、RAMDAC(随机存储器数模转换器)芯片、显卡BIOS和连接主板总线的接口组成。显卡芯片称为图形处理器(GPU)，它是显卡的“心脏”，与CPU类似，只不过GPU是专为执行复杂的数学和几何计算而设计的，这些计算是图形渲染所必需的。某些最快速的GPU集成的晶体管数甚至超过了普通CPU。有了GPU，CPU就从图形处理的任务中解放出来，可以执行其他更多的系统任务，这样可以大大提高计算机的整体性能。GPU会产生大量热量，所以它的上方通常安装有散热器或风扇。显示内存用来存放显卡芯片处理后的数据，其容量和存取速度影响着显卡的整体性能，对显示器的分辨率及色彩的位数也有影响。RAMDAC芯片将显示内存中的数字信号转换成能在显示器上显示的模拟信号，其转换速度影响着显卡的刷新频率和最大分辨率，DAC是数模转换(Digital to Analog Converter)的简称。显卡BIOS中存放显示芯片的控制程序，同时还存放有显卡的名称和型号等信息。总线接口是显卡与总线的通信接口，实现显示器与主机的连接与通信，近几年使用较多的是外设部件互连PCI(Peripheral Component Interconnect)接口、PCI Express(PCI-E)接口和图形加速端口(Accelerate Graphical Port，AGP)接口。

2）音频输出

音频输出可以使电脑将声音数据以声音的方式输出。音响和耳机是最常见的声音输出设备(见图 4.12)。新款声卡甚至具备在从事另外工作的同时让计算机读文章的能力。

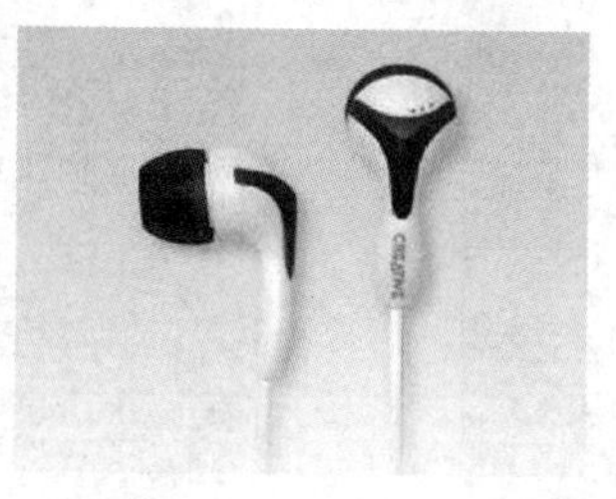

图 4.12　音响和耳机

3）打印机

打印机(Printer)是计算机的输出设备之一，用于将计算机处理结果打印在相关介质上。衡量打印机好坏的指标有 3 项：打印分辨率、打印速度和噪声。打印机的种类很多，按打印元件对纸是否有击打动作，分击打式打印机与非击打式打印机。按打印字符结构，分全形字打印机和点阵字符打印机。按一行字在纸上形成的方式，分串式打印机与行式打印机。按所采用的技术，分柱形、球形、喷墨式、热敏式、激光式、静电式、磁式和发光二极管式等打印机。

3D 打印又称增材制造(Additive Manufacturing，AM)，属于快速成型技术的一种。它是一种以数字模型文件为基础，运用粉末状金属或塑料等可黏合材料，通过逐层打印的方式来构造物体的技术。日常生活中使用的普通打印机可以打印电脑设计的平面物品，而 3D 打印机与普通打印机工作原理基本相同，只是打印材料有些不同，普通打印机的打印材料是墨水和纸张，而 3D 打印机内装有金属、陶瓷、塑料和砂等不同的打印材料，是实实在在的原材料，打印机与电脑连接后，通过电脑控制可以把打印材料一层层叠加起来，最终把计算机上的蓝图变成实物。通俗地说，3D 打印机是可以“打印”出真实 3D 物体的一种设备，比如打印机器人、玩具车、各种模型，甚至是食物等。之所以通俗地称其为“打印机”是参照了普通打印机的技术原理，因为分层加工的过程与喷墨打印十分相似。在模具制造和工业设计等领域，3D 打印技术常常被用于制造模型，现正逐渐用于一些产品的直接制造。特别是一些高价值产品(比如髋关节或牙齿，或一些飞机零部件)已经有使用这种技术打印而成的零部件，意味着“3D 打印”这项技术的普及。该技术目前在珠宝、鞋类、工业设计、建筑、工程和施工(AEC)、汽车、航空航天、牙科等医疗产业、教育、地理信息系统、土木工程、枪支以及其他领域都有所应用，如图 4.13～图 4.17 所示。

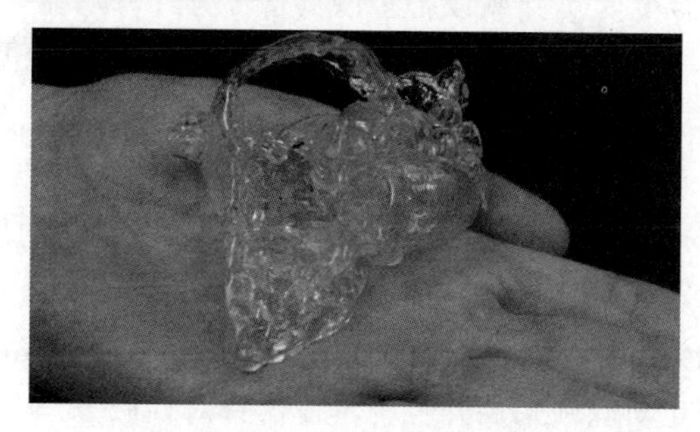

图 4.13　3D 打印的心脏

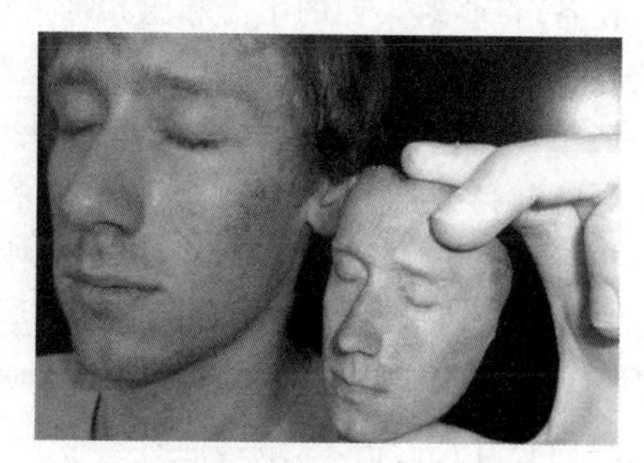

图 4.14　3D 打印照相

图 4.15　3D 打印头骨

图 4.16　3D 打印汽车成功试驾

图 4.17　江苏苏州工业园区内的 3D 打印建筑

3D 打印因其在复杂性随意、品种随意、无需装备、零间隔时间、零限制、零技术制造、轻便手提制造工具、生产废弃少、无限的材料色度和精确重复十个方面所具有的颠覆性，将会引起各个行业的革新。

3. 新型的输入输出设备

可穿戴设备是直接穿在身上，或是整合到用户的衣服或配件的一种便携式设备。可穿戴设备不仅仅是一种硬件设备，更是通过软件支持以及数据交互、云端交互来实现强大功能的设备，将会对人们的生活和感知带来很大的转变。可穿戴设备多以具备部分计算功能、可连接手机及各类终端的便携式配件形式存在，如 iWatch 苹果智能手表，FashionComm A1 智能手表、谷歌眼镜，BrainLink 智能头箍、鼓点 T 恤(Electronic Drum Machine T-shirt)、卫星导航鞋和可佩戴式多点触控投影机等(见图 4.18)。

可穿戴设备的本意是探索人和科技全新的交互方式，为每个人提供专属的、个性化的服务。设备的计算方式以本地化计算为主，只有这样才能准确地定位和感知每个用户的个性化、非结构化数据，形成每个人随身移动设备上独一无二的专属数据计算结果，并以此找准用户内心真正的需求，最终通过与中心计算的互动规则来展开各种具体的针对性服务。

穿戴式技术在计算机学术界和工业界一直都备受关注，但由于造价成本高和技术复杂，

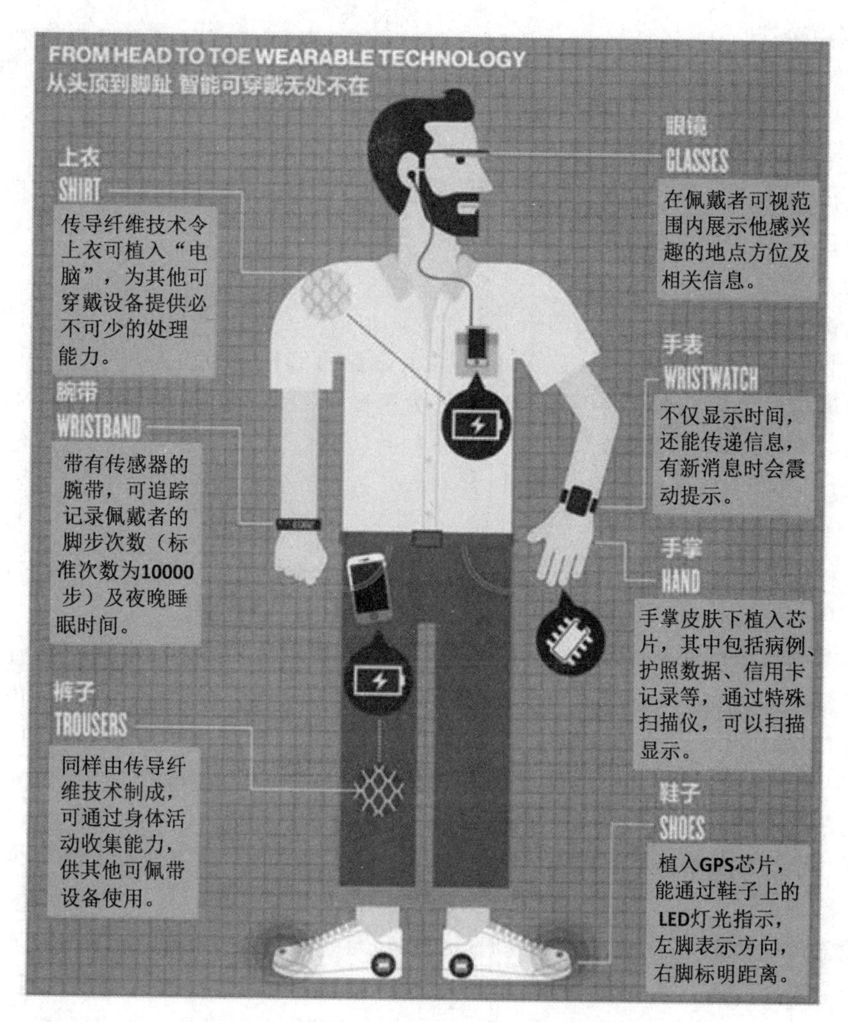

图 4.18　可穿戴设备

很多相关设备仅仅停留在概念领域。随着移动互联网技术的发展、技术进步和高性能低功耗处理芯片的推出等，部分穿戴式设备已经从概念化走向商用化，新式穿戴式设备不断地传出，乐源数字、谷歌、苹果和索尼等诸多科技公司都已经在这些领域深入地探索。

4.2.4　总线

在计算机系统中，各个部件之间传送信息的公共通路叫总线(Bus)。总线是计算机各种功能部件之间传送信息的公共通信干线，它是由导线组成的传输线束。按照计算机所传输的信息种类，计算机的总线可以划分为数据总线、地址总线和控制总线，分别用来传输数据、数据地址和控制信号。总线是一种内部结构，它是CPU、内存、输入和输出设备传递信息的公用通道，主机的各个部件通过总线相连接，外部设备通过相应的接口电路再与总线相连接，从而形成了计算机硬件系统。

由于总线是连接各个部件的一组信号线。通过信号线上的信号表示信息，通过约定不同信号的先后次序即可约定操作如何实现，总线的特性如下。

1）物理特性

物理特性又称为机械特性，指总线上部件在物理连接时表现出的一些特性，如插头与插座的几何尺寸、形状、引脚个数及排列顺序等。

2）功能特性

功能特性是指每根信号线的功能，如地址总线用来表示地址码，数据总线用来表示传输的数据，控制总线表示总线上操作的命令和状态等。

3）电气特性

电气特性是指每根信号线上的信号方向及表示信号有效的电平范围，通常由主设备（如CPU）发出的信号称为输出信号（OUT），送入主设备的信号称为输入信号（IN）。通常数据信号和地址信号定义高电平为逻辑1、低电平为逻辑0，控制信号则没有俗成的约定，如WE表示低电平有效、Ready表示高电平有效。不同总线高电平、低电平的电平范围也无统一的规定，一般与TTL（晶体管-晶体管逻辑）电平信号是相符的。

4）时间特性

时间特性又称为逻辑特性，指在总线操作过程中每根信号线上的信号什么时候有效，通过这种信号有效的时序关系约定，确保了总线操作的正确进行。

为了提高计算机的可拓展性，以及部件及设备的通用性，除了片内总线外，各个部件或设备都采用标准化的形式连接到总线上，并按标准化的方式实现总线上的信息传输。而总线的这些标准化的连接形式及操作方式，统称为总线标准，如ISA、PCI和USB总线标准等，相应的，采用这些标准的总线为ISA总线、PCI总线和USB总线等。

总线按功能和规范可分为数据总线、地址总线和控制总线。

数据总线（Data Bus）在CPU与其他部件之间传送需要处理或储存的数据。数据总线是双向三态形式的总线，既可以把CPU的数据传送到存储器或I/O接口等其他部件，也可以将其他部件的数据传送到CPU。数据总线的位数是微型计算机的一个重要指标，通常与微处理的字长相一致。如Intel 8086微处理器字长16位，其数据总线宽度也是16位。需要指出的是，数据的含义是广义的，它可以是真正的数据，也可以是指令代码或状态信息，有时甚至是一个控制信息，因此，在实际工作中，数据总线上传送的并不一定是真正意义上的数据。

地址总线（Address Bus）用来传输在RAM之中储存的数据的地址。地址总线是专门用来传送地址的，由于地址只能从CPU传向外部存储器或I/O端口，所以地址总线总是单向三态的，这与数据总线不同。地址总线的位数决定了CPU可直接寻址的内存空间大小，比如8位微机[①]的地址总线为16位，其最大可寻址空间为2^{16}＝64KB，16位微机的地址总线为20位，其可寻址空间为2^{20}＝1MB。一般来说，若地址总线为n位，则可寻址空间为2^n字节。

控制总线（Control Bus）将微处理器控制单元的信号，传送到周边设备，一般常见的为USB总线和1394总线。控制总线用来传送控制信号和时序信号。控制信号中，有的是微处理器送往存储器和I/O接口电路的，如读/写信号、片选信号和中断响应信号等；也有的是其他部件反馈给CPU的，比如中断申请信号、复位信号、总线请求信号和设备就绪信号

① x位微机指一个时钟周期内微处理器能处理的位数多少，即字长大小。

等。因此，控制总线的传送方向由具体控制信号而定，信息一般是双向的，控制总线的位数要根据系统的实际控制需要而定。实际上控制总线的具体情况主要取决于CPU。

数据总线、地址总线和控制总线，也统称为系统总线，即通常意义上所说的总线。

另外，总线也可按照传输数据的方式划分为串行总线和并行总线。串行总线中，二进制数据逐位通过一根数据线发送到目的器件；并行总线的数据线通常超过两根。常见的串行总线有SPI、I^2C、USB及RS 232等。按照时钟信号是否独立，可以分为同步总线和异步总线。同步总线的时钟信号独立于数据，而异步总线的时钟信号是从数据中提取出来的。SPI和I^2C是同步串行总线，RS 232是异步串行总线。按照连接不同可以分为内部总线和外部总线，内部总线连接CPU与内存，外部总线连接外设和CPU。

总线的技术指标主要有总线的带宽、位宽和工作频率。总线的位宽和总线的工作频率是与总线密切相关的两个因素，总线的带宽指的是单位时间内总线上传送的数据量，它们之间的关系：总线的带宽＝总线的工作频率×总线的位宽/8。总线的位宽指的是总线能同时传送的二进制数据的位数，或数据总线的位数，即32位和64位等。总线的位宽越宽，每秒钟数据传输率越大，总线的带宽越宽。总线的工作时钟频率以MHz为单位，工作频率越高，总线工作速度越快，总线带宽越宽。

曾经用过和正在使用的总线标准有如下几种。

1）ISA总线

ISA(Industrial Standard Architecture)总线是IBM公司1984年为推出PC/AT机而建立的系统总线标准，所以也叫AT总线。它的时钟频率为8MHz，共有98根信号线。数据线和地址线分离，数据线宽度为16位，可以进行8位或16位数据的传送，所以最大数据传输率为16MB/s。

2）EISA总线

EISA(Extended Industrial Standard Architecture)总线是一种在ISA总线基础上扩充的开放总线标准。支持多总线主控和突发传输方式。时钟频率为8.33MHz，共有198根信号线，在原ISA总线的98根线的基础上扩充了100根线，与原ISA总线完全兼容。具有分立的数据线和地址线，数据线宽度为32位，具有8位、16位、32位数据传输能力，所以最大数据传输率为33MB/s；地址线的宽度为32位，所以寻址能力达2^{32}。即这些主控设备能够对4G范围的主存地址空间进行访问。

3）PCI总线

PCI(Peripheral Component Interconnect)总线是一种高性能的32位局部总线。它由Intel公司于1991年底提出，后来又联合IBM和DEC等100多家PC主要厂家，于1992年成立PCI集团，称为PCISIG，进行统筹和推广PCI标准的工作。

PCI总线用于高速外设的I/O接口和主机相连。采用自身33MHz的总线频率，数据线宽度为32位，可扩充到64位，所以数据传输率可达132MB/s～264MB/s。

4.2.5 主板

计算机中，CPU和内存等设备被安装在一块电路板上，它通常称为主板(Mother board)或系统板(System board)。计算机内部通过主板和总线将CPU、内存、各种功能卡等设备连接起来。主板是主机中最重要的一块电路板，为计算机中的其他部件提供插槽和接口。计算机中的CPU、内存、显卡和声卡等部件都是通过插槽安装在主板上的,软驱、硬盘和光驱等设备通过不同的接口连接到主板上。主板使得计算机各组件间有了联系,这样各组件才能在CPU的协调下共同工作。各种周边设备都能通过主板紧密连接在一起,形成一个有机整体,因此计算机能否稳定工作的首要条件就要看主板的工作是否稳定。主板由芯片组、扩展槽和对外接口三部分组成。

1. 芯片组

芯片组(Chipset)是主板的核心组成部分,几乎决定了这块主板的功能,进而影响到整个计算机系统性能的发挥。按照在主板上的排列位置的不同,通常分为北桥芯片和南桥芯片,如图4.19所示。北桥芯片主要负责CPU与内存之间的数据交换,并控制AGP(Accelerated Graphic Ports,加速图形接口)、PCI(Peripheral Component Interconnect,外设部件互连标准)数据在其内部的传输,是主板性能的主要决定因素。南桥芯片提供对KBC(键盘控制器)、RTC(实时时钟控制器)、USB(通用串行总线)、Ultra DMA/33(66)EIDE数据传输方式和ACPI(高级能源管理)等的支持;CPU的类型、主板的系统总线频率、内存的类型和性能、显卡插槽规格是由芯片组中的北桥芯片决定的;而扩展槽的种类与数量、扩展接口的类型和数量(如USB 2.0/1.1、IEEE 1394、串口、并口、笔记本的VGA输出接口)等,是由芯片组的南桥决定的。还有些芯片组由于纳入了3D加速显示(集成显示芯片)和AC'97声音解码等功能,决定着计算机系统的显示性能和音频播放性能等。其中北桥芯片起着主导性的作用,也称为主桥(Host Bridge)。

图4.19 南北桥芯片

2. 扩展槽

扩展槽是主板上用于固定扩展卡并将其连接到系统总线上的插槽,也叫扩展槽或扩充插槽,如图4.20所示。扩展槽是一种添加或增强电脑特性及功能的方法。扩展槽的种类和数量的多少是决定一块主板好坏的重要指标。有多种类型和足够数量的扩展槽就意味着今后有足够的可升级性和设备扩展性;反之,则会在今后的升级和设备扩展方面碰到巨大的障碍。

扩展槽的种类主要有ISA、PCI、AGP、CNR、AMR、ACR和比较少见的Wi-Fi、VXB,以

及笔记本电脑专用的 PCMCIA 等。历史上出现过且早已经被淘汰的还有 MCA 插槽、EISA 插槽以及 VESA 插槽等。未来的主流扩展插槽是 PCI Express 插槽。

图 4.20 扩展槽

PCI 插槽是基于 PCI 局部总线(Peripheral Component Interconnect,周边元件扩展接口)的扩展槽,其颜色一般为乳白色,位于主板上 AGP 插槽的下方,ISA 插槽的上方。可插接显卡、声卡、网卡、内置 Modem、内置 ADSL Modem、USB 2.0 卡、IEEE 1394 卡、IDE 接口卡、RAID 卡、电视卡、视频采集卡以及其他种类繁多的扩展卡。PCI 插槽是主板的主要扩展槽,通过插接不同的扩展卡可以获得计算机实现的几乎所有功能,是名副其实的"万用"扩展槽。

AGP(Accelerated Graphics Port)插槽是在 PCI 总线基础上发展起来的,主要针对图形显示方面进行优化,专门用于图形显示卡。AGP 标准也经过了几年的发展,从最初的 AGP 1.0、AGP 2.0,发展到 AGP 3.0。如果按倍速来区分的话,主要经历了 AGP 1X、AGP 2X、AGP 4X、AGP PRO,目前最新版本是 AGP 3.0,即 AGP 8X。AGP 8X 的传输速率可达到 2.1GB/s,是 AGP 4X 传输速度的两倍。AGP 插槽通常都是棕色(接口用不同颜色区分的目的就是为了便于用户识别),还有一点需要注意的是,它不与 PCI 和 ISA 插槽处于同一水平位置,而是内进一些,同时 AGP 插槽结构与 PCI 和 ISA 完全不同,用户根本不可能插错。

3. 对外接口

对外接口主要有硬盘接口、PS/2(Personal System 2)接口、USB 接口、COM 接口(Cluster Communication Port,串行通信端口)、LPT(Line Print Terminal,并行打印口)接口、MIDI(Musical Instrument Digital Interface,乐器数字接口)和 SATA 接口。

硬盘接口可分为 IDE(Intergrated Drive Electronics)接口和 SATA(Serial Advanced Technology Attachment,串行先进技术总线附属)接口,如图 4.21 所示。在型号老些的主板上,多集成两个 IDE 接口,通常 IDE 接口都位于 PCI 插槽下方,从空间上则垂直于内存插槽(也有横着的)。而新型主板上,IDE 接口大多缩减,甚至没有,代之以 SATA 接口。SATA 接口是一种基于行业标准的串行硬件驱动器接口,是由 Intel、IBM、Dell、APT、Maxtor 和 Seagate 公司共同提出的硬盘接口规范,在 IDF 2001 秋季大会上,Seagate 宣布了 Serial ATA 1.0 标准,正式宣告了 SATA 规范的确立。SATA 规范将硬盘的外部传输速率理论值提高到了 150MB/s,比 PATA 标准 ATA/100 高出 50%,比 ATA/133 也要高出约

图 4.21 IDE 接口和 SATA 接口

13%,而随着未来后续版本的发展,SATA接口的速率还可扩展到2X和4X(300MB/s和600MB/s)。

PS/2接口的功能比较单一,仅能用于连接键盘和鼠标,如图4.22所示。一般情况下,鼠标的接口为绿色、键盘的接口为紫色。PS/2接口的传输速率比COM接口稍快一些,目前绝大多数主板依然配备该接口,但支持该接口的鼠标和键盘越来越少,大部分外设厂商也不再推出基于该接口的外设产品,更多的是推出USB接口的外设产品。不过值得一提的是,由于该接口使用非常广泛,因此很多使用者即使在使用USB也更愿意通过PS/2-USB转接器插到PS/2上使用,外加键盘鼠标每一代产品的寿命都非常长,接口依然使用效率极高,但在不久的将来,被USB接口所完全取代的可能性极高。

USB接口(见图4.23)是如今最为流行的接口,最大可以支持127个外设,并且可以独立供电,其应用非常广泛。USB接口可以从主板上获得500mA的电流,支持热拔插,真正做到了即插即用。一个USB接口可同时支持高速和低速USB外设的访问,由一条四芯电缆连接,其中两条是正负电源,另外两条是数据传输线。高速外设的传输速率为12Mb/s,低速外设的传输速率为1.5Mb/s。此外,USB 2.0标准最高传输速率可达480Mb/s。USB 3.0已经出现在主板中,并已开始普及。

图4.22　PS/2接口

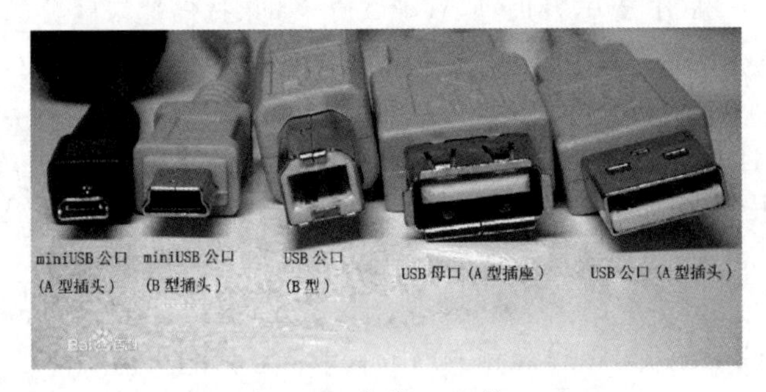

图4.23　各类USB接口

大多数主板都提供了两个COM接口,分别为COM1和COM2,作用是连接串行鼠标和外置Modem等设备。COM1接口的I/O地址是03F8h～03FFh,中断号是IRQ4;COM2接口的I/O地址是02F8h～02FFh,中断号是IRQ3。由此可见,COM2接口比COM1接口的响应具有优先权,市面上已很难找到基于该接口的产品。

LPT接口一般用来连接打印机或扫描仪,如图4.24所示。其默认的中断号是IRQ7,采用25脚的DB-25接头。

图4.24　打印机COM接口和LPT接口

声卡的 MIDI 接口和游戏杆接口是共用的。接口中的两个针脚用来传送 MIDI 信号，可连接各种 MIDI 设备，如电子键盘等，市面上目前已很难找到基于该接口的产品。

4.3 计算机主要软件组成

4.3.1 软件定义与分类

软件(Software)主要指一系列按照特定顺序组织的计算机指令的集合。软件不只包括可以在计算机上运行的程序，还包括与这些程序相关的文档。简单地说，软件就是程序加文档的集合体。一般来讲，软件分为系统软件、应用软件和介于这两者之间的中间件。

系统软件靠近硬件层，管理、控制和协调计算机硬件的工作，与具体应用无关，为应用软件提供支持。系统软件不需要用户的干预就能处理技术上很复杂的、一般用户处理不了的事情，充当硬件和应用程序之间的媒介。系统软件包括操作系统、操作环境软件、语言翻译程序(汇编器、翻译器和解释器)、帮助用户完成系统维护工作的实用程序(如格式化磁盘、设备驱动程序)、数据库系统和性能监控器等。其中操作系统是系统软件中最重要的部分。

应用软件是在系统软件的支持下，解决某一特定问题或完成某一特殊任务的程序。应用软件包括专用软件和通用软件。专用软件解决的是某一特定问题，通常是为特定专业或行业开发的，例如，为班级登记所设计的注册程序就是一个专用程序。通用程序是微机产业的中坚，这些软件程序可以完成一系列相关任务，字处理、电子表格、数据库程序就是一些最常见的通用软件。

设备驱动程序是在外设与计算机之间建立通信的软件。打印机、显示器、显卡、声卡、网卡和存储设备等硬件需要此类程序。设备驱动程序运行在后台，运行时，将数据传到设备。出问题时，会提醒用户，如打印纸用完、打印机未连接等。

中间件(Middleware)是一种独立的系统软件或服务程序。在众多关于中间件的定义中，比较普遍被接受的是 IDC(Internet Data Center，互联网数据中心)表述的：中间件是一种独立的系统软件或服务程序，分布式应用软件借助这种软件在不同的技术之间共享资源，管理计算资源和网络通信。中间件处于操作系统软件与用户的应用软件的中间，管理计算机资源和网络通信，是连接两个独立应用程序或独立系统的软件，如图 4.25 所示。相连接的系统，即使它们具有不同的接口，但通过中间件相互之间仍能交换信息。执行中间件的一个关键途径是信息传递。通过中间件，应用程序可以工作于多平台或 OS 环境。中间件在

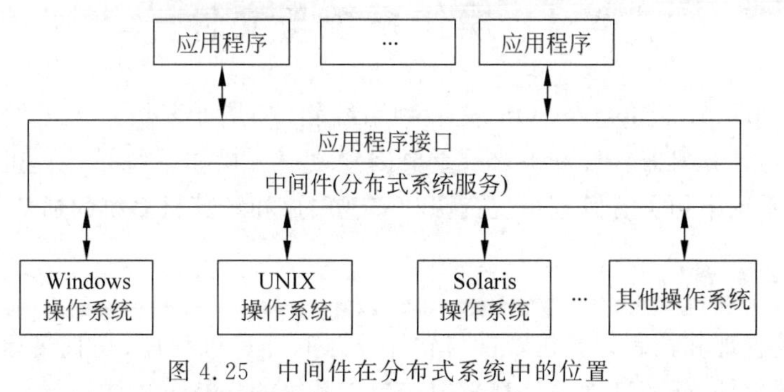

图 4.25 中间件在分布式系统中的位置

操作系统、网络和数据库之上,应用软件的下层,总的作用是为处于自己上层的应用软件提供运行与开发的环境,帮助用户灵活、高效地开发和集成复杂的应用软件。

4.3.2 软件安装、升级和卸载

随着用户使用计算机进行学习、工作和娱乐的方式越来越多,用户计算机中的软件也在以惊人的速度递增。使用软件之前,用户需将其安装到计算机上。

无论是光盘上的还是从Web上下载的,现在的软件包通常都包含许多文件。软件包是指为解决某一特定问题而设计的一组程序。软件包至少包含一个可执行文件,还包括一些支持文件和数据文件。可执行文件用于让用户单击执行或由操作系统自动运行。支持程序可根据主程序的需要被调用或被激活。Windows环境下运行的各种软件的支持程序文件的扩展名通常是.dll。数据文件包含完成任务所必需的但不由用户提供的各种数据,如帮助文档、在线拼写检测器中的单词列表、同义词词典和软件工具栏中图标所使用的图形。数据文件的扩展名通常为.txt、.bmp或.hlp。主可执行文件会向计算机提供基本的指令集,这些指令使计算机能够根据需要执行或调用相应的支持程序和数据文件,如图4.26所示。

目前有许多流行的应用软件包,如字处理、电子表格和数据库软件包,构成了微机上绝大多数日常应用程序。应用软件包通常被设计得便于使用,采用和操作环境相同的界面,并尽可能多地考虑用户的使用要求。

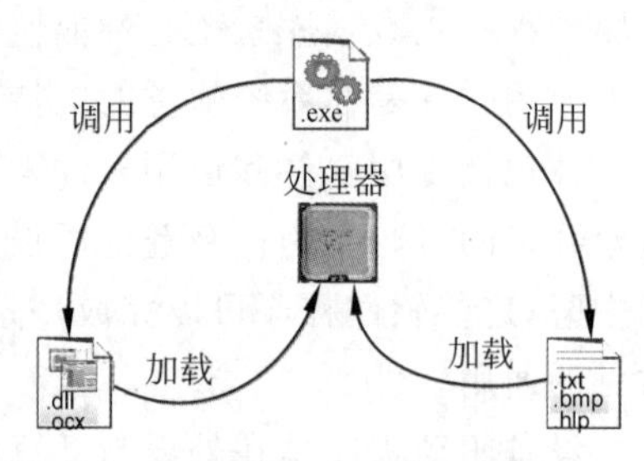

图4.26 软件包中文件之间的关系

软件开发商会定期对软件进行更新,以添加新特性、修复漏洞或完善安全性能。软件升级包括多种类型,如新版本、补丁和服务包。为了识别这些更新,通常每个版本都会带有版本号或修订号,例如,较新的1.1版或2.0版就可能会代替1.0版。软件补丁是一小段修正错误或处理安全漏洞的程序,用来替代当前已安装软件的部分代码。服务包是指一组修正错误和处理安全漏洞的补丁,如操作系统的更新。软件补丁和服务包通常免费。

卸载软件用以协助使用者将软件从计算机中删除。在某些操作系统中(如DOS)删除文件就可以移除软件。软件一般有卸载程序,用以从计算机硬盘中的多个文件夹中删除软件文件,文件名通常是Uninstall.exe。如果软件没有提供卸载程序,用户可以使用计算机操作系统提供的卸载程序。

4.4 操作系统与文件

操作系统(Operating System,OS)是一种系统软件,是计算机系统中发生所有活动的总控制器,是决定计算机兼容性和平台的重要因素之一。操作系统是计算机系统软件的核心,它在计算机系统中担负着管理系统资源和实现用户和计算机系统间通信的重要任务。

4.4.1 操作系统

操作系统是管理和控制计算机硬件与软件资源的计算机程序,是直接运行在“裸机”上的最基本的系统软件,任何其他软件都必须在操作系统的支持下才能运行。

操作系统主要担负着管理系统资源和实现用户和计算机系统间通信两方面的重要任务。计算机的系统资源指任何能够根据要求完成任务的部件，包含CPU、内存、外存和各种外设。

在管理CPU方面，操作系统负责创建进程、撤销进程，负责进程间的通信、进程的同步互斥控制，并为每个进程分配CPU，帮助CPU无缝切换多个进程，确保进程都可分到CPU的处理周期。进程是程序在计算机上的一次执行活动。运行一个程序就启动了一个进程。计算机系统中如果允许两个以上的进程同时处于运行状态，这便是多任务。

在管理内存方面，操作系统负责为不同的程序或进程分配内存空间，进行地址映射，并提供内存保护和内存扩充功能。多个程序运行时，需要确保指令和数据不能从内存中的一个区域"溢出"到已分配给其他程序的另一个区域，即避免内存泄漏；否则，程序可能崩溃，计算机将显示"程序没有响应"和"一般性保护错误"等错误信息。操作系统借助虚拟存储技术，把外存虚拟成内存使用，来实现内存扩充技术。

在管理外存方面，操作系统就像档案管理员，管理所有的文件，记住所有文件的名字和位置，知道哪里有可以存储新文件的空闲空间。具体来说，操作系统负责：①文件存储空间管理，如分配和收回空间，记录空间使用情况；②为文件建立目录项，管理目录区等目录管理工作；③文件存取管理；④文件安全保护。

操作系统协调各种外设的工作，具体有：①设备分配，为需要的程序分配外设；②设备驱动调度，操作系统与设备驱动程序通信，确保数据在计算机和外围设备之间传输；③缓冲区管理。缓冲区指设备自身的存储空间，用来存放需要外设处理的数据，如键盘缓冲区和打印机缓冲区。当计算机忙于其他任务时，使用缓冲区来收集和存放数据。操作系统让计算机系统所有资源最大限度地发挥作用。

同时，操作系统提供了用户和计算机之间的接口，实现用户和计算机系统间通信。计算机的接口界面是否"友好"，与操作系统用户接口的完善与否密切相关。计算机的用户接口主要靠可以进行输入输出的外部设备和相应的软件来完成。这些外部设备主要有键盘、显示器、鼠标、语音输入设备、文字输入设备以及图形图像设备等。操作系统是实现计算机接口、提供用户进行人-机交互功能的一种交互式软件。操作系统OS提供的接口形式有3种：①命令行接口，如DOS；②程序接口，如Win API便于Windows应用程序的开发；③图形接口，最初由著名的Xerox PARC的研究机构设想出来，1984年，苹果计算机公司将这一概念成功地运用到商业中，并在Macintosh计算机中首次使用，但直到1992年Windows 3.1的推出，才成为PC机市场的主流。

操作系统的发展可以分成三个阶段。

1. 单机模式阶段

在单机模式阶段，计算机笨重、复杂且昂贵，只有大公司和政府部门少量拥有，仅专业人员可以操作；计算机离普通人非常遥远，普通人员操作电脑的情景只在科幻小说中出现。

1）批处理操作系统

批处理(Batch Processing)是指用户将一批作业提交给操作系统后就不再干预，由操作系统控制它们自动运行。这种采用批量处理作业技术的操作系统称为批处理操作系统。批处理操作系统不具有交互性，它是为了提高CPU的利用率而提出的一种操作系统。批处理操作系统分为单道批处理系统和多道批处理系统。

批处理操作系统工作时,在主存储器中存放多道用户的作业,使其按照一定的策略交替(插空)在CPU上运行,共享CPU和输入输出设备等系统资源。多道批处理操作系统负责把用户作业成批地接收进外存储器,形成作业队列,然后按一定的策略将作业队列中的作业调入主存储器,并使得这些作业按其优先级轮流占用CPU和外部设备等资源。从宏观上看,计算机中有多个作业在运行,但从微观上看,对于单CPU的计算机而言,在某一个瞬间实际上只有一道作业在CPU上运行。

批处理操作系统实现作业流程自动化、效率高和吞吐率高,但是用户自己不能干预作业的运行,一旦发现错误不能及时地改正,从而延长了软件开发时间。批处理操作系统可以提高系统设备的利用率,一般适用于大型计算机。

2) 分时操作系统

所谓分时(Time-sharing)是指多个用户终端共享使用一台计算机,即把计算机系统的CPU时间分割成一个个小的时间段(称其为一个时间片),从而将CPU的工作时间分别提供给各个用户。由于计算机的高速性,使得每个用户都感觉到自己在独占计算机运行。分时操作系统设计的主要目标是提供对用户响应的及时性,一般适用于带有多个终端的小型机。分时操作系统可有效地增加资源的使用率,例如,UNIX系统就采用剥夺式动态优先的CPU调度,有力地支持分时操作。常见的通用操作系统是分时系统与批处理系统的结合,其原则是:分时优先,批处理在后;前台响应需频繁交互的作业,如终端的要求;后台处理时间性要求不强的作业。

3) 实时操作系统

实时操作系统(Real Time Operating System)是指使计算机能及时地响应外部事件的请求,在严格规定的时间内完成对该事件的处理,并控制所有实时设备和实时任务协调一致地工作的操作系统。实时操作系统追求的是对外部请求在严格时间内做出反应,具有高可靠性和完整性。实时操作系统一般应用于专门的应用系统,而且特别强调对外部事件响应的及时性和快捷性。此外,由于实时系统往往是对工业生产过程进行控制,因此系统的可靠性也是一个重要的指标。现在的嵌入式操作系统都是实时操作系统,如Windows CE和VxWorks等。

2. 网络计算模式阶段

在网络计算模式阶段,计算机网络技术面向公众开放,计算机是访问网络的主要设备,此外,智能手机等移动设备也成为访问网络的重要设备。

1) 网络操作系统

计算机网络是将物理位置各异的计算机通过通信线路连接起来以实现共享资源的计算机集合。由于网络上的计算机的硬件特性和数据表示格式等的不同,为了在互相通信时彼此能够理解,必须共同遵循某些约定,这些约定称为协议。因此,网络操作系统实际上是使网络上的计算机能够方便而有效地共享网络资源,为网络用户提供各种服务软件和有关协议的集合。

网络操作系统除了应具有通常操作系统所具有的处理器管理、存储器管理、输入输出设备管理和文件管理之外,还应该能够提供高效、可靠的网络通信以及多种网络服务功能。其中网络通信将按照网络协议来进行;而网络服务包括文件传输、远程登录、电子邮件、信息检索等,使网络用户能够方便地利用网络上的各种资源。

2）分布式操作系统

在分布式概念提出之前的计算机系统中，其处理和控制功能都高度地集中在一台主机上，所有的任务都由主机处理，这样的系统称为集中式处理系统。

所谓的分布式处理系统（Distributed Processing System）指多个分散的处理单元经互连网络的连接而形成的系统，简称分布式系统。其中，每个处理单元既具有高度的自治性，又与其他处理单元相互协同，能在系统范围内实现资源管理，动态任务分配，并能并行地运行分布式程序。在分布式处理系统中，系统的处理和控制功能分散在系统的各个处理单元上。系统中的所有任务也可动态地分配到各个处理单元上去，使它们并行执行，实现分布处理。分布式处理系统最基本的特征是处理上的分布性，而分布处理的实质是资源、功能、任务和控制都是分布的。在分布式系统中，如果每个处理单元都是计算机，则可称为分布式计算机系统，就是计算机网络。

在分布式系统上配置的操作系统，称为分布式操作系统。分布式操作系统可以解决组织机构分散而数据需要相互联系的问题。比如银行系统，总行与各分行处于不同的城市或城市中的各个地区，在业务上它们需要处理各自的数据，也需要彼此之间的交换和处理，这就需要分布式的系统。代表性的分布式操作系统有荷兰自由大学的 Amoeba 和法国 INRIA 学会的 Chorus 等，但并没有得到广泛的应用。

3）机群操作系统

机群是一组物理上通过高速互联网连接在一起的计算机集合，通过附加的机群系统软件互相协作，作为一个整体对外提供服务，其中每个计算机称为一个节点，每个节点都是一个完整的计算机系统，如 SMP 服务器、工作站或 PC 服务器，可以独立工作。

大多数机群都是采用无共享的系统结构，节点间通过 I/O 总线连接。但在有些要求高可靠性的事务处理中使用小型高可用性机群，则往往采用共享磁盘的体系结构。在共享磁盘的系统中，当一个节点失效时，能由其他节点承担失效节点的工作，这种结构的连接方式也是通过 I/O 总线进行连接的。典型的机群操作系统有 IBM 公司的 SP 系列机群操作系统 PSSP 和 Beowulf[①] 机群操作系统。随着机群规模的不断扩大，通过构件技术构造一体化的机群操作系统成为趋势。用构件化方式构造机群操作系统可以有效地减少机群操作系统软件在功能上的冗余、模块间的冲突，并实现软件间的互操作和软件的通用性。

4）网格操作系统

Internet 迅速发展的今天，基于 Web 的应用系统越来越多，但现有的 Web 服务器就好像 Internet 世界中一个个孤立的“小岛”。虽然这些“小岛”之间暂时还有充足的带宽资源可用，但大量的资源还是被“锁”在各个小岛里，各“孤岛”之间并不能按照用户的指令进行有意义的交流。解决这一问题的途径是建立连接和统一各类不同远程资源的结构，形成无缝的集成和协同计算环境，即网格。为了各种应用能不加修改或很少修改地利用网格，需要在应用和各种网格资源之间建立一个支撑中间件，称之为网格操作系统（Grid-OS）。网格是信息社会的网络基础设施，它把整个因特网整合成一台巨大的超级虚拟计算机，实现互联网上所有资源的互联互通，完成计算资源、存储资源、通信资源、软件资源、信息资源、知识资源和

① 该机群得名于古英语著名史诗《贝奥武夫》（*Beowulf*），于 1994 年最早在 NASA 为 Donald Becker 等人开发，是目前科学计算中流行的一类并行计算机。

专家资源等智能共享的一种新型的分布式计算技术。网格操作系统中,整个网络对使用者而言就是一台巨大的超级计算机。

5)智能操作系统

智能操作系统也称基于知识操作系统,是支持计算机特别是新一代计算机的操作系统。它负责管理计算机的资源,向用户提供友善接口,并有效地控制基于知识处理和并行处理的程序的运行。智能操作系统将通过集成操作系统和人工智能与认知科学而进行研究,其主要研究内容有操作系统结构、智能化资源调度、智能化人机接口、支持分布并行处理机制、支持知识处理机制和支持多介质处理机制。日本为PIM(Participatory Irrigation Management,参与式灌溉管理)开发的PIMOS就是一种智能操作系统。

3. 云计算模式阶段

云计算(Cloud Computing)改变了计算的模式,使本地软件逐步消失。云计算通过互联网提供存储空间、应用软件、信息访问等各种服务。

云操作系统又称云计算中心操作系统,是建立云计算中心的整体基础架构软件环境,同时是运营管理维护的系统平台,它是传统单机操作系统面向互联网应用、云计算模式的适应性扩展。云操作系统不同于传统操作系统仅针对整台单机的软硬件进行管理,而是通过管理整个云计算数据中心的软硬件设备,提供一整套基于网络和软硬件的服务,以便更好地在云计算环境中快速搭建各种应用服务。云操作系统主要有三个作用,一是管理和驱动海量服务器、存储等基础硬件,将一个数据中心的硬件资源逻辑上整合成一台服务器;二是为云应用软件提供统一、标准的接口;三是管理海量的计算任务及资源调配和迁移。

云操作系统能够根据应用软件(如搜索网站的后台服务软件)的需求,调度多台计算机的运算资源进行分布计算,再将计算结果汇聚整合后返回给应用软件。相对于单台计算机的计算耗时,通过云操作系统能够节省大量的计算时间。云操作系统与普通计算机中运行的操作系统相比,就好像高效协作的团队与个人一样。个人在接收用户的任务后,只能一步一步地逐个完成任务涉及的众多事项。而高效协作的团队则是由管理员在接收到用户提出的任务后,将任务拆分为多个小任务,再把每个小任务分派给团队的不同成员;所有参与此任务的团队成员,在完成分派给自己的小任务后,将处理结果反馈给团队管理员,再由管理员进行汇聚整合后,交付给用户。在可以上网的任何计算机上,用户都可以使用自己定制的同一个云计算操作系统,无须各种烦琐的文件复制和资源转移。此外,云计算操作系统不与Windows、Linux和UNIX等操作系统冲突,可以在这些操作系统上运行。

4.4.2 文件

在现代计算机系统里,操作系统对外存数据进行组织和管理,是以文件为基本单位的。计算机文件是以计算机硬盘为载体存储在计算机上的信息集合。文件可以是文本文档、图片和程序等。文件内部是具有符号名的、在逻辑上具有完整意义的一组相关信息项的有序序列,信息项是构成文件内容的基本单位。

1. 文件命名

当使用应用程序并保存工作时,通过将文件名赋予文件而对它命名。这个名字是操作系统用来存储和检索该文件的。文件名包括主文件名和扩展名两部分。主文件名由用户命名,最好能反映文件内容。主文件命名规范是由操作系统规定的,例如,在Windows系统中,文件名不区分大小写,字符数不超过 255 个,同一目录中文件名必须唯一,特定字符不允许出现,允许空格和数字等。扩展名用于指示文件类型,如图片文件常常以 JPEG 格式保存并且文件扩展名为.jpg。常用文件的扩展名大多是 3 个字符。必须用句点分隔文件名与扩展名,如 MYDATA. TXT。某些应用程序自动提供自己的扩展名,如 DOC(Microsoft Word)或 XLS(Microsoft Excel 电子表格),具备这一功能的程序可以判断磁盘上哪些文件是由该程序创建的。有的文件允许有多个扩展名,系统只默认最后那个格式。如 abc. exe. rar,这个文件可能实际是 exe 文件,但加了 rar 后系统默认扩展名为 rar 文件,主文件名为 abc. exe,这时用 Winrar 可能打不开,只能把 rar 去掉才能用。这种设定可以用于保护文件和传输文件,如有些程序不允许传输 exe 文件,加了.rar 后这个文件就可以传输了。因此文件扩展名可以说明文件格式,但不一定是真实格式的反映。

计算机上所有文件可分为程序文件和数据文件两种基本类型。程序文件包括从系统程序到应用程序的各类程序。大多数程序还要使用若干支持文件。这些文件存储附加的程序和程序正确运行所需要的其他信息。如果任何文件丢失,都可能使程序无法运行。数据文件是为了存储程序使用的数据。大部分程序存储数据时采用专有文件格式,也就是只有程序设计公司才使用的数据存储格式。可以按照所存储的数据类别对数据文件分组。以下是一些数据文件的常见类型(见表 4.2)。

表 4.2 常见的文件类型与格式

文件类型	扩展名	文件类型	扩展名
配置文件	. sys/. ini/. bin	声音文件	. wav/. mp3/. ra/. au/. aif/. flac/. aac/ . wma/. mmf/. amr/. ram/. mid
支持文件	. dll/. vbx/. ocx		
可执行文件	. exe/. com	图片文件	. jpg/. gif/. bmp/. pic/. png/. tif/. cdr
批处理文件	. bat	动画文件	. avi/. mpg/. mov/. swf
临时文件	. tmp	网页文件	. htm/. html/. asp
帮助文件	. hlp	电子表格文件	. xls/. wks
文本文件	. txt/. dat/. doc/. rtf	其他类别	. pdf/. ppt/. zip
数据库文件	. mdb		

配置文件:包含程序正确运行所需要的配置选项。不能更改或删除配置文件,特别是计算机操作系统所要求的配置文件。

文本文件:只包含标准字符(字母、标点符号、数字和特殊符号),如 ASCII 字符集的字符。几乎任何应用程序都可以阅读文本文件。

图片文件:以特殊的图形格式存储图片,该格式用于存储数字编码的图片。常用的图片格式包括"联合图像专家小组规范(JPEG)"和"图片互换格式(GIF)"。要阅读图片文件,必须使用能够识别文件格式的程序。

声音文件:存储数字化的声音,如果计算机上配置了多媒体播放器,可以播放该类文件。

数据库文件:包含数据库程序的专有文件格式存储的数据。

备份文件:包含重要数据的副本。

当文件被损坏、文件扩展名被改变或是应用软件出错时,会遇到有些文件无法打开的情况。文件的格式也可以通过特定软件进行转换。

2. 文件组织

外存上可能存放有成千上万个文件,为了有效地管理文件并方便用户查找文件,文件采用目录形式进行组织。目录是一组文件列表,相当于"文件柜"。文件的存放分目录区和数据区。目录区用于存放文件的目录项,每个文件有一个目录项,包含文件名、文件属性、文件大小、建立或修改日期、文件在外存上的开始位置等信息;数据区用于存放文件的实际内容。目录管理的主要任务是为每个文件建立目录项,并对由目录项组成的目录区进行管理,有效地提高文件操作效率。例如,只检索目录区就能知道某个特定的文件是否存在;删除一个文件只在该文件的目录项上做一个标记即可,这也正是一个文件删除后还可能恢复的原因。

在操作系统中,可以通过命令行告诉计算机文件的位置,如 C:\My Music\Reggae,称为文件的路径;也可以直接在图形界面上逐步单击目录名,直到最后的文件名。操作系统提供了文件管理实用工具,如 Windows Explorer 帮助用户浏览文件列表、查找、移动、复制、重命名和删除,并查看文件属性,Mac OS 提供了 Finder 和 Splotlight 等。

4.5 软件开发基础

软件开发是根据用户要求建造出软件系统或者系统中的软件部分的过程。软件开发是一项包括需求获取、需求分析、设计、实现和测试的系统工程。软件一般是用某种程序设计语言来实现的,通常可以采用软件开发工具进行开发。软件设计思路和方法的一般过程包括设计软件的功能和实现的算法和方法、软件的总体结构设计和模块设计、编程和调试、程序联调和测试以及提交程序。

4.5.1 语言

计算机开发语言的种类非常多,总体来说可以分成低级语言和高级语言两类。低级语言包括机器语言和汇编语言;高级语言包括 C/C++ 和 Java 等。

1. 低级语言

低级语言包括机器语言和汇编语言,更容易被计算机识别、操作硬件容易、执行效率高。

机器语言,是第一代计算机语言,是用二进制代码表示的计算机能直接识别和执行的一种机器指令的集合。计算机的设计者通过计算机的硬件结构赋予计算机操作功能。电子计算机使用由 0 和 1 组成的二进制数,二进制是计算机的语言的基础。用机器语言编写程序,编程人员要首先熟记所用计算机的全部指令代码和代码的含义。手编程序时,程序员需自己处理每条指令和每条数据的存储分配和输入输出,还需记住编程过程中每步所使用的工作单元处在何种状态。这是一件十分烦琐的工作,编写程序花费的时间往往是实际运行时间的几十倍或几百倍。而且,编出的程序全是些 0 和 1 的指令代码,可读性差,还容易出错。而且,由于每台计算机的指令系统往往各不相同,所以,在一台计算机上执行的程序,要想在另一台计算机上执行,必须另编程序,造成了重复工作。但由于使用的是针对特定型号计算机的语言,故而运算效率是所有语言中最高的。除了计算机生产厂家的专业人员外,绝大多数程序员已经不再去学习机器语言了。

为了克服机器语言难读、难编、难记和易出错的缺点,减轻使用机器语言编程的痛苦,人们进行了一种有益的改进：用一些简洁的英文字母、符号串来替代一个特定指令的二进制串，比如，用 ADD 代表加法，MOV 代表数据传递等，这样一来，人们很容易读懂并理解程序，纠错及维护都变得方便了，这种程序设计语言称为汇编语言，即第二代计算机语言。

汇编语言的实质和机器语言是相同的，都是直接对硬件操作，只不过指令采用了英文缩写的标识符，更容易识别和记忆。它同样需要编程者将每步具体的操作用命令的形式写出来。汇编语言中由于使用了助记符号，而计算机只认识 1 和 0，因此汇编程序送入计算机时不能像机器语言程序一样直接识别和执行，必须通过预先放入计算机的“汇编程序”的加工和翻译，才能变成能够被计算机识别和处理的二进制代码程序。汇编指令与机器码指令有一一对应的关系，汇编过程将源程序翻译成目标程序。目标程序一经被安置在内存的预定位置上，就能被计算机的 CPU 处理和执行。

汇编程序的每句指令只能对应实际操作过程中的一个很细微的动作，如移动、自增，因此源汇编程序一般比较冗长、复杂、容易出错，同高级语言相比，使用汇编语言编程需要有更多的计算机专业知识。但汇编语言的优点也是显而易见的，用汇编语言所能完成的操作不是一般高级语言所能实现的，而且源程序经汇编生成的可执行文件不仅比较小、执行速度很快，一些针对计算机特定硬件而编制的汇编语言程序，能准确地发挥计算机硬件的功能和特长，程序精炼而质量高，有着高级语言不可替代的用途，所以至今仍是一种常用而强有力的软件开发工具。

2. 高级语言

不论是机器语言还是汇编语言都是面向硬件具体操作的，语言对机器的过分依赖，要求使用者必须对硬件结构及其工作原理都十分熟悉，这对非计算机专业人员是难以做到的，对于计算机的推广应用是不利的。计算机事业的发展促使人们去寻求一些与人类自然语言相接近且能为计算机所接受的语意确定、规则明确、自然直观和通用易学的计算机语言。这种与自然语言相近并为计算机所接受和执行的计算机语言称高级语言。高级语言是面向用户的语言，基本脱离了机器的硬件系统，用人们更易理解的方式编写程序。

高级语言是绝大多数编程者的选择。和汇编语言相比，它不但将许多相关的机器指令合成为单条指令，并且去掉了与具体操作有关但与完成工作无关的细节，例如，使用堆栈和寄存器等，这样就大大简化了程序中的指令。由于省略了很多细节，所以编程者也不需要具备太多的专业知识。高级语言并不是特指某一种具体的语言，而是包括了很多编程语言，如流行的 Basic、C/C++、Java 等，这些语言的语法、命令格式都各不相同。图 4.27 显示了 2020 年 TIOBE 编程语言的社区排行榜。

高级语言的发展经历了从早期语言到结构化程序设计语言，从面向过程到面向对象程序语言的过程。相应地，软件的开发也由最初的个体手工作坊式的封闭式生产，发展为产业化、流水线式的工业化生产。高级语言的下一个发展目标是面向应用，也就是说：只需要告诉程序要干什么，程序就能自动生成算法，自动进行处理，这就是非过程化的程序语言。

计算机并不能直接地接受和执行用高级语言编写的源程序，源程序在输入计算机时，通过“翻译程序”翻译成机器语言形式的目标程序，计算机才能识别和执行。这种“翻译”通常有两种方式，即解释方式和编译方式，通常用后一种。

编译(Compilation)是利用编译程序从源语言编写的源程序产生目标程序的过程，是用编译程序产生目标程序的动作。编译程序把一个源程序翻译成目标程序的工作过程分为词

May 2020	May 2019	Change	Programming Language	Ratings	Change
1	2	↑	C	17.07%	+2.82%
2	1	↓	Java	16.28%	+0.28%
3	4	↑	Python	9.12%	+1.29%
4	3	↓	C++	6.13%	-1.97%
5	6	↑	C#	4.29%	+0.30%
6	5	↓	Visual Basic	4.18%	-1.01%
7	7		JavaScript	2.68%	-0.01%
8	9	↑	PHP	2.49%	-0.00%
9	8	↓	SQL	2.09%	-0.47%
10	21	⇈	R	1.85%	+0.90%
11	18	⇈	Swift	1.79%	+0.64%
12	19	⇈	Go	1.27%	+0.15%
13	14	↑	MATLAB	1.17%	-0.20%
14	10	⇊	Assembly language	1.12%	-0.69%
15	15		Ruby	1.02%	-0.32%
16	20	⇈	PL/SQL	0.99%	-0.03%
17	16	↓	Classic Visual Basic	0.89%	-0.43%
18	13	⇊	Perl	0.88%	-0.51%
19	28	⇈	Scratch	0.83%	+0.32%
20	11	⇊	Objective-C	0.80%	-0.83%

https://blog.csdn.net/weixin_43833642

图 4.27　2020 年 TIOBE 编程语言的社区排行榜

法分析、语法分析、语义分析和中间代码生成、代码优化、目标代码生成五个阶段。词法分析和语法分析是主要过程,又称为源程序分析,如果分析过程中发现有语法错误,则给出提示信息。编译过程如图 4.28 所示。

1) 词法分析

词法分析的任务是对由字符组成的单词进行处理,从左至右逐个字符地对源程序进行扫描,产生一个个的单词符号,把作为字符串的源程序改造成为单词符号串的中间程序。执行词法分析的程序称为词法分析程序或扫描器。

源程序中的单词符号经扫描器分析,一般产生二元式、单词种别和单词自身的值。单词种别通常用整数编码,如果一个种类只含一个单词符号,那么对这个单词符号、种别编码就完全代表它自身的值了。若一个种别含有许多个单词符号,那么,对于它的每个单词符号,除了给出种别编码以外,还应给出自身的值。

词法分析器一般来说有手工构造和自动生成两种方法构造。手工构造可使用状态图进行工作,自动生成使用确定的有限自动机来实现。

2) 语法分析

编译程序的语法分析器以单词符号作为输入,分析单词符号串是否形成符合语法规则的语法单位,如表达式、赋值和循环等,最后看是否构成一个符合要求的程序,按该语言使用

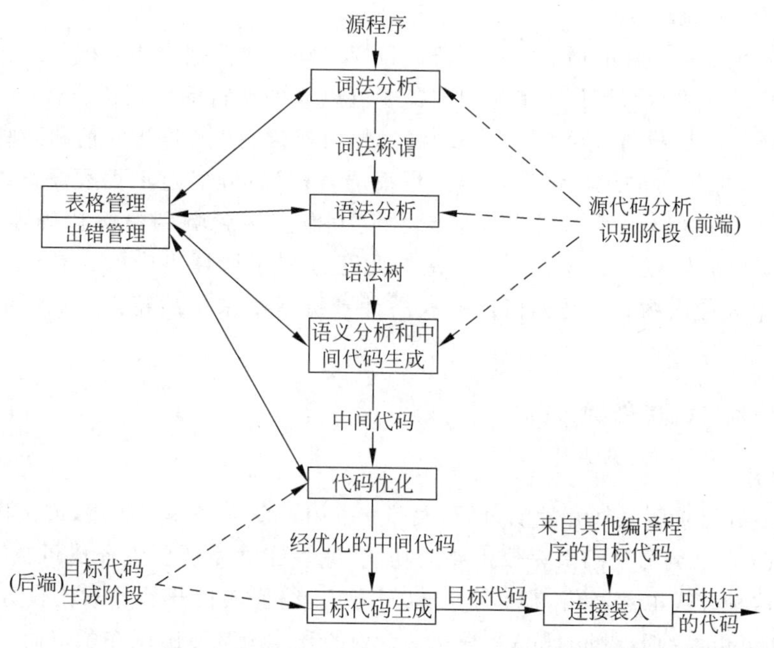

图 4.28 高级语言编译程序的主要功能成分

的语法规则分析检查每条语句是否有正确的逻辑结构,程序是最终的一个语法单位。编译程序的语法规则可用上下文无关文法来刻画。

语法分析的方法分为自上而下分析法和自下而上分析法两种。自上而下就是从文法的开始符号出发,向下推导,推出句子。而自下而上分析法采用的是移进归约法,基本思想是:用一个寄存符号的先进后出栈,把输入符号一个一个地移进栈里,当栈顶形成某个产生式的一个候选式时,即把栈顶的这一部分归约成该产生式的左邻符号。

3) 语义分析和中间代码生成

紧跟在词法分析和语法分析之后,编译程序要做的工作是进行静态语义检查和翻译为中间代码。静态语义检查是编译器检查源程序是否符合源语言规定的语法和语义要求,并报告程序中某些类型错误的过程。静态语义检查通常包括类型检查、控制流检查、唯一性检查和与名字相关的检查。

中间代码是源程序的一种内部表示,或称中间语言。中间代码的作用是使编译程序的结构在逻辑上更为简单明确,特别是使目标代码的优化比较容易实现。中间语言的复杂性介于源程序语言和机器语言之间。中间语言有多种形式,常见的有逆波兰式、四元式、三元式和树。

4) 代码优化

代码优化是指对程序进行多种等价变换,使得从变换后的程序出发,能生成更有效的目标代码。等价是指不改变程序的运行结果,有效主要指目标代码运行时间较短以及占用的存储空间较小。优化分为两类,一类是对语法分析后的中间代码进行优化,它不依赖于具体的计算机;另一类是在生成目标代码时进行的,它在很大程度上依赖于具体的计算机。对于前一类优化,根据它所涉及的程序范围可分为局部优化、循环优化和全局优化三个不同的级别。

5）目标代码生成

目标代码生成是编译的最后一个阶段。目标代码生成器把语法分析后或优化后的中间代码变换成目标代码。目标代码有三种形式：可以立即执行的机器语言代码(所有地址都重定位)、待装配的机器语言模块(当需要执行时，由连接装入程序把它们和某些运行程序连接起来，转换成能执行的机器语言代码)、汇编语言代码(须经过汇编程序汇编后，成为可执行的机器语言代码)。目标代码生成阶段应考虑直接影响到目标代码速度的三个问题：一是如何生成较短的目标代码；二是如何充分利用计算机中的寄存器，减少目标代码访问存储单元的次数；三是如何充分利用计算机指令系统的特点，以提高目标代码的质量。

4.5.2 平台及组件开发

1. 平台开发

当人们最开始接触软件开发的时候，大都是采用记事本来编写程序，或运用JDK、MFC等提供的API自己编写代码来完成想要的功能，编写完之后还要编译成可执行的文件，然后再运行。这种方式虽然通俗，但是一点也不方便，编程人员开始寻求比较方便开发的工具，于是诸如Eclipse、JBuilder和VC++等一系列的开发工具便出现在了市面上。这些工具的出现，大大地方便了开发人员的编程工作，减少了编程人员很多不必要的麻烦，像包括编译、异常处理、发布、模拟运行等操作，都可以在这些开发工具上完成。

但是，随着时间的推移，编程人员发现，即使有这么好的开发工具，在开发的过程中，依然要写很多很多的代码，而且仔细地分析来看，很多代码基本上都是重复编写，功能大同小异。于是，人们便开始琢磨另一种更为方便高效的开发工具，比如，可以将很多重复的代码封装起来，然后需要用到的时候自行调用；或者是可以搭出一个基本的开发框架，然后编程人员可以在这个框架的基础上进行二次开发。通过编程人员一次一次的实验，最终形成了一种新的开发工具，这就是开发平台。

开发平台，简单地理解就是以某种编程语言或者某几种编程语言为基础，开发出来的一个软件，而这个软件不是一个最终的软件产品，它是一个二次开发软件框架，用户可以在这个产品上进行各种各样的软件产品的开发，并且在这个产品上进行开发的时候，不需要像以往的编程方式那样编写大量的代码，而是只需要进行一些简单的配置，或者是写极少量的代码便可以完成一个业务系统的开发工作。

目前，流行的软件开发平台有方正飞鸿、普元、天翎、华丹等，它们都具有一些技术共性，如快速应用开发、平台无关性、多层架构、标准化的接口、业务模型驱动、集成工作流、集成标准化应用等。另外还都具有一个共同点，就是既提供软件开发平台，又提供基于该平台生成的各种应用系统，两种产品相辅相成。这种模式也是软件开发平台销售的主流模式。

目前流行的快速开发平台主要分为两种模式。

一种是引擎模式，拿报表举例，所谓引擎模式是指通过报表设计器设计出报表模板，发布到报表引擎中。在运行时，只需要向报表引擎传递相关的参数，如报表条件，报表引擎负责查询数据库，加工数据，然后以各种方式展现出来。在这个过程中不需要开发人员编写代码，也不产生源代码。即使在开发过程中也是如此，利用开发平台开发业务系统时，开发者不需要编码，只需通过 Web 页面进行参数定制即可，这些参数存放在系统数据库或 XML 文件中。系统运行时，引擎会调用这些参数进行页面展现及业务处理。这种模式的快速开发平台的主要成功代表是广州天翎 myApps 柔性软件平台、万立软件制作大师。这些产品完全采用引擎模式，完全不需要懂技术，不需要写代码，就可快速制作 ERP、OA、CRM、HRM、EAM、BI 和 PMS 等软件，节省 95%的成本和时间。

另一种模式是生成源代码，这种方式主要通过一个桌面式设计器来定义业务模块，辅助生成源代码框架，然后用户可以在生成的源代码的基础上编写、修改自己的源代码，实现业务逻辑，包括生成、修改 JSP 页面。所以生成源代码模式也可认为是一种代码生成器。这种模式的主要代表是普元[①]平台，另外有宏天软件的 EST-BPM，这种模式的产品对开发者的要求比较高，但由于面向的对象基本都是软件开发商或者有研发实力的企事业单位，深受政府单位和大中型企业的欢迎。

2. 组件开发

传统应用程序是由单个的二进制文件组成的。当编译器生成应用程序之后，在对下一个版本重新编译并发行新生成的版本之前，应用程序一般不会发生任何变化。操作系统、硬件及客户需求的改变都必须等到整个应用程序被重新生成。现在这种状况已经发生变化，开发人员开始将单个的应用程序分隔成多个独立的部分，即组件。这种做法的好处是可以随着技术的不断发展而用新的组件取代已有的组件，此时的应用程序可以随新组件不断取代旧组件而渐趋完善，而且利用已有的组件，用户还可以快速地建立全新的应用。

传统的做法是将应用程序分割成文件、模块或类，然后将它们编译并链接成一个单模应用程序。它与组件建立应用程序的过程(称为组件构架)有很大的不同。一个组件同一个微型应用程序类似，都是已经编译链接好并可以使用的二进制代码，应用程序就是由多个这样的组件打包而得到的。自定义组件可以在运行时刻同其他的组件连接起来以构成某个应用程序。在需要对应用程序进行修改或改进时，只需要将构成此应用程序的某个组件用新的版本替换即可。

概括地说，组件就是一种可部署的软件代码包，其中包括某些可执行模块。组件单独开发并作为软件单元使用，有明确的接口，软件就是通过这些接口调用组件所提供的服务，多种组件可以联合起来构成更大型的组件乃至直接建立整个系统。OMG(Object Management Group，对象管理组织)的 CORBA(Common Object Request Broker Architecture，公共对象请求代理体系结构)、Microsoft 的 COM/DCOM(Component Object Model/Distributed Component Object Model，组件对象模型/分布式组件对象模型)以及 Sun 公司的 EJB (Enterprise JavaBean，企业 JavaBean)是三个典型的组件规范。其中，CORBA 技术是最早出现的。CORBA 主要分对象请求代理 ORB(Object Request Broker，对象请求代理)、公共服务对象和公共设施三个层次。最底层是 ORB 规定了分布对象的定义(接口)和语言映像，实现对象间的通信和互操作，是分布对象系统中的"软总线"；在 ORB 之上定义了许多公共服务，可以提供诸如并发服务、名称服务和安全服务等各种各样的服务；最上层的公共设施则定义了组件框架，提供可直接为业务对象使用的服务，规定业务对象有效卸载所需的协定规则。Microsoft 公司的 COM/DCOM 加入了消息通信模块 MSMQ(Microsoft

① 普元是长期专注基于 SOA(Service-Oriented Architecture，面向服务的体系结构)的企业应用基础平台的厂商。

Message Queuing,微软消息队列)和解决关键业务的交易模块MTS(Microsoft Transaction Server,微软事务服务器),是分布式计算的一个比较完整的平台。EJB是Sun公司推出的基于Java的组件规范,与J2EE分布式计算平台的结合使其得到了广泛的应用。

4.5.3 软件生命周期

软件生命周期(Systems Development Life Cycle,SDLC)是软件的产生直到报废或停止使用的生命周期。周期内有问题的定义与规划、需求分析、软件设计、程序编码和软件测试、运行维护等阶段,这种按时间分程的思想方法是软件工程中的一种思想原则,即按部就班、逐步推进,每个阶段都要有定义、工作、审查,形成文档以供交流或备查,以提高软件的质量。

1) 问题的定义与规划

问题的定义与规划阶段是软件开发方与需求方共同讨论,主要确定软件的开发目标及其可行性。

2) 需求分析

在确定软件开发可行的情况下,对软件需要实现的各个功能进行详细分析。需求分析阶段是一个很重要的阶段,这一阶段做得好,将为整个软件开发项目的成功打下良好的基础。需求是在整个软件开发过程中不断变化和深入的,因此必须制定需求变更计划来应付这种变化,以保护整个项目的顺利进行。

3) 软件设计

软件设计阶段主要根据需求分析的结果,对整个软件系统进行设计,如系统框架设计、数据库设计等。软件设计一般分为总体设计和详细设计。好的软件设计将为软件程序编写打下良好的基础。

4) 程序编码

程序编码阶段是将软件设计的结果转换成计算机可运行的程序代码。在程序编码中必须要制定统一、符合标准的编写规范,以保证程序的可读性和易维护性,提高程序的运行效率。

5) 软件测试

在软件设计完成后要经过严密的测试,以发现软件在整个设计过程中存在的问题并加以纠正。随着软件测试技术的不断发展,测试方法也越来越多样化、针对性更强,选择合适的测试方法可以达到事半功倍的效果,表4.3对一些测试方法进行了分类。

表4.3 常见测试方法分类

分类依据	测试名称	测试内容
被测对象信息	白盒测试(White Box Test)	依据被测软件分析程序内部构造,并根据内部构造分析用例,来对内部控制流程进行测试
	黑盒测试(Black Box Test)	把测试对象看成一个黑盒,只考虑其整体特性,不考虑其内部具体实现过程
	灰盒测试(Gray Box Test)	既利用被测对象的整体特性信息,又利用被测对象的内部具体实现信息

续表

分类依据	测试名称	测试内容
测试目的	单元测试(Unit Test)	在最低的功能/参数上验证程序的准确性,比如测试一个函数的正确性(开发人员做)
	功能测试(Functional Test)	验证模块的功能(测试人员做)
	集成测试(Integration Test)	验证几个互相有依赖关系的模块的功能(测试人员做)
	场景测试(Scenario Test)	验证几个模块是否能完成一个用户场景(测试人员做)
	系统测试(System Test)	对于整个系统功能的测试(测试人员做)
	α测试(Alpha Test)	软件测试人员在真实用户环境中对软件进行全面的测试(测试人员做)
	β测试(Beta Test)	真实的用户在真实的用户环境中进行的测试,也叫公测(最终用户做)
测试策略	回归测试(Regression Test)	对一个新的版本,重新运行以往的测试用例,查看新版本与已知的版本相比是否有退化
	随机测试(Ad hoc Test)	根据测试者的经验对软件进行功能和性能抽查
	健全测试(Sanity Test)	初始化的测试工作,以决定一个新的软件版本测试是否足以执行下一步大的测试能力
测试的时机和作用	冒烟测试(Smoke Test)	确认软件基本功能是否正常,是否可以进行后续的正式测试工作
	验收测试(Acceptance Test)	根据测试计划和结果对系统进行测试和接收
非功能测试	压力测试(Stress Test)	持续不断地给被测系统增加压力,直到将被测系统压垮为止,用来测试系统所能承受的最大压力
	负载测试(Load Test)	确定最终满足系统指标的前提下,系统所能承受的最大负载测试
	性能测试(Performance Test)	测试软件的效能,是否提供满意的服务质量
	兼容测试(Compatibility Test)	测试软件在特定的硬件/软件/操作系统/网络等环境下的性能
	配置测试(Configuration Test)	测试软件在各种配置下能否正常工作
	可用性测试(Usability Test)	测试软件是否好用
	安全性测试(Security Test)	测试系统防止非授权的内部或外部用户的访问或故意破坏等情况的能力

6）运行维护

运行维护是软件生命周期中持续时间最长的阶段。在软件开发完成并投入使用后,由于多方面的原因,软件不能继续适应用户的要求。要延续软件的使用寿命,就必须对软件进行运行维护。软件的运行维护包括纠错性维护和改进性维护两个方面。

上述六个阶段所需文档如表4.4所示。

表4.4　软件开发各阶段所需文档

软件开发周期	对应文档
问题的定义与规划	可行性分析报告、项目开发计划
需求分析	软件需求说明书
软件设计	总体设计、详细设计

续表

软件开发周期	对应文档
程序编码	软件维护手册、开发进度周报
软件测试	测试计划、测试分析报告
运行维护	用户操作手册、项目开发总结报告、软件问题报告、软件修改报告

4.6 并行计算系统

4.6.1 分布式系统

分布式系统有很多不同的定义,一般认为,一个分布式系统是一些独立的计算机集合,但是对这个系统的用户来说,系统就像一台计算机一样。从硬件角度来讲,每台计算机都是自主的;从软件角度来讲,用户可以将整个系统看作一台计算机。分布式系统具有以下几个主要特征。

(1) 分布性:系统中的多台计算机之间没有主、从之分,既没有控制整个系统的主机,也没有受控的从机。

(2) 透明性:系统资源被所有计算机共享。每台计算机的用户不仅可以使用本机的资源,还可以使用本分布式系统中其他计算机的资源(包括CPU、文件、打印机等)。

(3) 同一性:系统中的若干台计算机可以互相协作来完成一个共同的任务,或者说一个程序可以分布在几台计算机上并行地运行。

(4) 通信性:系统中任意两台计算机都可以通过通信来交换信息。

分布式系统与集中式系统相比具有经济、快速、可靠、易扩充、数据共享、设备共享、通信、灵活等优点。同时,也存在一些缺点,首先是软件问题,分布式系统需要与集中式系统完全不同的软件,特别是系统所需要的分布式操作系统才刚刚出现;其次是通信网络问题,由于网络会损失信息,因此需要专门的软件进行恢复,当网络出现过载时也必须对它进行改造替换或加入另外的网络扩容,这些将会抵消通过建立分布式系统所获得的大部分优势;另外,数据易于共享也存在安全问题,容易造成对保密数据的访问。尽管存在这些潜在的问题,大家还是认为分布式系统的优点多于缺点,并且普遍认为分布式系统在未来会越来越重要。

分布式系统被用在许多不同类型的应用中。列出以下一些应用,对这些应用而言,使用分布式系统要比其他体系结构,如处理机和共享存储器多处理机更优越。

1) 并行和高性能应用

原则上,并行应用也可以在共享存储器多处理机上运行,但共享存储器系统不能很好地扩大规模以包括大量的处理机。HPCC(高性能计算和通信)应用一般需要一个可伸缩的设计,这种设计取决于分布式处理。

2) 容错应用

因为每个PE是自治的,所以分布式系统更加可靠。一个单元或资源(软件或硬件)的故障不影响其他资源的正常功能。

3) 固有的分布式应用

许多应用是固有分布式的。这些应用是突发模式而非批量模式,这方面的实例有事务处理和程序等。

这些应用的性能取决于吞吐量(事务响应时间或每秒完成的事务数)而不是一般多处理机所用的执行时间。

对于一组用户,由于在不同的平台上,如PC、工作站、局域网和广域网上可获得非常多样的应用,用户希望能超出他们PC的限制以获得更广泛的特征、功能和性能。不同网络和环境(包括分布式系统环境)下的互操作性变得越来越重要。为了达到互操作性,用户需要一个标准的分布式计算环境,在这个环境里,所有系统和资源都可用。

DCE(分布式计算环境)是OSF(开放系统基金会)开发的分布式计算技术的工业标准集。它提供保护和控制对数据访问的安全服务、容易寻找分布式资源的名字服务,以及高度可伸缩的模型用于组织极为分散的用户、服务和数据。DCE可在所有主要的计算平台上运行,并设计成支持异型硬件和软件环境下的分布式应用,DCE已经被包括TRANSVARL在内的一些厂商实现。

一些其他标准基于一个特别的模型,比如CORBA(公共对象请求代理体系结构),它是由OMG(对象管理组织)和多计算机厂商联盟开发的一个标准。CORBA使用面向对象模型实现分布式系统中的透明服务请求。

工业界有自己的标准,比如微软的分布式构件对象模型(DCOM)和Sun Microsystem公司的JavaBeans。

4.6.2 机群系统

机群系统由独立的计算机搭建而成,因此机群系统设计者在进行硬件设计时所面临的主要问题往往不是如何设计这些计算机,而是如何合理地选择现有商用计算机产品,这可以减少系统的开发与维护费用。相对于硬件而言,设计机群系统的软件时具有很大的灵活性,除了操作系统和并行程序设计环境外,其他管理软件(如监控模块等)有时会由机群系统的设计人员自行开发,以便实现特殊的功能。机群系统具有如下优点。

(1) 系统开发周期短。由于机群系统大多采用商品化的PC机、工作站作为节点,并通过商用网络连接在一起,系统开发的重点在于通信子系统和并行编程环境上,这大大节省了研制时间。

(2) 可靠性高。机群中的每个节点都是独立的PC机或工作站,某个节点的失效并不会影响其他节点的正常工作,而且它的任务还可以迁移到其他节点上继续完成,从而有效地避免由于单节点失效引起的系统可靠性问题。

(3) 可扩放性强。机群的计算能力随着节点数量的增加而增大。这一方面得益于机群结构的灵活性,由于节点间以松耦合方式连接,机群的节点数量可以增加到成百上千;另一方面则是由于机群系统的硬件容易扩充和替换,可以灵活配置。

(4) 性价比高。由于生产批量小,传统并行计算机系统的价格均比较昂贵,往往要几百万到上千万美元。而机群的节点和网络都是商品化的计算机产品,能够大批量生产,成本相对较低,因而机群系统的性能价格比更好。与相同性能的传统并行计算机系统相比,机群的价格要低1~2个数量级。

(5) 用户编程方便。机群系统中,程序的并行化只是在原有的C、C++或FORTRAN串行程序中插入相应的通信原语,对原有串行程序的改动有限。用户仍然使用熟悉的编程环境,无须适用新的环境。

按照不同的标准,机群的分类方法有很多。例如,根据组成机群的各个节点和网络是否相同,机群可以分为同构和异构两类;根据节点是PC还是工作站,机群可以进一步分为PC机群与工作站机群。不过最常用的分类方法还是以机群系统的使用目的为依据,将其分为高可用性机群、负载均衡机群以及高性能机群三类。

典型的机群系统Berkeley NOW由美国加州大学伯克利分校开发,是一个颇有影响的计划,采用了很多先进的技术,涉及许多机群系统的共同问题。它具有很多优点,如采用商用千兆以太网和主动消息通信协议支持有效的通信,通过用户级整合机群软件GLUNIX(Global Layer UNIX)提供单一系统映像、资源管理和可用性,开发了一种新的无服务网络文件系统xFS,以支持可扩放性和单一文件层次的高可用性。

4.6.3 云计算平台

云计算是分布式计算的一种,指的是通过网络“云”将巨大的数据计算处理程序分解成无数个小程序,然后,通过多部服务器组成的系统进行处理和分析这些小程序得到结果并返回给用户。云计算早期,简单地说,就是简单的分布式计算,解决任务分发,并进行计算结果的合并。因而,云计算又称为网格计算。通过这项技术,可以在很短的时间内完成对数以万计的数据的处理,从而达到强大的网络服务。

习 题 4

1. 简述计算机的基本工作原理。
2. 简述计算机硬件系统的主要技术指标及其主要设备。
3. CPU与主机是一样的吗?
4. 存储器的作用是什么?存储器有哪些分类方法?
5. 什么是存储器层次结构?主要分为几层?
6. 组装一台个人计算机需要哪些部件?请给出一台组装计算机的部件清单。
7. 什么是接口?它的主要功能是什么?
8. 你目前最常用的软件有哪些?用于专业学习的软件有哪些?
9. 描述计算机硬件、软件和用户的关系。
10. 简述操作系统的主要功能。
11. 什么是嵌入式系统?主要有哪些应用领域?
12. 简述Windows操作系统的安装步骤,自己动手重装系统。
13. 列举三种分布式系统。
14. 选择一种计算机高级语言进行了解,并熟悉其开发软件。
15. 文件路径中的相对路径与绝对路径的区别是什么?
16. 了解Windows系统中的文件通配符。
17. 简述程序设计的主要过程。
18. 软件开发可能分为哪几个阶段?每个阶段主要做什么事情?
19. 简述并行计算系统的特点。

第 5 章　问题求解

在人类进行科学探索与科学研究的过程中,曾经提出过许多对科学发展具有重要影响的著名问题,如哥德巴赫猜想、庞加莱猜想、四色定理和哥尼斯堡七桥问题等,其中一些问题对计算机学科及其分支领域的形成和发展起到重要作用。另外,在计算机学科的研究工作中,为了便于理解计算机科学中有关问题和概念的本质,计算机科学家给出了不少反映该学科某一方面本质特征的典型实例,在这里称为计算机领域的典型问题。计算机领域典型问题的提出及研究,不仅有助于深刻地理解计算机学科中一些关键问题的本质,而且对学科的继续深入研究和发展具有十分重要的促进作用。本章将从图论问题、算法复杂性问题、机器智能问题、并发控制问题和分布式计算问题等进行分析。

5.1　问题求解的一般过程

问题求解是一个发现问题、分析问题,最后导向问题目标与结果的过程,一般包括提出问题、明确问题、提出假设、检验假设 4 个基本步骤。欧拉回路问题就是一个典型的问题求解过程。

18 世纪中叶,东普鲁士有一座哥尼斯堡(Konigsberg)城,城中有一条贯穿全市的普雷格尔(Pregol)河,河中央有座小岛,叫奈佛夫(Kneiphof)岛,普雷格尔河的两条支流环绕其旁,并将整个城市分成北区、东区、南区和岛区 4 个区域,全城共有 7 座桥将 4 个城区相连起来,如图 5.1 所示。

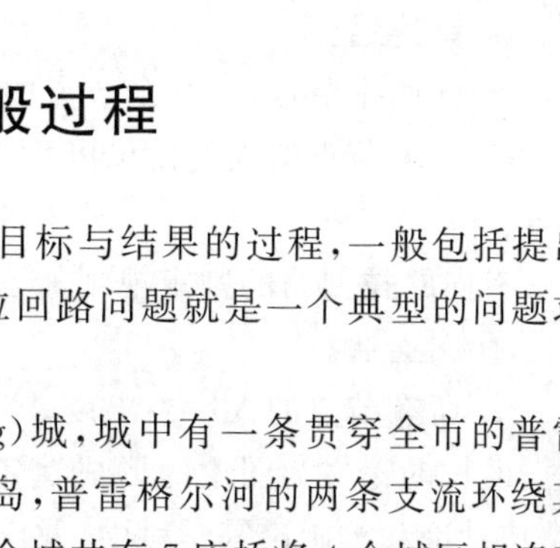

当时该城市的人们热衷一个难题：一个人怎样不重复地走完 7 桥,最后回到出发地点？即寻找走遍这 7 座桥,且每座桥只许走过一次,最后又回到原出发点的路径。所有试验者都没有解决这个难题。1736 年,瑞士数学家列昂纳德·欧拉(L. Euler)发表图论的首篇论文,论证了该问题无解,即从一点出发不重复地走遍 7 桥,最后又回到原来出发点是不可能的。后人为了纪念数学家欧拉,将这个难题称为"哥尼斯堡七桥问题"。

北区
岛区
东区
南区

图 5.1　哥尼斯堡七桥地理位置示意图

为了解决哥尼斯堡七桥问题,欧拉用 4 个字母 A、B、C 和 D 代表 4 个城区,并用 7 条线表示 7 座桥,如图 5.2 所示,图中,只有 4 个点和 7 条边,这样做是基于该问题的本质考虑,抽象出问题最本质的东西,忽视问题非本质的东西(如桥的长度等),从而将哥尼斯堡七桥问题抽象成为一个数学问题,即经过图中每条边一次且仅一次的回路问题。欧拉在论文中论证了这样的回路是不存在的,后来,人们把有这样回路的图称为欧拉图,即包含有经过所有边的简单生成回路的图称为欧拉图。

欧拉在论文中将问题进行了一般化处理,即对给定的任意一个河道图与任意多座桥,判定是否可能每座桥恰好走过一次(不一定回到原出发点),并用数学方法给出了下列3条判定规则。

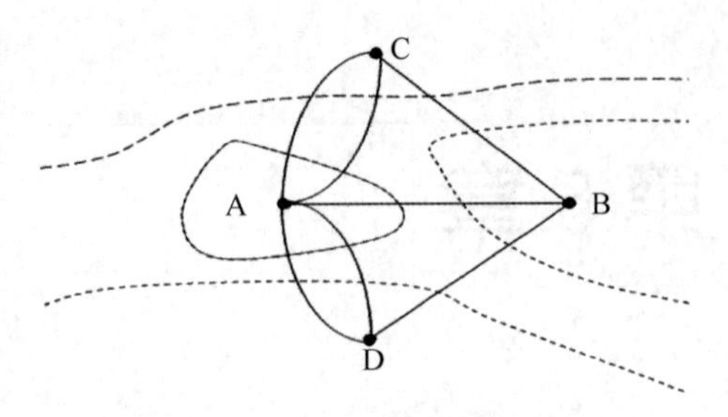

图5.2 哥尼斯堡七桥问题示意图

① 如果通奇数座桥的地方不止两个(>2),满足要求的路线是找不到的。

② 如果只有两个地方通奇数座桥,可以从这两个地方之一出发,找到所要求的路线。

③ 如果没有一个地方是通奇数座桥的,则无论从哪里出发,所要求的路线都能实现。

上述3条是欧拉通路的判定规则。

欧拉回路的判定规则如下。

图中所有地方都通偶数座桥(图中所有节点的边均为偶数)。根据判定规则可以得出,任一连通无向图[①]存在欧拉回路的充分必要条件是图的所有顶点均有偶数度。

有向欧拉通路的判定规则如下。

① 图连通。

② 除两个节点外,其余节点的入度=出度。

③ 一个节点的入度比出度大1,一个节点的入度比出度小1,或者所有节点的入度=出度。

有向欧拉回路的判定规则如下。

① 图连通。

② 所有节点的入度=出度。

欧拉的论文为图论的形成奠定了基础。今天,图论已广泛地应用于计算机科学、运筹学、信息论和控制论等学科中,并已成为人们对现实问题进行抽象的强有力的数学工具。随着计算机科学的发展,图论在计算机科学中的作用越来越大,同时,图论本身也得到了充分的发展。

5.2 计算机领域的典型问题

5.2.1 图论问题

1. 哈密尔顿回路问题

在图论中除了欧拉回路以外,还有一个著名的"哈密尔顿回路问题"。19世纪爱尔兰数学家哈密尔顿(Hamilton)发明了一种叫作周游世界的数学游戏。它的玩法是:给定一个正十二面体,它有20个顶点,把每个顶点看作一个城市,把正十二面体的30条棱看成连接这些城市的路。请找一条从某城市出发,经过每个城市恰好一次,并且最后回到出发点的路

① 在无向图中,每个节点连边的条数就是该节点的度数。

线。我们把正十二面体投影到平面上，在图5.3中标出了一种走法，即从城市1出发，经过2，3，…，20，最后回到1。

“哈密尔顿回路问题”与“欧拉回路问题”看上去十分相似，然而又是完全不同的两个问题。“哈密尔顿回路问题”是访问每个节点一次，而“欧拉回路问题”是访问每条边一次。对图是否存在“欧拉回路”前面已给出充分必要条件，而对图是否存在“哈密尔顿回路”至今仍未找到满足该问题的充分必要条件。

2. 中国邮路问题

我国著名数学家管梅谷教授在1960年提出了一个有重要理论意义和广泛应用背景的问题，被称为“中国邮路问题”。邮递员要把信送往各地点，由于送信地点多，道路不好走，还要绕过楼房，出发前需要设计一条送信路线，从邮局出发不但把信送到每个地点，而且路线不重复，最后回到邮局。这一问题可以表示为图5.4，其中，“·”代表送信地点，空白方格“□”表示两个送信地点之间必须经过的区域，行走时不能走对角。该问题归结为图论问题就是：给定一个连通无向图(没有孤立的点)，每条边都有非负的确定长度，求该图的一条经过每条边至少一次的最短回路。

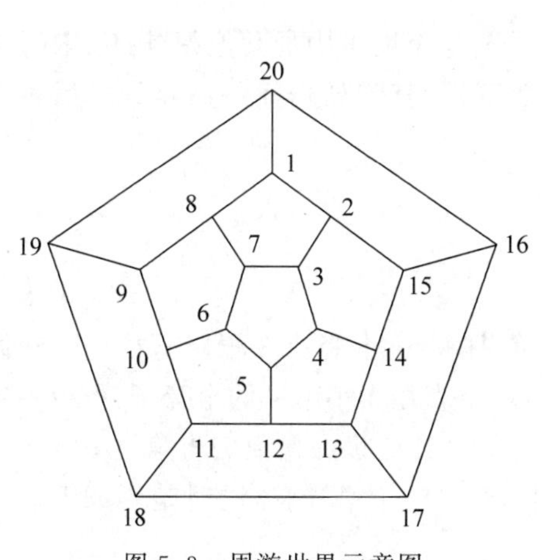

图5.3　周游世界示意图

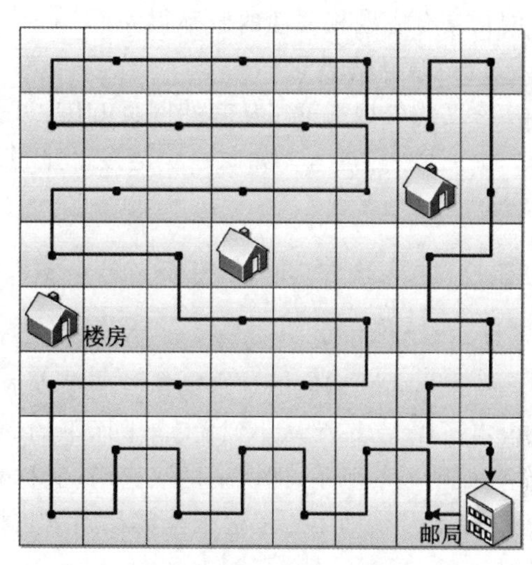

图5.4　中国邮路问题

对于这一问题，可以采用以下几步来解决。

① 图论建模。由于街道是双向通行的，可以把它看成是赋权无向连通图，将路口抽象为点，街道抽象为边，街道的长度就是每条边的权值，问题转化为在图中求一条回路，使得回路的总权值最小。最理想的情况：若图中有欧拉回路，即可通过所有的边，因此任何一个欧拉回路即为此问题的解。

② 若无向图G只有两个奇点[①] V_i 和 V_j，则有从 V_i 到 V_j 的欧拉迹(即欧拉通路，通过图中每条边一次且仅一次，并且过每一顶点的通路)，从 V_j 回到 V_i 则必须重复一些边，使重复边的总长度最小，转化为求从 V_i 到 V_j 的最短路径。算法：找出奇点 V_i 与 V_j 之间的

① 在图论中，无向图G中，与顶点v关联的边的数目(环算两次)，称为顶点v的度或次数，把度为奇数的顶点称为奇点。

最短路径 P；令 $G'=G+P$；G'为欧拉图，G'的欧拉回路即为最优邮路。

③ 一般情况，奇点数大于2时，邮路必须重复更多的边。Edmonds算法[①](匈牙利算法)思想步骤：求出G中所有奇点之间的最短路径和距离；以G的所有奇点为节点(必为偶数)，以它们之间的最短距离为节点之间边的权值，得到一个完全图 G_1；将G的匹配图M中的匹配边 (V_i, V_j) 写成 V_i 与 V_j 之间最短路径经过的所有边的集合 E_{ij}；令 $G'=G\cup\{E_{ij} \mid (V_i, V_j)\in M\}$，则$G'$是欧拉图，求出最优邮路。

3. 网络爬虫

网络爬虫是一个自动提取网页的程序。整个互联网中所有网页构成的图中每个网页URL作为一个节点，网页链接构成了节点之间的边，整个万维网可以看作一个图。网络爬虫涉及图论中经典的搜索算法。

1) 广度优先搜索

广度优先搜索策略是指在网页获取过程中，在完成当前层次的搜索抓取后，再进行下一层次的搜索抓取。目前，为覆盖尽可能多的网页，一般使用广度优先搜索方法。也有很多研究将广度优先搜索策略应用于聚焦爬虫中，其基本假设是初始页面与其在一定链接距离内的网页具有主题相关性的概率很大。

2) 深度优先搜索

深度优先搜索策略从起始网页URL开始进入，分析这个网页中的其他超链接URL，选择一个URL再进入。如此一个链接一个链接地抓取下去，直到处理完一条路线之后再选择处理下一条路线。

5.2.2 算法复杂性问题

1. 汉诺塔问题

传说在古代印度的贝拿勒斯神庙里安放了一块黄铜座，座上竖有3根宝石柱子。在第一根宝石柱上，按照从小到大、自上而下的顺序放有64个直径大小不一的金盘子，形成一座金塔，如图5.5所示，即所谓的汉诺塔(又称梵天塔)。天神让庙里的僧侣们将第一根柱子上的64个盘子借助第二根柱子全部移到第三根柱子上，即将整个塔迁移，同时定下如下3条规则。

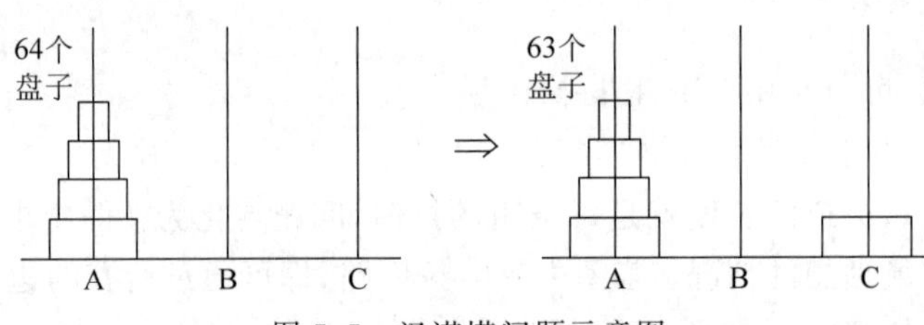

图5.5 汉诺塔问题示意图

① 每次只能移动一个盘子。

② 盘子只能在3根柱子上来回移动，不能放在别处。

---

① 也叫匈牙利算法，由匈牙利数学家Edmonds于1965年提出，因而得名。匈牙利算法是基于Hall定理中充分性证明的思想，它是部图匹配最常见的算法，该算法的核心就是寻找增广路径，它是一种用增广路径求二分图最大匹配的算法。

③ 在移动过程中,3 根柱子上的盘子必须始终保持大盘在下,小盘在上。

据说当这 64 个盘子全部移到第三根柱子上后,世界末日就要到了。

汉诺塔问题是一个典型的用递归方法来解决的问题。递归是计算机学科中的一个重要概念,它是将一个较大的问题归约为一个或多个子问题的求解方法,这些子问题比原问题简单,但在性质上与原问题相同。

按照这种思想要解决 64 个盘子的汉诺塔问题可以转化为 63 个盘子的汉诺塔问题。以此类推,63 个盘子的汉诺塔求解问题可以转化为 62 个盘子的汉诺塔求解问题,62 个盘子的汉诺塔求解问题又可以转化为 61 个盘子的汉诺塔求解问题,直到 1 个盘子的汉诺塔求解问题。再由 1 个盘子的汉诺塔的解求出 2 个盘子的汉诺塔……直到解出 64 个盘子的汉诺塔问题。

若从左到右的柱子依次为 A、B 和 C。移动时首先把上面 $n-1$ 个盘子移动到柱子 B 上,然后把最大的一块放在 C 上,最后把 B 上的所有盘子移动到 C 上,由此可以得出移动 n 个盘子的次数 $\mathrm{H}(n)$ 表达式:

$$\mathrm{H}(1)=1 \quad (n=1) \tag{5.1}$$

$$\mathrm{H}(n)=2\mathrm{H}(n-1)+1 \quad (n>1) \tag{5.2}$$

那么就能得到 $\mathrm{H}(n)$ 的一般式(其中 n 为盘子数目):

$$\mathrm{H}(n)=2^n-1 \quad (n>0) \tag{5.3}$$

因此,要完成 64 个盘子的汉诺塔的搬迁,需要移动盘子的次数为 $2^{64}-1=$ 18 446 744 073 709 551 615 次。如果每次移动花费一秒,则移完这些盘子需要 5845.54 亿年以上,而地球存在至今不过 45 亿年,太阳系的预期寿命据说是数百亿年。真的过了 5845.54 亿年,不用说太阳系和银河系,至少地球上的一切生命,连同梵天塔和庙宇等,都早已经灰飞烟灭。

2. 旅行商问题

旅行商问题(Traveling Salesman Problem,TSP)是威廉·哈密尔顿(W. R. Hamilton)爵士和英国数学家克克曼(T. P. Kirkman)于 19 世纪初提出的一个数学问题,这是一个典型的 NP 完全性问题。其大意是:有若干个城市,任何两个城市之间的距离都是确定的,现要求一旅行商从某城市出发,必须经过每个城市且只能在每个城市逗留一次,最后回到原出发城市。问如何事先确定好一条最短的路线,使其旅行的费用最少?

人们在考虑解决这个问题时,首先想到的最原始的一种方法是:列出每条可供选择的路线(即对给定的城市进行排列组合),计算出每条路线的总里程,最后从中选出一条最短的路线。假设现在给定 4 个城市分别为 A、B、C 和 D,各城市之间的距离为已知数,如图 5.6 和图 5.7 所示。从图中可以看到,可供选择的路线共有 6 条,可以很快选出一条总距离最短的路线。

当城市数目为 n 时,那么组合路径数则为 $(n-1)!$。很显然,当城市数目不多时要找到最短距离的路线并不难,但随着城市数目的不断增大,组合路线数将呈阶乘级急剧增长,以至达到无法计算的地步,这就是所谓的"组合爆炸问题"。假设现在城市的数目增为 20 个,组合路径数则为 $(20-1)!\approx1.216\times10^{17}$,如此庞大的组合数目,若计算机以每秒检索 1000 万条路线的速度计算,也需要花上 386 年的时间。

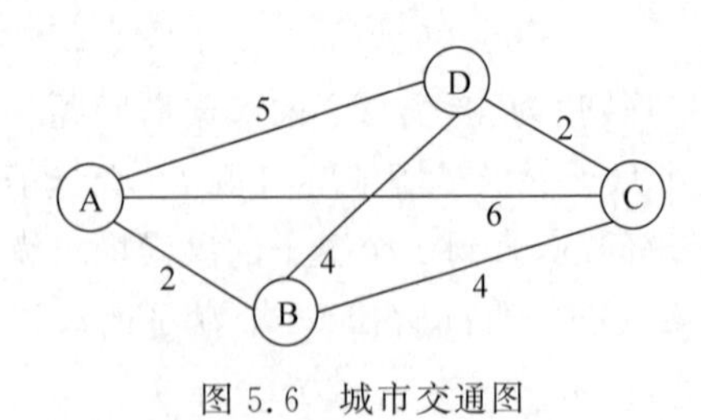

图 5.6　城市交通图

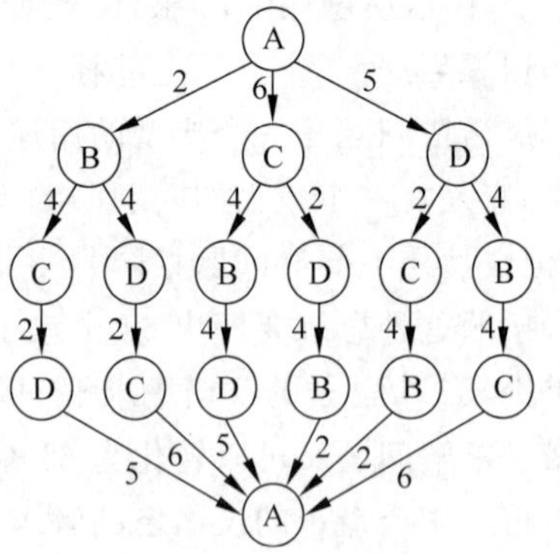

图 5.7　组合路径图

3. 算法复杂性分析与难解性问题

算法分析是计算机科学的一项主要工作。为了进行算法比较,必须给出算法效率的某种衡量标准。假设 M 是一种算法,并设 n 为输入数据的规模,实施 M 所占用的时间和空间是衡量该算法效率的两个主要指标。时间由“操作”次数衡量,比如对于排序和查找,需要对比较次数计数;空间由实施该算法所需的最大内存来衡量。

算法 M 的复杂性可表示为一个函数 $f(n)$,它给出了输入数据规模为 n 时运行该算法所需的时间与存储空间。执行一个算法所需存储空间通常就是数据规模的倍数或平方,因此,一般“复杂性”主要指算法的运行时间。

对于时间复杂性函数 $f(n)$,它通常不仅与输入数据的规模有关,还与特定的数据有关。例如,在一篇英文短文中查找第一次出现的 3 个字母的单词 W。那么,如果 W 为定冠词 the,则 W 很可能在短文的开头部分出现,于是 $f(n)$值将会比较小;如果 W 是单词 axe,则 W 可能不会在短文中出现,则 $f(n)$会很大。因此,要考虑在适当的情况下,求出复杂性函数 $f(n)$。在复杂性理论中研究得最多的两种情况如下。

① 最坏情况。对于任何可能的输入,$f(n)$的最大值。

② 平均情况。$f(n)$的期望值。

显然,M 的复杂性 $f(n)$随着 n 的增大而增大。因此需要考察的是 $f(n)$的增长率,这常常由 $f(n)$与某标准函数相比较而得,例如,$\log_2{}^n$、$n\log_2{}^n$、n^3、2^n、cn 等,都可用作标准函数,其中对数函数 $\log_2{}^n$ 增长最慢,指数函数 2^n 增长最快,而多项式函数 cn 的增长率随其系数 c 的增大而变快。将复杂性函数与一个标准函数相比较的一种方法是利用 O 标记,这里给出它的定义。

设 $f(x)$与 $g(x)$为定义于 R 或 R 的子集上的任意两个函数,我们说“$f(x)$与 $g(x)$同阶”,记作:

$$f(x)=O(g(x)) \tag{5.4}$$

如果存在实数 k 和正常数 C,使得对于所有的 $x>k$,有

$$|f(x)|\leqslant C|g(x)| \tag{5.5}$$

如 $n^2+n+1\approx O(n^2)$,该表达式表示,当 n 足够大时表达式左边约等于 n^2。

汉诺塔问题中需要移动的盘子次数为 $h(n)=2^n-1$,因此,该问题的算法时间复杂度为 $O(2^n)$。

一个算法的时间复杂度大于多项式(如指数函数)时,算法的执行时间将随 n 的增加而急剧增长,以致即使是中等规模的问题也不能求解出来。于是在计算复杂性中,将这一类问题称为难解性问题,也称“NP 难解问题”。为了更好地理解计算及其复杂性的有关概念,我国学者洪加威曾经讲了一个被人称为“证比求易算法”的童话,用来帮助读者理解计算复杂性的有关概念。

很久以前,有一个年轻的国王,名叫艾述。他酷爱数学,聘请了当时最有名的数学家孔唤石当宰相。邻国有一位聪明美丽的公主,名字叫秋碧贞楠。艾述国王爱上了这位邻国公主,便亲自登门求婚。

公主说:“你如果向我求婚,请你先求出 48 770 428 433 377 171 的一个真因子,一天之内交卷。”艾述听罢,心中暗喜,心想:我从 2 开始,一个一个地试,看看能不能除尽这个数,还怕找不到这个真因子吗?艾述国王十分精于计算,他一秒钟就能算完一个数。可是,他从早到晚,共算了三万多个数,最终还是没有结果。国王向公主求情,公主将答案相告:223 092 827 是它的一个真因子。国王很快就验证了这个数确实能被 48 770 428 433 377 171 除尽。

公主说:“我再给你一次机会,如果还求不出,将来你只好做我的证婚人了”。国王立即回国,召见宰相孔唤石,大数学家在仔细地思考后认为这个数为 17 位,如果这个数可以分成两个真因子的乘积,则最小的一个真因子不会超过 9 位。于是他给国王出了一个主意:按自然数的顺序给全国的老百姓每人编一个号发下去,等公主给出数目后,立即将它们通报全国,让每个老百姓用自己的编号去除这个数,除尽了立即上报,赏黄金万两。于是,国王发动全国上下的民众,再度求婚,终于取得成功。

在“证比求易算法”的故事中,国王最先使用的是一种顺序算法,其复杂性表现在时间方面,宰相后来提出的是一种并行算法,其复杂性表现在空间方面。直觉上,我们认为顺序算法解决不了的问题完全可以用并行算法来解决,甚至会想,并行计算机系统求解问题的速度将随着处理器数目的不断增加而不断提高,从而解决难解性问题,其实这是一种误解。原因是:当将一个问题分解到多个处理器上解决时,算法中不可避免地存在必须串行执行的操作,因此会大大地限制并行计算机系统的加速能力。下面,用阿姆达尔(G. Amdahl)定律来说明这个问题。

设 f 为求解某个问题的计算中存在的必须串行执行的操作占整个计算的百分比,p 为处理器的数目,Sp 为并行计算机系统最大的加速能力(单位:倍),则

$$Sp = \frac{1}{f + \frac{1-f}{p}} \tag{5.6}$$

设 $f=1\%$,$p\to\infty$,则 $Sp=100$。这说明即使在并行计算机系统中有无穷多个处理器,解决这个串行执行操作仅占全部操作 1%的问题,其解题速度与单处理器的计算机相比最多也只能提高 100 倍。因此,对难解性问题而言,单纯提高计算机系统的速度远远不够,降低算法复杂度的数量级才是最关键的。

国王有众多百姓的帮助,求亲成功是自然的事。但是,如果换成是一个平民百姓的小伙子去求婚,那就困难了。不过,小伙子可以从国王求亲成功所采用的并行算法中得到一个启发,那就是:他可以随便猜一个数,然后验证这个数。当然,这样做成功的可能性很小,不过,万一小伙子运气好猜着了呢?由于一个数和它的因子之间存在一些有规律的联系,因

此,数论知识水平较高的人猜中的可能性就大。这个小伙子使用的随机猜算法叫作非确定性算法,这样的算法需要有一种目前并不存在的非确定性计算机才能运行,其理论上的计算模型是非确定性图灵机。

在计算复杂性的研究中,所有可以在多项式时间内求解的问题称为P类问题,而所有在多项式时间内可以验证的问题称为NP类问题,P类问题采用的是确定性算法,NP类问题采用的是非确定性算法,由于确定性算法是非确定性算法的一个特例,因此P<NP。

不过,一个问题是否属于P类问题,即是否能找到这样的算法求解该问题,或证明该问题不存在这样的算法求解,至今尚未解决。20世纪70年代初,库克(S. A. Cook)和卡尔普(R. M. Karp)在P类问题是否等于NP问题上取得重大进展,指出NP类问题中有一小类问题具有以下性质:迄今为止,这些问题多数还没有人找到多项式时间计算复杂性算法。但是,一旦其中的一个问题找到了多项式时间计算复杂性算法,这个类中的其他问题也能找到多项式时间计算复杂算法,那么就可以断定P=NP。如果属于这个类中的某个问题被证明不存在多项式时间计算复杂性算法,那么,就等于证明了P≠NP。通常,将这类问题称为NP完全问题。1982年,库克因其在计算复杂性理论方面(主要是NP完全性理论方面)的奠基性工作而荣获ACM图灵奖。

随着互联网、传感器技术和通信技术的发展,数据规模快速增长,复杂性日益增强,特别是高维数据、流数据、异构数据和多模态数据等给现在的计算与问题求解提出了新的挑战。

5.2.3 计算智能问题

1. 图灵测试问题

在计算机学科诞生后,为解决人工智能中一些激烈争论的问题,图灵和西尔勒分别提出了能反映人工智能本质特征的两个著名的哲学问题,即“图灵测试”和“西尔勒中文屋子”。沿着图灵等科学家对“智能”的理解,人们在人工智能领域取得了长足的进步,其中IBM的“深蓝(Deep Blue)”战胜国际象棋大师卡斯帕罗夫(G. Kasparov)就是一个很好的例证。

图灵于1950年在英国*Mind*杂志上发表*Computing Machinery and Intelligence*一文,文中提出了“机器能思维吗?”这样一个问题,并给出了一个被后人称为“图灵测试”的模仿游戏。这个游戏由3个人来完成:一个男人(*A*)、一个女人(*B*)、一个性别不限的提问者(*C*),提问者(*C*)在与其他两个游戏者相隔离的房间里。游戏的目标是让提问者通过对其他两人的提问来鉴别其中哪个是男人,哪个是女人。为了避免提问者通过他们的声音、语调轻易地做出判断,最好是在提问者和两游戏者之间通过一台电传打字机来进行沟通。提问者只被告知两个人的代号为*X*和*Y*,游戏的最后他要做出“*X*是*A*,*Y*是*B*”或“*X*是*B*,*Y*是*A*”的判断。现在,把上面这个游戏中的男人(*A*)换成一部机器来扮演,如果提问者在与机器、女人的游戏中做出的判断结果与在男人、女人之间的游戏中做出的判断结果是相同的,那么,就认为这部机器是能够思维的。

图灵关于“图灵测试”的论文发表后引发很多的关注,以后的学者在讨论机器思维时大多都要谈到这个游戏。“图灵测试”只是从功能的角度来判定机器是否能思维,也就是从行为主义角度来对机器思维进行定义。尽管图灵对机器思维的定义不够严谨,但他关于机器思维定义的开创性工作对后人的研究具有重要意义,因此,一些学者认为,图灵发表的关于“图灵测试”的论文标志着现代机器思维问题讨论的开始。

根据图灵的预测，到2000年，有机器能通过测试。现在，在某些特定的领域，如博弈领域，“图灵测试”已取得了成功，1997年，IBM公司研制的计算机“深蓝”就战胜了国际象棋冠军卡斯帕罗夫。2011年美国智力竞猜节目《危险边缘 Jeopardy!》中，IBM另一超级计算机“沃森”以3倍的分数优势夺得人机大战冠军。在未来，如果人们能像图灵揭示计算本质那样揭示人类思维的本质，即“能行”思维，那么制造真正思维机器的日子也就不远了。

2. 西尔勒中文屋子

一个能和人类正常交流的机器，能不能算有思想的机器呢？1980年，哲学家约翰·西尔勒(John Searle)提出了著名的“中文屋子”实验。西尔勒假设自己在一个封闭的房子里(模拟计算机)，通过有门的缝隙与外部相通，接收用中文表达的问题，但他对中文一窍不通。不过，房子里有一本英语的指令手册(相当于程序)，从中可以找到相应的回答问题的规则，他只要按照规则解答就好了。然后，把作为答案的中文符号写在纸上，送到屋子外面。这样，看起来他是能够处理中文问题的，并给出了正确答案(如同一台计算机通过了图灵测试)。但是，实际上他对那些问题毫无理解，因为他并不懂得其中的任何一个词。

西尔勒认为形式化的计算机仅有语法，只是按照规则办事，并不理解规则的含义和自己在做什么。图灵测试只是从功能角度来判定机器是否能思维。

3. 博弈问题

博弈问题属于人工智能中一个重要的研究领域。狭义上讲，博弈是指下棋、玩扑克牌和掷骰子等具有输赢性质的游戏；广义上讲，博弈就是对策或斗智。计算机中的博弈问题，一直是人工智能领域研究的重点内容之一。

1913年，数学家策墨洛(E. Zermelo)在第五届国际数学会议上发表《关于集合论在象棋博弈理论中的应用》(*On an Application of Set Theory to Game of Chess*)的著名论文，第一次把数学和象棋联系起来，从此，现代数学出现了一个新的理论，即博弈论。

1950年，“信息论”创始人香农(A. Shannon)发表《国际象棋与机器》(*A Chess-Playing Machine*)一文，并阐述了用计算机编制下棋程序的可能性。

1956年夏天，由麦卡锡(J. McCarthy)和香农等人共同发起的，在美国达特茅斯(Dartmouth)大学举行的夏季学术讨论会上，第一次正式使用“人工智能”这一术语，该次会议的召开对人工智能的发展起到极大的推动作用。当时，IBM公司的工程师塞缪尔(A. Samuel)也被邀请参加了“达特茅斯”会议，塞缪尔的研究专长正是电脑下棋。早在1952年，塞缪尔就运用博弈理论和状态空间搜索技术成功地研制了世界上第一个跳棋程序。该程序经不断地完善，于1959年击败了它的设计者塞缪尔本人；1962年，它又击败了美国一个州的冠军。

1970年开始直到1994年(1992年中断过一次)，ACM每年举办一次计算机国际象棋锦标赛，每年产生一个计算机国际象棋赛冠军，1991年，冠军由IBM的“深思Ⅱ(Deep ThoughtⅡ)”获得。ACM的这些工作极大地推动了博弈问题的深入研究，并促进人工智能领域的发展。1989年，卡斯帕罗夫首战“深思”，后者败北。1996年，在“深思”基础上研制出的“深蓝”曾再次与卡斯帕罗夫交战，并以2∶4负于对手。北京时间1997年5月初，在美国纽约公平大厦，“深蓝”与国际象棋冠军卡斯帕罗夫交战，前者以两胜一负三平战胜后者。“深蓝”是美国IBM公司研制的一台高性能并行计算机，由256(32 node×8)个专为国际象棋比赛设计的微处理器组成，据估计，该系统每秒可计算2亿步棋。

国际象棋、跳棋与围棋、中国象棋一样都属于双人完备博弈。所谓双人完备博弈就是两位选手对垒,轮流走步,其中一方完全知道另一方已经走过的棋步以及未来可能的走步,对弈的结果要么是一方赢(另一方输),要么是和局。对于任何一种双人完备博弈,都可以用一个博弈树(与或树)来描述,并通过博弈树搜索策略寻找最佳解。博弈树类似于状态图和问题求解搜索中使用的搜索树。搜索树上的每个节点对应一个棋局,树的分支表示棋的走步,根节点表示棋局的开始,叶节点表示棋局的结束。一个棋局的结果可以是赢、输或者和局。对于一个思考缜密的棋局来说,其博弈树是非常大的,就国际象棋来说,有 10^{120} 个节点(棋局总数),而对中国象棋来说,大约有 10^{160} 个节点,围棋更复杂,盘面状态达 10^{768}。计算机要装下如此大的博弈树,并在合理的时间内进行详细的搜索是不可能的。因此,如何将搜索树修改到一个合理的范围,是值得研究的问题,"深蓝"就是这类研究的成果之一。

4. 沃森智能

"沃森(Watson)"(见图5.8)由90台IBM服务器和360个计算机芯片驱动组成,体积有10台普通冰箱那么大。它拥有15TB内存、2880个处理器、每秒可进行800 000亿次运算,这些服务器采用Linux操作系统。IBM为"沃森"配置的处理器是Power 7系列处理器,这是当前RISC(精简指令集计算机)架构中最强的处理器。它采用45nm工艺打造,拥有8个核心、32个线程,主频最高可达4.1GHz,其二级缓存达到了32MB,存储了大量图书、新闻和电影剧本资料、辞海、文选和《世界图书百科全书》(*World Book Encyclopedia*)等数百万份资料。每当读完问题的提示后,"沃森"就在不到3s的时间里对自己的数据库"挖地3尺",在长达2亿页的漫漫资料里搜索出来答案。

图5.8 沃森

沃森是基于IBM"DeepQA"(深度开放域问答系统工程)技术开发的。DeepQA技术可以读取数百万页文本数据,利用深度自然语言处理技术产生候选答案,根据诸多不同尺度评估那些问题。IBM研发团队为沃森开发的100多套算法可以在3s内解析问题,检索数百万条信息,然后再筛选还原成答案并输出成人类语言。每种算法都有其专门的功能,其中一种算法被称为"嵌套分解"算法,它可以将线索分解成两个不同的搜索功能。

沃森综合运用了自然语言处理、知识表示与推理、机器学习等技术,通过搜寻很多知识源,从多角度运用非常多的小算法,对各种可能的答案进行综合判断和学习。这就使得系统依赖少数知识源或少数算法的脆弱性得到了极大的降低,从而大大地提高了其性能。

5.2.4 并发控制问题

1. 哲学家共餐问题

对哲学家共餐问题可以做这样的描述(见图5.9):5个哲学家围坐在一张圆桌旁,每个人的面前摆有一碗面条,碗的两旁各摆有一只筷子。

假设哲学家的生活除了吃饭就是思考问题,而吃饭的时候需要左手拿一只筷子,右手拿一只筷子,然后开始进餐。吃完后又将筷子放回原处,继续思考问题。那么,一个哲学家的活动进程可表示如下。

① 思考问题。

② 饿了停止思考，左手拿一只筷子(拿不到就等)。

③ 右手拿一只筷子(拿不到就等)。

④ 进餐。

⑤ 放右手筷子。

⑥ 放左手筷子。

⑦ 重新回到思考问题状态。

图 5.9 哲学家共餐问题

问题是：如何协调 5 个哲学家的生活进程，使得每个哲学家最终都可以进餐。考虑下面的两种情况：

按哲学家的活动进程，当所有的哲学家都同时拿起左手筷子时，则所有的哲学家都将拿不到右手的筷子，并处于等待状态，那么哲学家都将无法进餐，最终饿死。将哲学家的活动进程修改一下，变为当右手的筷子拿不到时，就放下左手的筷子，这种情况是不是就没有问题？不一定，因为可能在一个瞬间，所有的哲学家都同时拿起左手的筷子，则自然拿不到右手的筷子，于是都同时放下左手的筷子，等一会，又同时拿起左手的筷子，如此这样永远重复下去，则所有的哲学家一样都吃不到面条。

哲学家共餐问题实际上反映了计算机程序设计中多进程共享单个处理机资源时的并发控制问题。要防止这种情况发生，就必须建立一种机制，既要让每个哲学家都能吃到面条，又不能让任何一个哲学家始终拿着一根筷子不放。

以上两个方面的问题，反映的是程序并发执行时进程同步的两个问题，一个是死锁(Deadlock)，另一个是饥饿(Starvation)。与程序并发执行时进程同步有关的经典问题还有：读者-写者问题(Reader-Writer Problem)、理发师睡眠问题(Sleeping Barber Problem)等。

2. 生产者-消费者问题

生产者-消费者问题(Producer-consumer Problem)，也称有限缓冲问题(Bounded-buffer Problem)，是一个多线程同步问题的经典案例。该问题描述了两个共享固定大小缓冲区的线程，即所谓的“生产者”和“消费者”在实际运行时会发生的问题。生产者的主要作用是生成一定量的数据放到缓冲区中，然后重复此过程。与此同时，消费者在缓冲区消耗这些数据。该问题的关键就是要保证生产者不会在缓冲区满时加入数据，消费者也不会在缓冲区空时消耗数据。

要解决该问题，就必须让生产者在缓冲区满时休眠(要么干脆放弃数据)，等到消费者消耗了缓冲区中的数据时，生产者才能被唤醒，开始往缓冲区添加数据。同样，也可以让消费者在缓冲区空时进入休眠，等到生产者往缓冲区添加数据之后，再唤醒消费者。通常采用进程间通信的方法解决该问题，常用的方法有信号灯法等。如果解决方法不够完善，则容易出现死锁的情况。出现死锁时，两个线程都会陷入休眠，等待对方唤醒自己。该问题还被推广到多个生产者和消费者的情形。

5.2.5 分布式计算问题

分布式计算技术主要研究如何把一个需要巨大计算能力才能解决的问题分成许多小的部分，然后把这些部分分配给许多计算机进行处理，最后把这些计算结果综合起来得到最终的结果。分布式计算是近年提出的一种新的计算方式。

随着计算机的普及,个人计算机开始进入千家万户,与之伴随产生的是计算机的利用问题。越来越多的计算机处于闲置状态,即使在开机状态下中央处理器的潜力也远远没有被完全利用。而且,即便是使用者实际使用计算机时,一台家用的计算机 CPU 大多数的时间处于"空闲"状态。互联网的出现,使得连接调用所有这些拥有计算资源的计算机系统成为了现实。

目前,一些本身非常复杂的但是却很适合于划分为大量的更小的计算片断的问题被提出来,然后由某个研究机构开发出基于服务端和客户端的服务程序。服务端负责将计算问题分成许多小的计算任务,然后把这些任务分配给许多联网参与计算的计算机进行并行处理,最后将这些计算结果综合起来得到最终的结果。随着参与者和参与计算的计算机的数量的不断增加,完成计算计划变得非常迅速,而且被实践证明是可行的。目前一些较大的分布式计算项目的处理能力已经可以达到或超过世界上速度最快的巨型计算机。

在分布式系统中,共享稀有资源和平衡负载是分布式计算的核心任务。负载平衡是将一个任务按一定调度算法分摊到多个操作单元上执行。建立在现有网络结构之上,它提供了一种廉价、有效、透明的方法,扩展了网络设备和服务器的带宽,增加了吞吐量,加强了网络数据的处理能力,提高了网络的灵活性和可用性,从而共同完成复杂的工作任务。

5.2.6 搜索排序问题

搜索是非常常见的活动,对于计算机也是一样。例如,当你在目录中查找名字时,你就在进行搜索。简单的搜索算法有顺序搜索算法和二分检索算法。顺序搜索算法遵循了搜索定义,依次查找每个元素并将其与需要搜索的元素进行比较,如果匹配,则找到了这个元素,如果不匹配,则继续找下一个元素。什么时候停止?当发现元素或者是查找所有的元素后都没有找到匹配项就停止。二分检索算法假设要检索的数组是有序的,其中每次比较操作可以找到要找的项目或把数组减少一半。二分检索不是从数组开头开始顺序前移,而是从数组中间开始。如果要搜索的项目小于数组的中间项,那么可以知道这个项目一定不会出现在数组的后半部分,因此只需要搜索数组的前半部分即可。然后再检测数组的"中间"项(即整个数组 1/4 处的项目)。如果要搜索的项目大于中间项,搜索将在数组的后半部分继续。如果中间项等于正在搜索的项目,搜索将终止。每次比较操作都会将搜索范围缩小一半。当要找的项目找到了,或可能出现这个项目的数组为空的情况,整个过程将结束。

排序是计算机内经常进行的一种操作,其目的是将一组"无序"的记录序列按照大小关系调整为"有序"的记录序列。为了简单起见,假设排序的记录都是正整数,这些正整数的个数是已知的且各不相同,要把这些正整数从小到大排序。为了求解排序问题,人们研究出了各种各样的算法,如冒泡排序、选择排序、快速排序、归并排序、堆排序等。以冒泡排序算法为例,其原理是:每次将相邻的数字进行比较,按照小的排在左边,大的排在右边进行交换。这样一趟过去后,最大的数字被交换到了最后的位置,然后再从头开始两两进行交换,直到比较到倒数第二个数时结束,以此类推。

习　题　5

1. 简述问题求解的基本步骤。
2. 怎样判断是否存在欧拉回路?
3. 网络爬虫涉及了图论中哪些经典算法?
4. 3 个盘子的汉诺塔从 A 柱移动到 C 柱的移动次数为多少次?
5. 何为计算的复杂性? 如何衡量计算的复杂性?
6. 简要描述并发控制中的哲学家进餐问题。
7. 你在生活中遇到过什么并发控制问题,有哪些解决方法?
8. 什么是分布式计算,分布式计算的核心思想是什么?
9. 你身边的分布式计算机的例子有哪些? 请举例说明。

第6章　计算与算法理论

最初研制计算机的目的是帮助人们完成复杂、繁重的科学计算工作，以减轻人工计算的工作量，提高计算的效率和准确性。计算机发展到今天，其功能已大大超出了传统计算的范畴，计算机已从简单的统计学生成绩到复杂的宇宙飞船自动控制系统，应用到人类生活和社会发展的各个方面。人们要想让计算机完成某项工作，首先要明确给出工作步骤，然后用计算机能理解的方式告诉计算机，这就是计算机领域两项非常重要的工作：算法设计和程序设计。算法设计就是给出完成任务的工作步骤，程序设计就是用计算机能理解的某种语言把算法编写成程序。要想充分发挥计算机的作用，就必须针对要完成的工作，设计出高质量的算法和相应的程序，所以算法设计能力和程序设计能力是计算机专业学生必备的重要能力。算法设计是程序设计的基础，是计算机科学的核心主题。解决复杂的问题，关键在于如何设计出高质量和高效率的算法，在此基础上算法的程序设计就相对容易。

用计算机求解任何问题都离不开程序，而程序的编制是由想法到算法，再由算法到程序的过程。一般来说，对不同问题求解方法的抽象描述产生相应的不同算法，由不同的算法设计出不同的程序。由想法到算法需要具备数据结构和算法知识，为问题建立模型，设计并测试算法；由算法到程序需要利用程序设计语言和程序设计方法的知识，将算法指令转换为某种程序设计语言对应的语句。

本章主要对计算理论、算法理论和程序设计的相关知识做简要介绍，为后续的高级语言程序设计、算法设计与分析等课程奠定基础。

6.1　计 算 理 论

计算理论是数学的一个分支领域，与计算机学科有密切关系，是研究计算过程与功效的数学理论。计算理论的“计算”并非纯粹的算术运算，而是指从已知的输入通过算法来获取问题的答案。计算理论主要包括算法、算法学、计算复杂性理论、可计算性理论、自动机理论和形式语言理论等，是计算机科学理论的基础，已经广泛地应用于科学的各个领域。

6.1.1　计算的定义

计算是一个历史悠久的数学概念，它伴随着人类文明的进步而发展。从字源上考察：“计”从言、从十，有数数或计数的含义；“算”从竹、从具，竹指算筹，因此，计算的原始含义是利用计算工具进行计数。进一步地说，计算首先指的是数的加减乘除、平方和开方等初等运算，其次为函数的微分、积分等高等运算，另外还包括方程的求解、代数的化简和定理的证明等。随着计算机日益广泛而深入的应用，计算这个数学概念已经泛化到了人类的整个知识领域，上升为一种极为普适的科学概念和哲学概念。

计算既包含科学计算，如数值计算、积分运算和复杂方程求解等，也包括广义的信息处理，如图像识别和目标跟踪等。因此，一般来说，计算就是将一个符号串 f 变换成另一个符号串 g。

下面举几个简单的计算的例子。

例(1) A：11+1，B：12。C：十进制加法。

例(2) A：11+1，B：100。C：二进制加法。

例(3) A：$x\times x$，B：$2x$。C：微分。

例(4) A："computer"，B：计算机。C：英译汉。

例(5) A：$C+O_2$，B：CO_2。C：化学反应。

其中，C 项表示从 A 项到 B 项需要经过的计算过程。例(1)～例(3)为数值计算示例，例(4)、例(5)是广义计算示例。

6.1.2 计算模型

在电子计算机出现之前，为了回答什么是计算，什么是可计算性等问题，数理逻辑学家们采取建立计算模型的方法，他们的思路是：为计算建立一个数学模型，称为计算模型，然后证明，凡是这个计算模型能够完成的任务，就是该模型下可计算的任务。所谓计算模型是刻画计算这一概念的一种抽象的形式系统或数学系统。图灵机就是一个计算模型，是一种具有能行性的、用数学方法精确定义的计算模型，而现代计算机正是这种模型的具体实现。

图灵机，又称图灵计算机，是由英国数学家阿兰·麦席森·图灵(1912—1954)提出的一种抽象计算模型，即将人们使用纸笔进行数学运算的过程进行抽象，由一个虚拟的机器代替人们进行数学运算。这个抽象的机器有一条两端无限长的纸带，纸带分成一个一个的小方格，每个方格有不同的数据字符；有一个读写头在纸带上移动，读写头有一组内部状态，还有一些固定的程序。在每个时刻，读写头都要从当前纸带上读入一个方格信息，然后结合自己的内部状态查找程序表，根据程序输出信息到纸带方格上，并转换自己的内部状态，然后进行移动。在图灵机的定义中，存在一个所谓的停机状态，当图灵机一到停机状态，就认为计算完毕了。

图灵机由 3 个部件组成：有穷控制器(有限状态机)、无穷带(符号集合)和读写头(其动作有读、改写、左移、右移、停止)，示意图如图 6.1 所示。

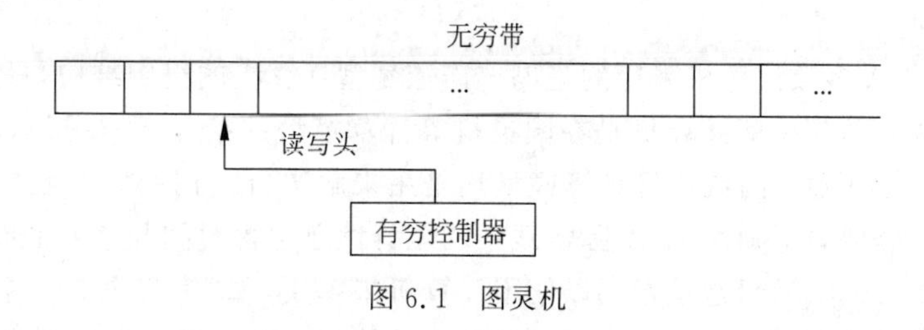

图 6.1 图灵机

可以将图灵机表示为下面的形式化描述。

带子上的符号为一个有穷字母表$\{S_0,S_1,S_2,\cdots,S_p\}$，状态集合为$\{q_1,q_2,\cdots,q_m\}$，设 q_1 为初始状态，q_m 为一个终止状态。控制运行的程序由五元组$(q_iS_jS_kR$(或 L 或 N)$q_n)$形

式的指令构成,指令定义了机器在一个当前状态下读入一个字符时所采取的动作,具体含义如下。

① q_i 表示机器当前所处的状态。

② S_j 表示机器从方格中读入的符号。

③ S_k 表示机器用来代替 S_j 写入方格中的符号。

④ R、L、N 分别表示向右移一格、向左移一格、不移动。

⑤ q_n 表示下一步机器的状态。

机器从给定纸带上的某起始点出发,其动作完全由其初始状态及程序来决定。机器计算的结果是从机器停止时纸带上的信息得到的。

图灵提出图灵机模型的意义:①图灵机模型证明了通用计算理论,肯定了计算机实现的可能性,同时给出了计算机应有的主要架构;②图灵机模型引入了读写、算法与程序的概念,极大地突破了过去的计算机器的设计理念;③图灵机模型理论是计算学科最核心的理论,因为计算机的极限计算能力就是通用图灵机的计算能力,很多问题可以转换到图灵机这个简单的模型来考虑。

图灵机对现代计算机的出现和发展有很大的作用和启示,对图灵机给出如此高的评价,因为其中蕴含着很深邃的思想。

① 图灵机展示了这样一个过程:程序和其输入数据保存到存储带上,图灵机程序一步一步运行直到给出结果,结果也保存在存储带上,程序在控制器中。

② 可以隐约看到现代计算机的主要构成:存储器(相当于存储带)、中央处理器(相当于控制器及其状态,并且其字母表可以仅有0和1两个符号)、IO系统(相当于存储带的预先输入)。

③ 基本动作非常简单、机械、确定。左移、右移、不移;读/写带;确定指令;获取机器状态、改变机器状态。因此,有条件用真正的机器来实现图灵机。

④ 用程序可对符合字母表要求的任意符号序列进行计算。因此,同一图灵机可进行规则相同、对象不同的计算,具有数学概念上的函数 $f(x)$ 的计算能力。如果开始的状态(读写头的位置、机器状态)不同,那么计算的含义与计算的结果就可能不同。在按照每条指令进行计算时,都要参照当前的机器状态,计算后也可能改变当前的机器状态。

⑤ 程序并不都是顺序执行,因为下一条指令由机器状态与当前字符决定,表明指令可以不按顺序执行。虽然程序只能按线性顺序来表示指令序列,但程序的实际执行轨迹可与表示的顺序不同。

至今为止,绝大多数计算机采用的是冯·诺依曼型计算机的组织结构,只是做了一些改进和完善;而冯·诺依曼型计算机是在图灵机等计算模型的指导下实现的,因此图灵机模型是所有计算机的基础。图灵机等计算模型均是用来解决"能行计算"问题的,理论上的能行性隐含着计算模型的正确性,而实际实践中的能行性还包含时间与空间的有效性。

可计算性指一个实际问题是否可以使用计算机来解决,如"为我烹制一个汉堡"这样的问题是无法用计算机来解决的(至少在目前)。而计算机本身的优势在于数值计算,因此可计算性通常指一类问题是否可以用计算机解决。事实上,很多非数值问题(比如文字识别、图像处理等)都可以通过转化为数值问题来交给计算机处理。一个可以使用计算机解决的问题应该定义为可以在有限步骤内被解决的问题,故哥德巴赫猜想这样的问题是不属于"可计算问题”之列的，因为计算机没有办法给出数学意义上的证明，因此不能期待计算机能解决世界上所有的问题。分析某个问题的可计算性意义重大，使人们不必在不可能解决的问题上浪费时间，集中精力与资源在可以解决的问题上。

20世纪30年代后期，图灵从计算一个数的一般过程入手对计算的本质进行了研究，实现了对计算本质的真正认识，并用形式化方法成功地表述了计算这一过程的本质：计算就是计算者(人或机器)对一条两端可无限延长的纸带上的一串0和1执行指令，一步一步地改变纸带上的0或1，经过有限步骤，最后得到一个满足预先规定的符号串的变换过程。根据图灵的论点，可以得到这样的结论：任一过程是能行的(能够具体表现在一个算法中)，当且仅当它能够被一台图灵机实现。

图灵的研究成果不仅表明了某些数学问题是否能用任何机械过程来解决的思想，而且还深刻地揭示了计算所具有的“能行过程”的本质特征。图灵的描述是关于数值计算的，同样可以处理非数值计算。由数值和非数值(英文字母、汉字等)组成的字符串，既可以解释成数据，又可以解释成程序，从而计算的每一过程都可以用字符串的形式进行编码，并存放在存储器中，使用时译码，并由处理器执行，机器码(结果)可以通过高级符号形式(即程序设计语言)机械地推导出来。

科学家已经证明图灵机与当时哥德尔(K. Gödel)、丘奇(A. Church)、波斯特(E. L. Post)等人提出的用于解决可计算问题的递归函数、λ演算和POST规范系统等计算模型在计算能力上是等价的。在这一事实的基础上，形成了现在著名的丘奇-图灵论题。

λ演算是一套用于研究函数定义、函数应用和递归的形式系统，由丘奇和斯蒂芬·科勒·克莱因(Stephen Cole Kleene)在20世纪30年代引入。丘奇运用λ演算在1936年给出判定性问题(Entscheidungs Problem)的一个否定的答案，这种演算可以用来清晰地定义什么是一个可计算函数。

6.2 算法理论

用计算机求解任何问题都离不开程序设计，而程序设计的核心是算法设计。在计算机发展的早期，存储器容量、处理器速度以及程序设计的复杂性限制了计算机所能处理问题的复杂性。随着存储器容量的增加、处理器速度的提高、程序设计难度的减小，计算机开始处理越来越复杂的问题，人们越来越多的工作开始转向算法的研究。

算法理论主要研究算法的设计和算法的分析，前者是指面对一个问题如何设计一个有效的算法，后者是对已设计的算法如何评价或判断优劣。二者是相互依存的，设计出的算法需要检验和评价，对算法的分析反过来又将改进算法的设计。

6.2.1 算法的基本概念

算法是一系列的计算或处理步骤，用来将输入数据转换成输出结果，作用在于表述人类解决问题的思想。对于复杂问题，直接写出程序往往比较困难，通常的步骤是先设计算法再编程，可见算法设计是编写程序的前导步骤。算法是问题解决方案的准确完整的描述，代表用系统的方法描述解决问题的策略机制。算法要能够对一定规范的输入在有限时间内获得所要求的输出。

算法的形式化定义如下。

算法是四元组,即(Q,I,Ω,F)。

其中:Q是一个包含子集I和Ω的集合,表示计算的状态;I表示计算的输入集合;Ω表示计算的输出集合;F表示计算的规则,是一个由Q到其自身的函数,具有自反性,即对于任何一个元素q∈Q,有F(q)=q。

算法应该具有以下5个重要的特征。

① 有穷性。指算法必须能在执行有限个步骤之后终止,也就是说,一个算法所包含的计算步骤是有限的。

② 确定性。算法的每个步骤必须有确切的定义,即对算法中所有待执行的动作必须严格而不含混地进行规定,不能有歧义性。

③ 输入项。一个算法有0个或多个输入,以刻画运算对象的初始情况,所谓0个输入指算法本身给出了初始条件。

④ 输出项。一个算法有一个或多个输出,以反映对输入数据加工后的结果,没有输出的算法是毫无意义的。

⑤ 可行性。算法中执行的任何计算步骤都可以被分解为基本的可执行的操作步骤,即每个计算步骤都可以在有限时间内完成(也称为有效性)。

6.2.2 算法的表示

算法是对解题过程的精确描述,这种描述是建立在语言基础之上的,表示算法的语言主要有自然语言、流程图、伪代码和计算机程序设计语言等,其中使用最普遍的是流程图。

1. 自然语言

自然语言方式指用普通语言描述算法的方法。

【例6.1】 求1+2+3+…+100的自然语言描述算法。

解:设变量X表示被加数,Y表示加数,用自然语言描述算法如下。

① 将1赋值给X。

② 将2赋值给Y。

③ 将X与Y相加,结果存放在X中。

④ 将Y加1,结果存放在Y中。

⑤ 若Y小于或等于100,转到步骤③继续执行;否则,算法结束,结果为X。

自然语言方式的优点是简单、方便,适合描述简单的算法或算法的高层思想。但是,该方式的主要问题是冗长、语义容易模糊,很难准确地描述复杂的、技术性强的算法。

2. 流程图

流程图是一种用于表示算法或过程的图形。在流程图中,使用各种符号表示算法或过程的每个步骤,使用箭头符号将这些步骤按照顺序连接起来。使用流程图表示算法可以避免自然语言的模糊缺陷,且独立于任何一种特殊的程序设计语言。流程图的使用人员包括分析人员、设计人员、管理人员、工程师和编程人员等。

在一般流程图中,主要的图形元素如下。

① 开始/结束框。一般使用圆形、椭圆形或圆角矩形表示,用于明确表示流程图的开始和结束。

② 箭线。带有箭头的线段，表示算法控制语句的流向。一般地，箭线源自流程图中的某个图形，在另一个图形处终止，从而描述算法的执行过程。

③ 处理框。往往使用直角矩形表示算法的处理步骤，称为处理框。

④ 输入输出框。一般情况下，流程图使用平行四边形来表示输入输出框，也就是表示算法的输入、输出操作。

⑤ 条件判断框。许多流程图使用菱形表示条件判断框，用于执行算法中的条件判断，控制算法的执行过程，在条件判断框中，往往有一个输入箭线和两个输出箭线，两个输出箭线分别表示条件成立时和不成立时的执行顺序。

流程图的一些常用符号如表 6.1 所示。

表 6.1　流程图常用符号

符　　号	名　　称	含　　义
（圆角矩形）	开始/结束框	表示算法的开始或终止，可在框中注明“开始”或“结束”字样
（矩形）	处理框	表示算法中的计算操作，在框中标出要进行的计算
（平行四边形）	输入输出框	表示算法中的数据输入或输出操作，在框中标出要输入或要输出的数据项
（菱形）	条件判断框	表示算法中的条件处理，在框中标出作为条件的表达式，它有一个入口，两个出口
（箭头）	箭线	表示算法数据处理步骤的先后顺序，竖直向下的流程线末端可以不画箭头

【例 6.2】　求解 1＋2＋…＋100 的算法流程图。

解：该题的算法流程图如图 6.2 所示。

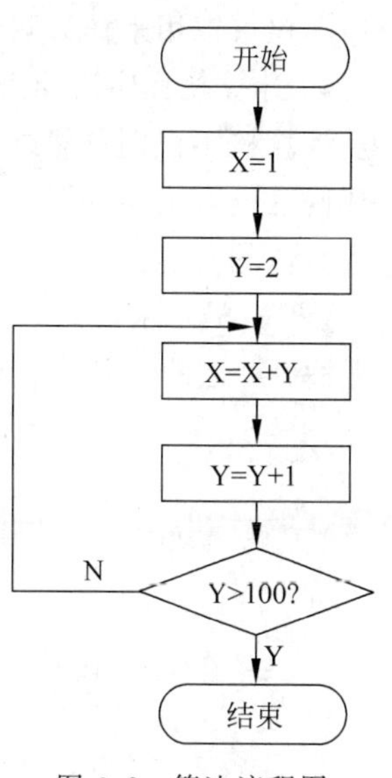

图 6.2　算法流程图

流程图可以很方便地表示顺序、选择和循环结构，而任何程序的逻辑结构都可以用顺序、选择和循环结构来表示，因此，流程图可以表示任何程序的逻辑结构。

3. 伪代码

人们在用不同的编程语言实现同一个算法时发现：同一算法的实现很不同，尤其是对于那些熟悉不同编程语言的程序员要理解一个用其他编程语言编写的程序的功能时可能很难，因为程序语言的形式限制了程序员对程序关键部分的理解，这样伪代码就应运而生了。伪代码是一种非正式的、类似于英语结构的用于描述模块结构图的语言。伪代码提供了更多的设计信息，每个模块的描述都必须与设计结构图一起出现，是一种算法描述语言。使用伪代码的目的是使被描述的算法可以任何一种编程语言（如 C++、Pascal、C、Java 等）实现，因此，伪代码必须结构清晰、代码简单、可读性好，并且类似自然语言。伪代码介于自然语言与编程语言之间，利用伪代码，可为编程语言的书写形式指明算法职能。使用伪代码，不用拘泥于具体的实现。伪代码可以将整个算法运行过程的结构用接近自然语言的形式描述出来。

【例 6.3】 求解 1+2+…+100 的伪代码算法描述。

解：算法的伪代码如下。

```
BEGIN
    1 => X
    2 => Y
    while(Y <= 100)
    {
        X + Y => X
        Y + 1 => Y
    }
        Print X
END
```

【例 6.4】 输入 3 个数,打印输出其中最大的数,用伪代码描述算法。

解：可用如下的伪代码表示。

```
Begin
    输入 A,B,C
    IF A > B 则 A→Max
    否则 B→Max
    IF C > Max 则 C→Max
    Print Max
End
```

伪代码像流程图一样用在程序设计的初期,帮助写出程序流程。简单的程序一般不用写流程、写思路,但是复杂的代码,需要把算法流程写下来,总体去考虑整个功能如何实现。以后不仅可以用来作为测试、维护的基础,还可用来与他人交流。

4. 计算机程序设计语言

计算机不识别自然语言、流程图和伪代码等算法描述语言,因此,用自然语言、流程图和伪代码等语言描述的算法最终还必须转换为具体的计算机程序设计语言描述的算法,即转换为具体的程序。

【例 6.5】 求 1+2+…+100 的计算机程序设计语言(C 语言)的代码描述。

解：算法的 C 语言代码如下。

```
main()
{
    int X,Y;
    X = 1;
    Y = 2;
    while(Y <= 100)
    {
        X = X + Y;
        Y = Y + 1;
     };
     printf(" % d",X);
}
```

计算机程序设计语言描述的算法(程序)最终能由计算机处理。使用计算机程序设计语言描述算法存在以下缺点。

① 算法的基本逻辑流程难于遵循。与自然语言一样,程序设计语言也是基于串行的,当算法的逻辑流程较为复杂时,这个问题就变得更加严重。

② 用特定程序设计语言编写的算法限制了与他人的交流,不利于问题的解决。

③ 要花费大量的时间去熟悉和掌握某种特定的程序设计语言。

④ 要求描述计算步骤的细节,而忽视了算法的本质。

6.2.3 算法分析

对于同一个问题可以设计出不同的算法,而一个算法的质量优劣将影响到算法和程序的效率。如何评价算法的优劣是算法分析、比较和选择的基础。算法分析指对执行一个算法所消耗的计算机资源进行估算,目的在于选择合适的算法和改进算法。算法的复杂性分析具有极重要的实际意义,许多实际应用问题,理论上可由计算机求解,但是由于求解所需的时间或空间耗费巨大,以至于实际上无法办到。对有些时效性很强的问题,如实时控制,即使算法执行时间很短,也可能是无法忍受的。

算法的评价可以从以下六个方面考虑,其中时间复杂度和空间复杂度是两个主要方面,因为计算机资源中最重要的是时间和空间资源。

1) 正确性

算法的正确性是评价一个算法优劣的最重要的标准,一旦完成对算法的描述,必须证明它是正确的。算法的正确性指对一切合法的输入,算法均能在有限次的计算后产生正确的输出。

当算法的输入数据取值范围很大或无限时,不可能对每项输入检查算法的正确性,即穷举法验证是不可能的。在实际应用中,人们往往采取测试的方法,选择典型的数据进行实际计算,如果与事先知道的结果一致,则说明程序可用。但这种测试只能证明程序有错,不能证明程序正确。严格的形式证明也是存在的,可采用推理证明(演绎法),但十分烦琐,证明过程通常比程序本身还要长,目前还只是具有理论意义。

2) 可读性

算法的可读性指算法可供人们阅读的容易程度。算法是为了人们的阅读与交流,可读性好的算法有利于人们的正确理解,有利于程序员据此编写出正确的程序。为了使算法更易读懂,可以在算法的开头和重要的地方添加注释,用自然语言将意思表达出来。

3) 健壮性

健壮性指一个算法对不合理输入数据的反应能力和处理能力,也称为容错性。比如合法的输入就要有相应的输出,不合法的输入要有相应的提示信息输出,提示此输入不合法。例如,在一个房贷计算算法中,需要用户输入利率、年限、贷款金额 3 个数据,此时可能会出现三种情况:用户输入数据为正实数、除正实数外的其他数(如负数)、字符数据等,在设计算法时需要全面考虑这几种情况。当用户输入为正实数时,输出正确计算结果;否则,就报错,并返回一个特殊数值。

4) 时间复杂度

算法的时间复杂度指执行算法所需要的计算工作量。计算机科学中,算法的时间复杂度是一个函数,它定量描述该算法的运行时间。程序在计算机上运行的时间取决于程序运行时输入的数据量、对源程序编译所需要的时间、执行每条语句所需要的时间以及语句重复执行的次数等。其中,最重要的是语句重复执行的次数。通常,把整个程序中语句的重复执行次数之和作为该程序的时间复杂度。

一般来说,算法的基本操作重复执行的次数是模块 n 的某一个函数 $f(n)$,算法的时间复杂度记作:

$$T(n)=O(f(n))$$

表示算法复杂度 $T(n)$ 与算法的基本操作执行的次数 $f(n)$ 是同数量级函数,即当 n 趋于无限大时,$T(n)/f(n)$ 的极限值为不等于零的常数。一般称 $O(f(n))$ 为算法的渐近时间复杂度,简称时间复杂度。

常见的时间复杂度有:常数级 $O(1)$、线性级 $O(n)$、线性对数级 $O(n\log_2 n)$、多项式级 $O(n^c)$、指数级 $O(c^n)$、阶乘级 $O(n!)$。随着问题规模 n 的不断增大,时间复杂度不断增大。

比较两个算法的时间复杂度涉及编程语言、编程水平和计算机速度等多种因素,因此,不是比较两个算法对应程序的具体执行时间,而是比较两个算法相对于问题规模 n 所消耗时间的数量级。

5) 空间复杂度

算法的空间复杂度指算法需要消耗的内存空间,其计算和表示方法与时间复杂度类似,一般都用复杂度的渐近性来表示。同时间复杂度相比,空间复杂度的分析要简单得多。

6) 数据规模复杂性

面对大规模数据时,算法的选择非常重要。要处理的数据规模越大,算法和数据结构的选择对速度的影响也就越大。举个简单的例子:假设要从数据中使用线性查找算法,从头开始依次查找所需数据,如果有1000条数据,那就需要依次查找数据直至找到为止,这个算法最多要进行1000次查找,对于 n 条数据要进行 n 次搜索,称为 $O(n)$ 算法;而二分查找算法能在 $\log_2 n$ 次之内查找 n 条数据,称为 $O(\log_2 n)$ 算法。使用二分查找,1000条数据最多只需10次就能查找完。这个"最大查找次数"可以大致判断计算次数,称为复杂度。一般来说,复杂度越低,算法就越快。

在上例中,$n=1000$ 时,$O(n)$ 的最大查找次数为1000,而 $O(\log_2 n)$ 为10,计算次数差距为990。n 再大些会怎样呢?若是100万条数据,$O(n)$ 需要100万次,而 $O(\log_2 n)$ 只需20次,即使是1000万条,$O(\log_2 n)$ 也只需24次。很明显,与 $O(n)$ 相比,$O(\log_2 n)$ 更能承受数据量的增加。

可以看出数据量较小时,即使使用 $O(n)$ 这种简单算法,计算量不会太大。但随着数据规模复杂性的增加,算法选择的差异越来越大。在数据搜索处理中,使用线性查找的话,数据量增大到100万条、1000万条时显然会出现问题,而解决该问题的方法就是选择复杂度更低的查找算法。

根据数据规模的复杂性来选择和分析算法,能更好地区分现有的算法和技术,找到合适的算法和技术,更好、更快速地解决遇到的大规模数据问题。

6.3 程序设计

用计算机解决某一个特定的问题,必须事先编写程序,告诉计算机需要做哪些事,按什么步骤去做,并提供所要处理的原始数据。

用计算机求解任何问题时先设计算法，即给出解决问题的方法和步骤，然后按照某种语法规则编写计算机可执行的程序，并交给计算机去执行。这个过程就是程序设计的过程，是设计、编制、调试程序的方法和过程，是目标明确的智力活动，是软件构造活动中的重要组成部分。程序设计往往以某种程序设计语言为工具，给出这种语言下的程序。

程序是软件的核心，软件的质量主要通过程序的质量来体现，在软件研究中，程序设计的工作非常重要，内容涉及有关的基本概念、工具、方法以及方法学等。程序设计通常分为问题建模、算法设计、编写代码、编译调试和整理并写出文档资料5个阶段。

6.3.1 程序设计的基本概念

程序设计的基本概念有程序、数据、子程序、子例程、协同例程、模块以及顺序性、并发性、并行性和分布性等。程序是程序设计中最为基本的概念；子程序和协同例程都是为了便于进行程序设计而建立的程序设计基本单位；顺序性、并发性、并行性和分布性反映程序的内在特性。程序设计是软件开发工作的重要部分，软件开发是工程性的工作，要有规范。语言影响程序设计的功效以及软件的可靠性、易读性和易维护性。程序设计的核心是算法设计，算法的操作对象是数据，算法的实现依赖于某种数据结构，不同的数据结构将导致差异很大的算法。图6.3是一个命令型程序示意图，描述了基本的程序单元结构。

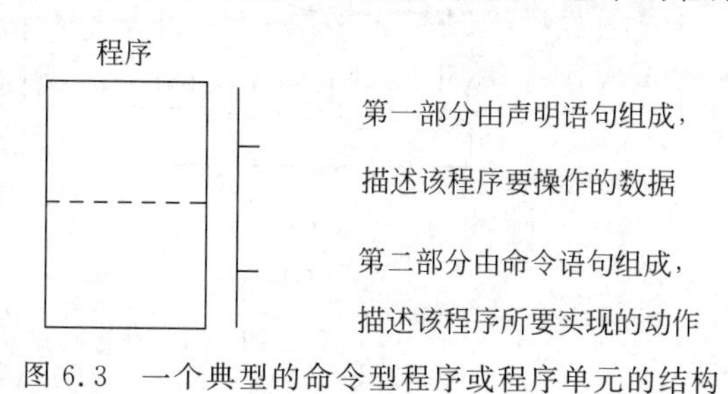

图6.3 一个典型的命令型程序或程序单元的结构

数据成分指的是一种程序语言的数据类型。

1）常量和变量

按照程序运行时数据的值能否改变，可将数据分为常量和变量。变量在程序运行过程中可以改变；常量在程序运行过程中不能改变。

2）全局变量和局部变量

数据按照作用域范围，可分为全局变量和局部变量。系统为全局变量分配的存储空间在程序运行的过程中一般是不改变的，而为局部变量分配的存储单元是动态改变的。

3）数据类型

按照数据组织形式不同，可将数据分为基本类型、特殊类型用户定义类型、构造类型、指针类型、抽象数据类型和其他类型，具体如下。

① 基本类型：整型(int)、字符型(char)、实型(float、double)和布尔型(bool)。

② 特殊类型：空类型(void)。

③ 用户定义类型：枚举类型(enum)。

④ 构造类型：数组(array)、结构(struct)、联合(union)。

⑤ 指针类型：type *。

⑥ 抽象数据类型：类类型。

6.3.2 程序的基本结构

结构化程序设计的3种基本结构是顺序结构、选择结构和循环结构。

1. 顺序结构

顺序结构表示程序中的各操作是按照出现的先后顺序执行的。它是由若干依次执行的处理步骤组成的,是任何算法都离不开的一种结构。

图6.4所示是流程图和N-S图(盒图)表示的顺序结构,A语句和B语句是依次执行的,只有执行完A语句后,才能接着执行B语句。

2. 选择结构

选择结构表示程序的处理步骤出现了分支,它需要根据某一特定的条件选择其中的一个分支执行。选择结构有单选择、双选择和多选择3种形式。

图6.5所示是流程图和N-S图(盒图)表示的双选择结构,程序根据给定的条件P是否成立来选择执行A操作或B操作。

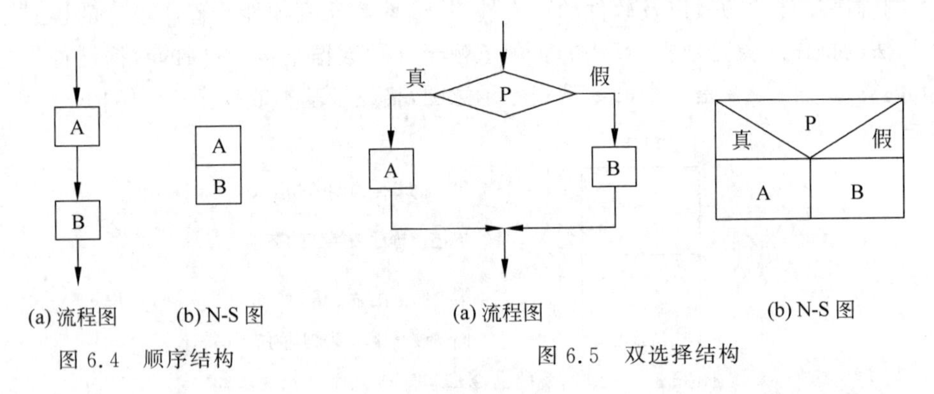

图6.4 顺序结构

图6.5 双选择结构

图6.6所示是流程图表示的多选择结构,程序根据给定的条件k满足$k_1, k_2, \cdots, k_n$中的哪一个来选择执行$A_1, A_2, \cdots, A_n$操作中的一个。

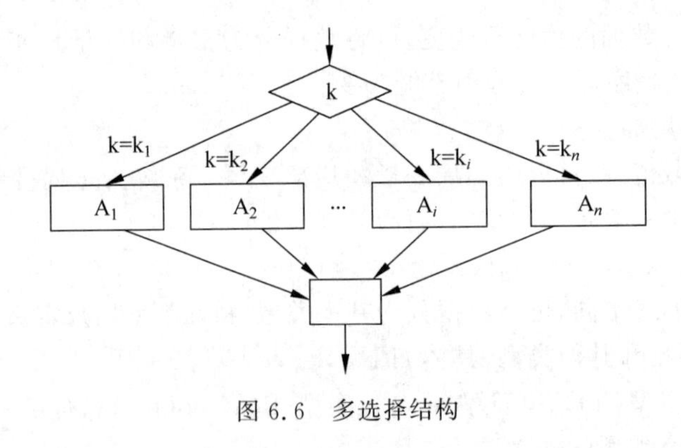

图6.6 多选择结构

3. 循环结构

循环结构表示程序反复执行某个或某些操作,直到某条件为假(或为真)时才终止循环。在循环结构中最主要的是什么情况下执行循环,哪些操作需要循环执行,循环结构的基本形式有两种:当型循环和直到型循环。

当型循环：表示先判断条件，当满足给定的条件时执行循环体，并且在循环终端处流程自动返回到循环入口；如果条件不满足，则退出循环体直接到达流程出口处。因为是“当条件满足时执行循环”，即先判断后执行，所以称为当型循环，其流程图和N-S图如图6.7所示。

直到型循环：表示从结构入口处直接执行循环体，在循环终端处判断条件，如果条件不满足，返回入口处继续执行循环体，直到条件为真时再退出循环到达流程出口处，是先执行后判断。因为是“直到条件为真时为止”，所以称为直到型循环，其流程图和N-S图如图6.8所示。

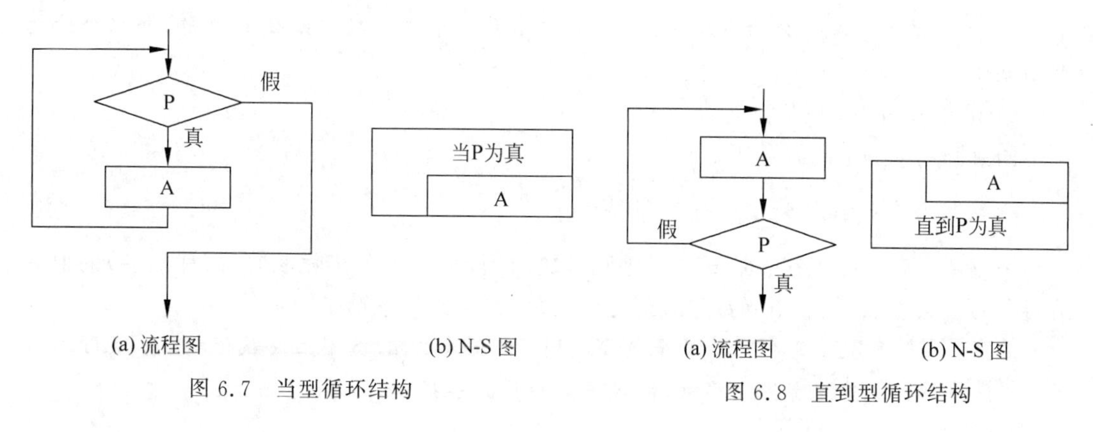

图 6.7　当型循环结构

图 6.8　直到型循环结构

6.3.3　程序的过程单元

程序单元指在程序中执行某一特定任务，具有一定独立性的代码模块，类似于VB语言中的“过程”。使用单元可以把一个大型程序分成多个逻辑相关的模块，用来创建在不同程序中使用的程序库。

计算机程序设计和问题求解的最基本思想是将一个大的复杂的问题分解成更小、更简单和更容易处理的子问题。在结构化程序设计中，可将整个程序从上到下、由大到小逐步分解成较小的模块，这些具有独立功能的模块，称为子程序。子程序之间要定义相应接口，各子程序可分别开发，最后再组合到一起，从而降低开发难度，提高代码的重用性，又便于维护。子程序包括过程和函数两种。程序设计语言提供了函数和过程，使得问题的分解和处理更加方便。

函数或过程将对应于一个子问题求解的语句写在一起，作为一个单独的程序模块。通常通过子程序定义抽象操作，实现程序的模块化。

1. 函数

1）定义

函数说明的一般形式如下。

```
FUNCTION <函数名>(<形式参数表>): <函数类型>;
    <说明部分>;
    BEGIN
    <函数体>
    END;
```

注意:

① 函数名由合法的标识符指出;参数表由形式参数表和说明参数的类型标识符组成;函数类型即结果类型,由类型标识符指明。

② 形式参数(简称形参)类似于数学函数中的自变量,为函数子程序提供初始量。在一个形式参数表中,可以有多个参数,逗号用来分开同类型的各个参数名,分号用来分开不同类型的参数。例如,(x,y: real; m,n: integer)。

③ 说明部分对仅在函数中使用的量加以说明,可以包括函数所需要的常量、类型和变量说明,也可以包括其他函数或过程说明,一般称之为局部变量;函数也可以没有说明。

④ 函数体。函数部分的程序体,其中至少要有一个给函数名赋值的语句,并以分号结束函数体。

2) 函数调用

函数调用的一般形式如下。

```
<函数名>(<实际参数表>)
```

函数调用必须出现在表达式中。函数每次调用,是将每个实际参数(简称实参)的值赋给对应的形式参数,然后由函数完成规定的处理,并返回处理结果。

注意:实际参数与形式参数的个数要相同,且一一对应,类型上要赋值相容;实际参数还可以是表达式;若没有形式参数,则略去实际参数和括号。

2. 过程

1) 定义

过程说明的一般形式如下。

```
PROCEDURE <过程名>(<形式参数表>);
    <说明部分>;
    BEGIN
    <过程体>
    END;
```

注意:

① 形式参数表有两种格式:数值形参和以VAR开头的变量形参。

② 过程体中没有也不可以有给过程名赋值的语句,返回值由变量形参提供。

2) 过程调用

过程调用的一般形式如下。

```
<过程名>(<实际参数表>)
```

与数值形参对应的实际参数可以是表达式,与变量形参对应的实际参数必须是变量,而不能是一般的表达式。

过程和函数都为子程序,但也有区别,具体如下。

① 标识符不同。函数的标识符为FUNCTION,过程为PROCEDURE。

② 函数中一般不用变量形参,用函数名直接返回函数值;而过程如有返回值,则必须用变量形参返回。

③ 过程无类型,不能给过程名赋值;函数有类型,最终要将函数值传送给函数名。

④ 在定义函数时一定要进行函数的类型说明,过程则不进行过程的类型说明。

⑤ 调用方式不同。函数的调用出现在表达式中,过程调用则由独立的过程调用语句来完成。

⑥ 过程一般会被设计成求若干运算结果,完成一系列的数据处理,或与计算无关的各种操作;而函数往往只为了求得一个函数值。

在程序调用子程序时,调用程序将数据传递给被调用的过程或函数,而当子程序运行结束后,结果又可以通过函数名、变参返回,当然也可以用全局变量等形式实现数据的传递。

3. 参数

子程序调用(过程调用或函数调用)的执行顺序为:

实参与形参结合→执行子程序体→返回调用处继续执行

子程序说明的形式参数表对过程或函数内的语句序列直接引用的变量进行说明,详细指明这些参数的类别、数据类型要求和参数的个数。过程或函数被调用时必须为它的每个形参提供一个实参,按参数的位置顺序一一对应,每个实参必须满足对应形参的要求。

6.4 常用算法

通常求解一个问题可能会有多种算法可供选择,下面介绍 3 种常用算法。查找和排序算法的处理对象经常是数值型数据,而搜索算法的处理对象可以是非数值型数据,搜索结果有时不是确定的,经常出现模糊匹配。

1. 查找

查找是在大量的数据中寻找一个特定的信息元素,在计算机应用中,查找是常用的基本运算。常见的查找算法有顺序查找、二分查找、分块查找和哈希表查找。

1) 顺序查找

顺序查找也称为线性查找,从数据结构线性表的一端开始顺序扫描,依次将扫描到的节点关键字与给定值 k 相比较,若相等,则表示查找成功;若扫描结束仍没有找到关键字等于 k 的节点,表示查找失败。顺序查找的缺点是效率低下。

顺序查找的算法描述如下。

```
int Search(int d, int a[], int n)      /* 在数组 a 中查找等于 d 的元素,若找到,则函数返回 d 在数
                                          组中的位置,否则为 0。其中 n 为数组长度 */
{
    int i ;                            /* 从后往前查找 */
    for(i = n - 1; a!= d; -- i)
    return i ;                         /* 如果找不到,则 i 为 0 */
}
```

2) 二分查找

二分查找又称折半查找,优点是比较次数少,查找速度快,平均性能好;缺点是要求待查表为有序表,且插入删除困难。因此,折半查找方法适用于不经常变动而查找频繁的有序列表。首先,假设表中元素是按升序排列,将表中间位置记录的关键字与查找关键字比较,如果两者相等,则查找成功;否则利用中间位置记录将表分成前、后两个子表,如果中间位置记录的关键字大于查找关键字,则进一步查找前一子表,否则进一步查找后一子表。重复

以上过程,直到找到满足条件的记录,便查找成功,或直到子表不存在为止,此时查找不成功。它充分利用了元素间的次序关系,采用分治策略,在最坏的情况下完成搜索任务的时间复杂度为$O(\log_2 n)$。

3) 分块查找

分块查找是折半查找和顺序查找的一种改进,由于只要求索引表是有序的,对块内节点没有排序要求,因此特别适合于节点动态变化的情况。折半查找虽然具有很好的性能,但其前提条件是线性表顺序存储而且按照关键字排序,这一条件在节点数很大且表元素动态变化时是难以满足的。顺序查找可以解决表元素动态变化的要求,但查找效率很低。如果既要保持对线性表查找具有的较快速度,又要能够满足表元素动态变化的要求,则可采用分块查找的方法。分块查找也称为索引查找,把表分成若干块,每块中的数据元素的存储顺序是任意的,但要求块与块之间按关键字值的大小有序排列,还要建立一个按关键字值递增顺序排列的索引表,索引表中的一项对应线形表中的一块,索引项包括两个内容:键域存放相应块的最大关键字,链域存放指向本块第一个节点的指针。

分块查找的步骤如下。

① 取各块中的最大关键字构成一个索引表。

② 查找分为两部分,先对索引表进行二分查找或顺序查找,以确定待查记录在哪一块中。

③ 在已经确定的块中用顺序法进行查找。

4) 哈希表查找

哈希表查找是通过对记录的关键字值进行运算,直接求出节点的地址,是关键字到地址的直接转换方法,不用反复比较。假设f包含n个节点,R_i为其中某个节点($1 \leqslant i \leqslant n$),$\mathrm{key}_i$是其关键字值,在$\mathrm{key}_i$与$\mathrm{R}_i$的地址之间建立某种函数关系,可以通过函数把关键字值转换成相应节点的地址,即$\mathrm{addr}(\mathrm{R}_i)=\mathrm{H}(\mathrm{key}_i)$,其中$\mathrm{addr}(\mathrm{R}_i)$为节点$\mathrm{R}_i$的地址,$\mathrm{H}(\mathrm{key}_i)$是$\mathrm{key}_i$与$\mathrm{R}_i$的地址之间的哈希函数关系。

2. 排序

所谓排序,就是使一串记录按照其中的某个或某些关键字的大小,以递增或递减排列的操作。排序算法,就是使记录按照要求进行排列的方法,在很多领域得到相当的重视,尤其是在大量数据的处理方面。一个优秀的算法可以节省大量的资源,在各个领域中考虑到数据的各种限制和规范,要得到一个符合实际的优秀算法,需经过大量的推理和分析。排序的算法有很多,对空间的要求及其时间效率也不尽相同,这里列出了一些常见的排序算法:插入排序、冒泡排序、选择排序、快速排序、堆排序、归并排序、基数排序和希尔排序等。其中插入排序和冒泡排序又称作简单排序,它们对空间的要求不高,但是时间效率却不稳定;而后面3种排序相对于简单排序对空间的要求稍高一点,但时间效率却能稳定在很高的水平;基数排序是针对关键字在一个较小范围内的排序算法。

1) 插入排序

插入排序的基本操作是将一个数据插入已经排好序的有序数据中,从而得到一个新的、个数加一的有序数据,算法适用于少量数据的排序,时间复杂度为$O(n^2)$。插入排序的实现如下。

① 首先新建一个空列表,用于保存已排序的有序数列(称之为有序列表)。

② 从原数列中取出一个数，将其插入有序列表中，使其仍旧保持有序状态。

③ 重复步骤②，直至原数列为空。

插入排序的基本思想是在遍历数组的过程中，假设在序号 i 之前的元素$[0 \cdots i-1]$都已经排好序，每次需要找到 i 对应的元素 x 的正确位置 k，并且在寻找这个位置 k 的过程中逐个将比较过的元素往后移一位，为元素 x“腾位置”，最后将 k 对应的元素值赋为 x。

【例 6.6】 用插入排序的方法将无序数组{49,38,65,97,76,13,27}排成从小到大的顺序。

解：

	初始	(49)	38	65	97	76	13	27	——初始将 49 放入空列表中
38	$i=1$	(38	49)	65	97	76	13	27	——38 小于 49，应排在其前
65	$i=2$	(38	49	65)	97	76	13	27	——65 大于 49，应排在其后
97	$i=3$	(38	49	65	97)	76	13	27	——97 大于 65，应排在其后
76	$i=4$	(38	49	65	76	97)	13	27	——76 大于 65 小于 97，排在两者中间
13	$i=5$	(13	38	49	65	76	97)	27	——13 小于 38，应排在其前
27	$i=6$	13	27	38	49	65	76	97	——27 大于 13 小于 38，排在两者中间

2）希尔排序

希尔排序是插入排序的一种，也称缩小增量排序，是直接插入排序算法的一种更高效的改进版本，是非稳定排序算法。希尔排序把记录按下标的一定增量分组，对每组使用直接插入排序算法排序；随着增量的逐渐减少，每组包含的关键词越来越多，当增量减至 1 时，整个文件恰被分成一组，算法终止。

【例 6.7】 假设待排序文件有 10 个记录，其关键字分别是：49,38,65,97,76,13,27,49,55,04，用希尔排序方法将文件从小到大排列。

解：增量序列的取值依次为 5,3,1。

第 1 趟排序：第 1 个元素与第 6 个元素比较，根据大小选择是否交换位置；第 2 个元素与第 6 个元素、第 3 个元素与第 8 个元素、第 4 个元素与第 9 个元素、第 5 个元素与第 10 个元素跟前面的比较方法一致。

第 2 趟排序：第 1 个元素与第 4 个元素比较，根据大小选择是否交换位置，然后将得到的序列的第 4 个元素与第 7 个元素比较，根据大小选择是否交换位置，再将得到的序列的第 7 个元素与第 10 个元素比较，根据大小选择是否交换位置；以此类推，第 2、5、8 个元素和第 3、6、9 个元素的比较与前面方法一致。

第 3 趟排序：第 1 个元素与第 2 个元素比较，结果的第 2 个元素与第 3 个元素比较，再将结果的第 3 个元素与第 4 个元素比较，……，直到最后一个元素；前面得到序列的第 2 个元素与第 3 个元素比较，结果的第 3 个元素与第 4 个元素比较，再将结果的第 4 个元素与第 5 个元素比较，……，直到最后一个元素；前面得到序列的第 3 个元素与第 4 个元素比较，结果的第 4 个元素与第 5 个元素比较，再将结果的第 5 个元素与第 6 个元素比较，……，直到最后一个元素；……；前面得到序列的第 9 个元素与第 10 个元素比较，得到最终的有序序列。

希尔排序的每趟排序得到的序列如下：

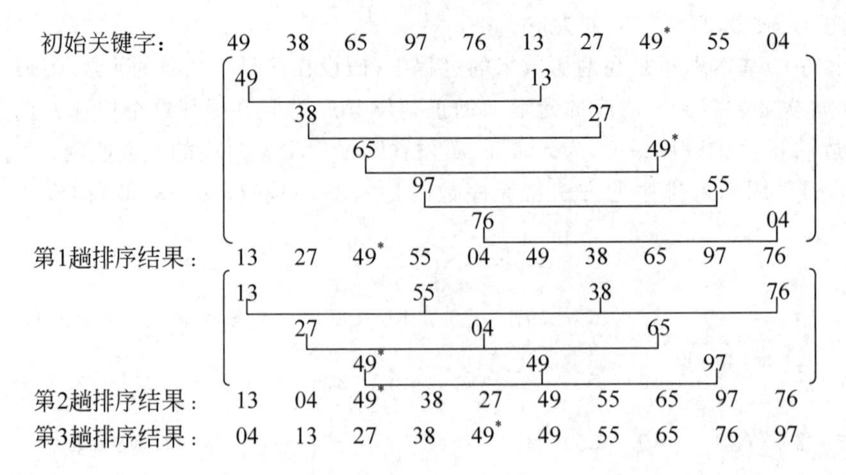

3）冒泡排序

冒泡排序是一种较简单的排序算法，重复访问要排序的数列，一次比较两个元素，如果它们的顺序错误就将它们交换。访问数列的工作重复进行，直到不再需要交换，也就是说该数列已经排序完成。冒泡排序的实现如下。

① 从列表的第1个数字到倒数第2个数字，逐个检查：若某一位上的数字大于下一位，则将它与下一位交换。

② 重复步骤①，直至再也不能交换。

冒泡排序最好的时间复杂度为$O(n)$，最坏的时间复杂度为$O(n^2)$。

【例6.8】 用冒泡排序的方法将无序数组{49,38,65,97,76,13,27,49 }排成从小到大的顺序。

解：

冒泡排序的第1趟排序：49＞38，交换；49＜65，不交换；65＜97，不交换；97＞76，交换；97＞13，交换；97＞27，交换；97＞49，交换。

第2趟排序：38＜49，不交换；49＜65，不交换；65＜76，不交换；76＞13，交换；76＞27，交换；76＞49，交换。

第3趟排序：38＜49，不交换；49＜65，不交换；65＞13，交换；65＞27，交换；65＞49，交换。

第4趟排序：38＜49，不交换；49＞13，交换；59＞27，交换；49＝49，不交换。

第5趟排序：38＞13，交换；38＞27，交换；38＜49，不交换。

第6趟排序：13＜27，不交换；27＜28，不交换。

第7趟排序：13＜27，不交换。

冒泡排序的每趟排序得到的序列如下。

初始关键字：[49　38　65　97　76　13　27　49]

第1趟排序结果：[38　49　65　76　13　27　49]　[97]

第2趟排序结果：[38　49　65　13　27　49]　[76]　97

第3趟排序结果：[38　49　13　27　49]　[65]　76　97

第 4 趟排序结果：[38　13　27　49]　$\boxed{49}$　65　76　97

第 5 趟排序结果：[13　27　38]　$\boxed{49}$　49　65　76　97

第 6 趟排序结果：[13　27]　$\boxed{38}$　49　49　65　76　97

第 7 趟排序结果：[13]　$\boxed{27}$　38　49　49　65　76　97

4）选择排序

选择排序是一种简单直观的排序算法，工作原理是每次从待排序的数据元素中选出最小(或最大)的一个元素，存放在序列的起始位置，直到全部待排序的数据元素排完。选择排序是不稳定的排序方法(比如序列[5,5,3]第 1 次就将[5]与[3]交换，导致第 1 个 5 挪动到第 2 个 5 后面)，平均时间复杂度是 $O(n^2)$。选择排序的实现如下。

① 设数组内存放了 n 个待排数字，数组下标从 1 开始，到 n 结束。

② 初始化 $i=1$。

③ 从数组的第 i 个元素开始到第 n 个元素，寻找最小的元素。

④ 将步骤③找到的最小元素和第 i 位元素交换。

⑤ i++，直到 $i=n-1$ 算法结束，否则回到步骤③。

【例 6.9】 用选择排序的方法将无序数组{49,38,65,97,76,13,27 }排成从小到大的顺序。

解：

第 1 趟排序：选择出 13，交换 13 与 49 的位置。

第 2 趟排序：选择出 27，交换 27 与 38 的位置。

第 3 趟排序：选择出 38，交换 38 与 65 的位置。

第 4 趟排序：选择出 49，交换 49 与 97 的位置。

第 5 趟排序：选择出 65，交换 65 与 76 的位置。

第 6 趟排序：选择出 76，交换 76 与 97 的位置；剩下元素 97，已经有序。

选择排序的每趟排序得到的序列如下。

初始关键字：[49　38　65　97　76　13　27]

第 1 趟排序结果：$\boxed{13}$　[38　65　97　76　49　27]

第 2 趟排序结果：13　$\boxed{27}$　[65　97　76　49　38]

第 3 趟排序结果：13　27　$\boxed{38}$　[97　76　49　65]

第 4 趟排序结果：13　27　38　$\boxed{49}$　[76　97　65]

第 5 趟排序结果：13　27　38　49　$\boxed{65}$　[97　76]

第 6 趟排序结果：13　27　38　49　65　$\boxed{76}$　[97]

5）快速排序

实践证明，快速排序是所有排序算法中最高效的一种，采用了分治的思想：先保证列表的前半部分都小于后半部分，然后分别对前半部分和后半部分排序，这样整个列表就有序了。这是一种先进的思想，也是它高效的原因。排序算法中，算法高效与否与列表中数字间的比较次数有直接的关系，而“保证列表的前半部分都小于后半部分”就使得前半部分的任何一个数从此以后都不用再跟后半部分的数进行比较了，大大减少了数字间不必要的比较。

6）归并排序

归并排序是建立在归并操作上的一种有效的排序算法，该算法是采用分治法的一个非常典型的应用。其基本思想是将已有序的子序列合并，得到完全有序的序列，也就是先使每个子序列有序，再使子序列段间有序。将两个有序表合并成一个有序表，称为二路归并。

归并过程为：比较 a[i]和 a[j]的大小，若 a[i]$\leqslant$a[j]，则将第一个有序表中的元素 a[i]复制到 r[k]中，并令 i 和 k 分别加 1；否则将第二个有序表中的元素 a[j]复制到 r[k]中，并令 j 和 k 分别加 1，如此循环下去，直到其中一个有序表取完，然后再将另一个有序表中剩余的元素复制到 r[k]中从下标 k 到下标 t 的单元。归并排序算法通常用递归实现，先把待排序区间[s,t]以中点二分，接着把左边子区间排序，再把右边子区间排序，最后把左区间和右区间用一次归并操作合并成有序的区间[s,t]。

7）堆排序

堆的数据结构是一种数组对象，它可以被视为一棵完全二叉树。树中每个节点与数组中存放该节点值的那个元素对应。树的每层都是填满的，最后一层可能除外(最后一层从一个节点的左子树开始填)。堆排序最坏的时间复杂度为 $O(n\log_2 n)$，堆排序的平均性能分析较难，但实验研究表明，它接近于最坏性能。堆排序第一步是建堆，采用自底向上的思想，具体实现过程如下。

① 已有长度为 n 的数组 $A[1,\cdots,n]$，建立一个完全二叉树，将数组中元素按照下标顺序依次放入完全二叉树。

② 找到最后一个非终端节点，比较左右节点，找出最大的节点，将其与这个非终端节点比较，如果非终端节点较小，则交换，否则跳过。

③ 依次往上，重复步骤②，直到根节点。

建堆完成后，输入待排序元素，将其插入堆的最后一个节点，重复建堆步骤进行调整。

8）基数排序

基数排序是一种用在老式穿卡机上的算法。一张卡片有 80 列，每列可以在 12 个位置中的任一处穿孔。排序器可以被机械地“程序化”，以便对一叠卡片中的每列进行检查，再根据穿孔的位置将它们分别放入 12 个盒子里。这样，操作员就可以逐个地将它们收集起来，其中第一个位置穿孔的放在最上面，第二个位置穿孔的放在其次，等等。对十进制数字来说，每列中只用到 10 个位置(另两个位置用于编码非数值字符)。一个 d 位数占用 d 个列。因为卡片排序器一次只能查看一个列，因此，要对 n 张卡片上的 d 位数进行排序，就需要用到排序算法。基数排序是首先按最低有效位数字进行排序，以解决卡片排序问题。把各堆卡片收集成一叠，其中 0 号盒子中的在 1 号盒子中的前面，1 号盒子中的又在 2 号盒子中的前面，等等。然后，对整个一叠卡片按次低有效位排序，并把结果同样地合并起来。重复这个过程，直到对所有的 d 位数字都进行了排序。所以，仅需要 d 遍就可以将一叠卡片排好序。

【例 6.10】 用基数排序的方法将无序数组{329,457,657,839,436,720,355}排成从小到大如下所示的顺序。

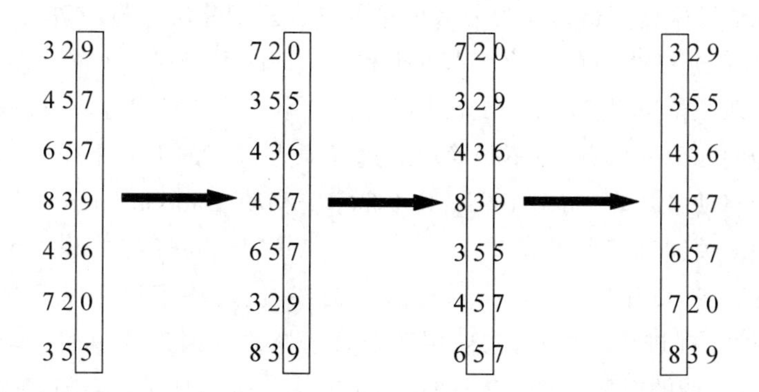

3. 搜索

搜索算法是利用计算机的高性能有目的地穷举一个问题解空间的部分或所有的可能情况,从而求出问题解的一种方法。搜索算法实际上是根据初始条件和扩展规则构造一棵"解答树"并寻找符合目标状态的节点的过程。有两种常用的搜索方法:蛮力搜索和启发式搜索。蛮力搜索本身又分为广度优先和深度优先。在广度优先搜索方法中,从树的根开始,在走向下一层前,检查当前层中的所有节点。在到达目标状态前,不得不搜索所有的节点,所以这种方法是低效的。如果搜索是从右到左的,那么要搜索的节点数可能就不同了。此外,在深度优先搜索方法中,从树的根开始,做一个向前搜索,直至发现目标或到达一个死端。如果到达了死端,则回溯到最近的分支,然后再次向前搜索。继续这样的过程,直至达到目标。

启发式搜索就是在状态空间中对每个搜索的位置进行评估,得到最好的位置,再从这个位置进行搜索直到发现目标。这样可以省略大量无谓的搜索路径,提高效率。在启发式搜索中,对位置的估价是十分重要的。采用不同的估价可以有不同的效果。启发算法有蚁群算法、遗传算法、模拟退火算法等。

所有的搜索算法从最终实现上来看,都可以划分成两个阶段:匹配阶段和排序阶段,而所有的算法优化和改进主要都是通过修改匹配算法和排序算法来完成。

搜索算法匹配阶段的主要任务是寻找满足条件的匹配项,可以是精确匹配,也可以是模糊匹配;排序阶段的主要任务是根据特征因子将前一阶段得到的匹配项进行排序,这样搜索结果更符合用户要求,用户对获得的搜索结果会更加满意。

例如,在网页搜索中,匹配阶段就是寻找网页内容与搜索内容相关的、匹配的网页,实质是文本匹配,通过这个阶段可以获得一系列与搜索内容匹配的网页。用于寻找匹配项的文本匹配算法有很多,布尔匹配是其中比较经典的一种方法,是一种基于简单元匹配的查询方法。传统的布尔匹配模型简单严密,使其操作过程达到高度统一的标准,便于计算机模拟,匹配表达式中的逻辑关系便于用户表达不同的信息需求,而且匹配表达式中的几种逻辑关系简单易用,为人们所熟知。其优点是简洁、结构性强、语义表达能力好,特别是布尔提问表达式可以准确地表达信息需求概念之间的逻辑关系,适合处理各种复杂的、交叉的信息需求。

多关键词匹配算法适用于处理数据量较大的情况。多关键词匹配算法目前被广泛用于网络信息过滤、入侵检测系统和生物信息计算的基因序列比较等工作中。Boyer-Moore 算法被认为是实际应用中使用最多也最有效的单关键词匹配算法。与一般的关键词匹配算法不同,它是从后向前判断当前位置的文本是否和关键词匹配。在一个匹配动作完成后,从文本中选择下一个匹配位置时,Boyer-Moore 算法会使用两种启发式方法,根据当前匹配结果找到下一个可能的匹配入口点,而不是简单地选择原入口点的下一个位置。这两种启发式方法是良好后缀移动(Good-Suffix Shift)和不良字符移动(Bad-Character Shift)。在 Boyer-Moore 算法处理多关键词问题的基础上派生出了 Wu-Manber 算法,是一种快速实用的多关键词匹配算法。它采用 Boyer-Moore 算法的框架,使用块字符来计算的 bad-character shift 距离表。此外,在进行匹配时,它使用散列表选择关键词集合中的一个子集与当前文本进行匹配,减少无谓的匹配运算。Wu-Manber 方法的执行时间不会随着关键词集的增加而成比例增长,而且要远少于使用每个关键词和 Boyer-Moore 算法对文本进行匹配的时间总和。Wu-Manber 算法的时间复杂度在最好的情况能达到 $0(B*n/m)$(B 是块字符的长度,是算法在每个入口点计算块字符的时间)。

排序阶段就是根据重要性和相关性等特征因子将前面得到的与搜索内容匹配的网页进行排序,最终把排序后的网页呈现给用户,让用户更好、更快地选择对自己有用的网页。PageRank 算法是排序阶段应用非常广泛的一个算法,其中的重要度因子为一个网页入口超级链接的数目,一个网页被其他网页引用得越多,则该网页就越有价值。特别地,一个网页被越重要的网页所引用,则该网页的重要程度也就越高。Google 通过 PageRank 算法计算出网页的权重值,从而决定网页在结果集中的出现位置,权重值越高的网页,在结果中出现的位置越前。

PageRank 算法的思路比较简单。首先,将 Web 做如下抽象:①将每个网页抽象成一个节点;②如果一个页面 A 有链接直接链向 B,则存在一条有向边从 A 到 B(多个相同链接不重复计算边)。因此,整个 Web 被抽象为一张有向图。假设只有 4 张网页:A、B、C、D,其抽象结构如图 6.9 所示。显然这个图是强连通的(从任一节点出发都可以到达另外任何一个节点)。

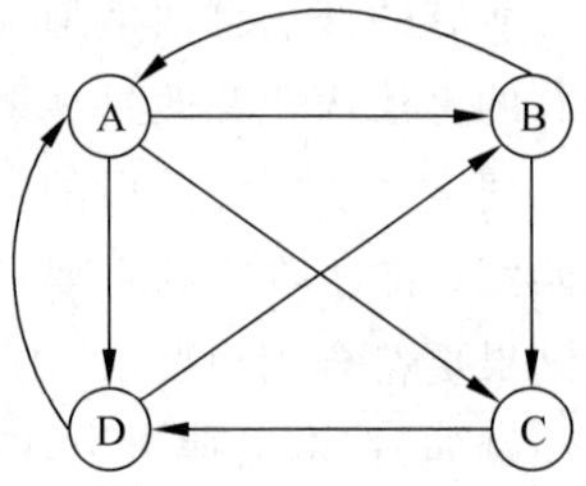

接下来,需要用一种合适的数据结构表示页面间的连接关系。PageRank 算法基于这样一种假设:用户访问越多的网页质量可能越高。用户在浏览网页时主要通过超链接进行页面跳转,因此需要通过分析超链接组成的拓扑结构来推算每个网页被访问频率的高低。最简单的,可以假设当一个用户停留在某页面时,跳转到页面上每个被链页面的概率是相同的。例如,图 6.9 中 A 页面链向 B、C、D,所以一个用户从 A 跳转到 B、C、D 的概率各为 1/3。设共有 N 个网页,则可以定义一个 N 维矩阵:其中第 i 行第 j 列的值表示用户从页面 j 转到页面 i 的概率。这个矩阵叫作转移矩阵。下面的转移矩阵 $\boldsymbol{M}$ 对应图 6.9。

图 6.9　网页抽象图

$$\boldsymbol{M}=\begin{pmatrix} 0 & 1/2 & 0 & 1/2 \\ 1/3 & 0 & 0 & 1/2 \\ 1/3 & 1/2 & 0 & 0 \\ 1/3 & 0 & 1 & 0 \end{pmatrix}$$

权重计算过程为：设初始时每个页面的权重值为 $1/N$，这里就是 1/4。按 A～D 顺序将页面权重值表示为向量 $\boldsymbol{v}$ 。

$$\boldsymbol{v}=\begin{pmatrix}1/4\\1/4\\1/4\\1/4\end{pmatrix}$$

注意：矩阵 $\boldsymbol{M}$ 第一行分别是 A、B、C 和 D 转移到页面 A 的概率，而 $\boldsymbol{v}$ 的第一列分别是 A、B、C 和 D 当前的权重，因此用 $\boldsymbol{M}$ 的第一行乘以 $\boldsymbol{v}$ 的第一列，所得结果就是页面 A 最新权重的合理估计。同理，$\boldsymbol{Mv}$ 的结果就分别代表 A、B、C、D 新权重。

$$\boldsymbol{Mv}=\begin{pmatrix}1/4\\5/24\\5/24\\1/3\end{pmatrix}$$

用 $\boldsymbol{M}$ 再乘以这个新的权重向量，又会产生一个更新的权重向量。循环迭代这个过程，可以证明向量 $\boldsymbol{v}$ 最终会收敛，即 $\boldsymbol{v}$ 约等于 $\boldsymbol{Mv}$ ，此时计算停止。最终的 $\boldsymbol{v}$ 就是各个页面的权重值。例如，上面的向量经过迭代后，大约收敛在(1/4，1/4，1/5，1/4)，这就是 A、B、C、D 最后的权重值。

习　题　6

1. 计算的本质是什么？

2. 简述图灵机对现代计算机的启示。

3. 求解算法 $S=1+1/2+1/3+\cdots+1/n$ 的程序流程图和伪代码描述。

4. 算法分析时需考虑哪些方面的问题？

5. 程序设计可分为哪几个阶段？

6. 结构化程序设计的基本结构有哪些？对其简要介绍。

7. 已知下列算法：①输入 x；②若 $x>0$ 执行③，否则执行⑥；③$y\leftarrow 2x+1$；④输出 y；⑤结束；⑥若 $x=0$ 执行⑦；否则执行⑩；⑦$y\leftarrow 1/2$；⑧输出 y；⑨结束；⑩$y\leftarrow -x$；⑪输出 y；⑫结束。画出该算法的程序框图。

8. 写出一个分支结构表示：当 T=1,2,3,4 时，分别执行语句 K1、K2、K3、K4。

9. 定义函数的一般形式是什么，要注意哪些方面？

10. 常用的查找算法有哪些，各有什么特点？

11. 如果要求一个线性表既能较快地查找，又能适应动态变化的要求，则可采用的查找方法是分块查找、顺序查找还是二分查找？

12. 基数排序过程中用队列暂存排序的元素，是否可以用栈来代替队列？为什么？

13. 现有无序数字序列{33,41,20,24,30,13,01,67}，选择两种方法将其排列成从大到小的有序数字序列。可选择的方法包括插入排序、冒泡排序、选择排序、希尔排序。

14. 假定对有序表{3,4,5,7,24,30,42,54,63,72,87,95}进行折半查找，试回答下列问题：

(1) 若查找元素 54,需依次与哪些元素比较?

(2) 若查找元素 90,需依次与哪些元素比较?

15. 举例说明本章介绍的各排序方法中哪些是不稳定的?

16. 搜索算法主要有哪些阶段,各阶段的主要任务是什么?

17. 假设数字序列{1,2,4,5}顺序存储在一个数组中,要插入数字 3 而且保持数字顺序,要做些什么操作?

第7章 计算机科学中的思维方式

逻辑思维和实证思维帮助人类深刻地认识世界，促进了逻辑学和物理学等基础学科的快速发展，而计算思维在人类改造世界的过程中起到至关重要的作用，因此并称为三大思维方式。随着人类对计算思维认识的不断加深，产生了众多新的计算模式，甚至对计算机学科以外的其他学科也产生了重要影响，诞生了许多"计算＋X"学科，极大地促进了社会学、生物学和经济学等学科的发展。

近年来，随着互联网、大数据和人工智能等技术的快速发展和广泛应用，基于这些新技术的服务和产品受到越来越多的关注，已作为核心驱动力对各行各业进行了重塑，推动了商业模式、经济结构甚至国家战略的升级革新。为了让广大用户适应时代的快速发展步伐，每位社会参与者应该拥抱新时代的思维方式，进一步向互联网思维、大数据思维和智能化思维转变，积极探索和实践这些思维方式。

本章主要介绍计算思维、互联网思维、大数据思维和智能化思维，重点对它们的产生、概念、作用和培养方式进行详述。

7.1 计算思维

计算思维最早是由美国麻省理工学院的 Seymour Papert 教授于 1996 年提出，但使这一概念受到广泛关注的是美国卡内基·梅隆大学的周以真教授，她于 2006 年在 *Communications of the ACM* 期刊上提出并定义计算思维(Computational Thinking)。周教授认为：计算思维是运用计算机科学的基础概念进行问题求解、系统设计、人类行为理解等涵盖计算机科学的一系列思维活动。

随着计算思维逐渐被广泛关注，许多学者都发表了对计算思维的不同认识和观点。图灵奖获得者 Karp 认为，自然问题和社会问题自身内部就蕴含丰富的属于计算的演化规律，这些演化规律伴随着物质的变换、能量的变换以及信息的变换，因此，正确提取这些信息变换，并通过恰当的方式表达出来，使之成为计算机能够处理的形式，这就是基于计算思维概念解决自然问题和社会问题的基本原理和方法论。孙家广院士在《计算机科学的变革》一文中指出：计算机科学界最具有基础性和长期性的思想就是"计算思维"。由李国杰院士任组长的中国科学院信息领域战略研究组撰写的《中国至 2050 年信息科技发展路线图》中对计算思维给予了高度重视，提出在 2050 年前，除阅读、协作和算术能力培养之外，应当将计算思维的培养加到个人解析能力之中。

7.1.1 计算思维的产生

人类几千年文明的发展和科技的进步,都离不开科学发现的三大支柱:理论科学、实验科学和计算科学,这3种科学对应着3种思维方式,理论科学对应逻辑思维,以推理和演绎为特征;实验科学对应实证思维,以观察和归纳自然规律为特征;计算科学对应计算思维,以抽象化和自动化为特征。与前两个思维一样,计算思维在人类思维的早期就已经萌芽,是与人类思维活动同步发展的思维模式,并且一直是人类思维的重要组成部分,但是计算思维概念的明确和建立却经历了漫长的时期。在很长一段时间里,计算思维的研究是作为数学思维的一部分进行的,主要原因是计算思维考虑可构造性和可实现性,而相应的手段和工具的研究进展缓慢。

相对于计算思维,逻辑思维和实证思维的明确和建立要早很多,其中逻辑思维起源于希腊时期,主要科学家有苏格拉底、柏拉图、亚里士多德,他们构建了基本的现代逻辑学体系。逻辑思维符合两个主要原则:第一要有作为推理基础的公理集合;第二要有一个可靠和协调的推理系统(推理规则)。逻辑思维结论的正确性源于公理的正确性和推理规则的可靠性。为了保证推荐结论的可接受程度,往往要求作为推理基础的公理体系是证伪的。实证思维起源于物理学的研究,主要科学家有开普勒、伽利略和牛顿。开普勒是现代科学中第一个有意识将自然现象观察总结成规律并表示出来的科学家。伽利略建立了现代实证主义的科学体系,强调通过观察和实验获取自然规律法则。牛顿把观察、归纳和推理完美地结合起来,形成了现代科学的整体框架。实证思维符合3个原则:第一是可以解释以往的实验现象;第二是逻辑上不能自相矛盾;第三是能够预见新的现象,即思维结论经得起实验的验证。

随着科学的不断发展,人类不仅仅满足于成功地认识世界,改造世界的力度和速度不断地加大加快。从17世纪工业革命开始,人类从以认识世界为主,转向了以改造世界为主的生产活动。在这个过程中,计算思维起到了至关重要的作用,只有把以前人类对于自然的认识规律通过计算思维转化成为实际可行的行动方案,才能达到改造世界的目标,深化对原有知识的理解。例如,图7.1是农村修建的一所砖瓦房,修建这样的房子早期没有设计图纸,整个建筑的构思就在工人的脑子里面,图7.2为修建这所房子的工人心中的房屋构想。随着人们生活水平的不断提高,人们开始渴望住上高级复杂的别墅,如图7.3为别墅的外貌,修建房屋的工程规模也随之不断扩大,这种靠记忆来设计和规划建筑的方式越来越不适用,

图7.1 农村房屋

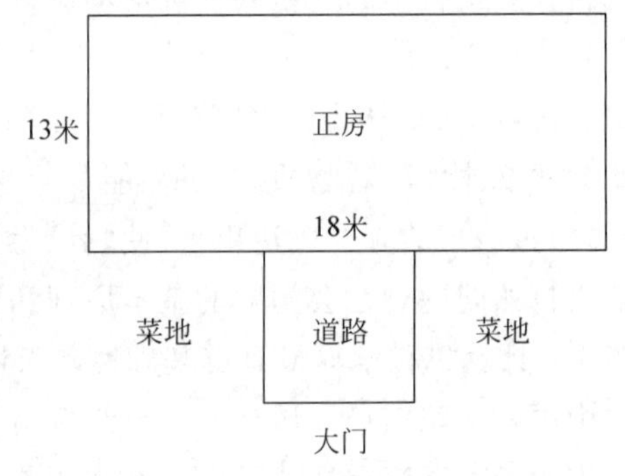

图7.2 工人心中的房屋构想

图 7.3　别墅外貌

因此利用施工图纸(建筑蓝图)进行科学设计的方法应运而生,如图 7.4 为修建别墅内部的设计图纸。这种关于建筑的形式化表达方式使得建筑师可以互相沟通设计思想,共同组织工程实施,从而保证了大规模建筑的顺利实施。

图 7.4 这样的工程样图符合人类计算思维所具有的有限性、确定性和机械性等特征,使得建筑思路和方式可以完整保留,促进了建筑设计和工艺的不断进步。又例如,对于现在的考古工作,由于没有相应的设计工程图,考古学者对于古代先进的施工工艺不知道如何实施,即便有保留下来的设计图纸,由于篇幅很少或者言语不详,所以参考价值不大。这充分说明采取符合计算思维的方式来描述实施各种工程活动,是人类进步的体现,是知识积累和文化传承的重要方式。随着现代科学的形成和发展,人们对于计算思维的作用和意义的认识越来越深。当今社会中,使用计算思维思考和解决问题,已经成为人们普遍认可的思维方式,并得到高度关注和大力推广。周以真教授认为,计算思维是 21 世纪每个人都要拥有的基本能力,它将像数学及物理那样成为人类学习知识和应用知识的基本技能。

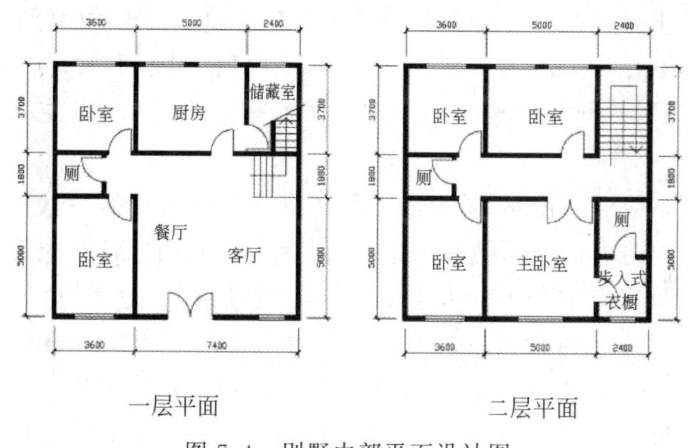

图 7.4　别墅内部平面设计图

7.1.2　计算思维的定义

国际上广泛认同的计算思维的定义由周以真教授提出,她对计算思维的认识和定义也在不断地加深和发展。2006 年,周以真教授指出计算思维是运用计算机科学的基础概念进行问题求解、系统设计以及人类行为理解等涵盖计算机科学之广度的一系列思维活动,包含能反映计算机科学的广泛性的一系列智力工具。2010 年,周以真教授又指出计算思维是与形式化问题及其解决方案相关的思维过程,其解决问题的表示形式应该能有效地被信息处理代理执行。

计算思维是建立在计算过程的能力和限制之上的,无论这些过程是由人还是机器执行。计算方法和模型给了人们勇气去处理那些原本无法由任何个人单独完成的问题求解和系统设计任务。然而利用计算思维去设计方法或者模型时,必须考虑什么是可计算的,即一个实际问题是否可以在有限步骤内被解决,需要考虑在不同的计算方法和模型下哪些问题可以解决,同时需要考虑这些可以解决的问题怎么能够有效地解决,因为无论是机器还是人,计算能力都是有限的,如机器会受到指令系统、资源和操作系统等的约束。有时为了有效地解决一个实际问题,需要考虑一个近似解是否可以?是否允许误差存在?只有认真地解决好以上的问题,才能够利用计算思维去解决以往任何个人都不能够独立完成的问题求解和系统设计任务。

当认真地解决好上面的问题之后,如何利用计算思维解决问题成为主要关注点。在利用计算思维解决实际问题时,经常采用抽象和分解来解决复杂的实际问题,首先将实际问题抽象成易于理解的描述方式或模型,并将实际问题分解成易于处理的问题。在分解的过程中,往往通过约简、嵌入、转化和仿真等方法把一个困难的问题阐释成已经知道怎么解决的问题。此外,启发式思考方法也是计算思维的常用手段,是一种在不确定情况下规划、学习和调度的思维方式,利用以往解决问题时的经验规则构建行之有效的策略。由于计算设备能力的限制,处理问题需要在时间和空间、处理能力和存储容量之间进行折中,而且为了系统能够从最坏的情况恢复,还需要考虑冗余、容错和纠错等来保障系统的健壮性。

7.1.3 计算思维的特性和作用

周以真教授在提出计算思维概念定义的同时,还对如何理解计算思维做了细致的说明。周教授认为,计算思维是教授学生如何像计算机科学家那样去思考问题,而远远不只能为计算机编程,还要求能够在抽象的多个层次上思维。计算机科学不只是关于计算机,就像音乐产业不只是关于麦克风一样。周教授提出在学习计算思维时,应该注意计算思维的以下几个特性。

① 计算思维是一种根本技能,是每个人为了在现代社会中发挥职能所必须掌握的。

② 计算思维是人类求解问题的一条途径,但绝非要人类像计算机那样思考。计算机枯燥且沉闷,人类聪颖且富有想象力。人类赋予计算机激情,反过来,计算机给人类强大的计算能力,人类应该好好地利用这种力量去解决各种需要大量计算的问题。

③ 计算思维是思维,不是人造品。计算机科学不只是将软硬件等人造物呈现给人们的生活,更重要的是计算的概念,它被人们用来求解问题、管理日常生活以及与他人进行交流和互动。

④ 计算思维是数学和工程思维的互补与融合。一方面,计算机科学源于数学思维,它的形式化基础建筑于数学之上;另一方面,计算机科学源于工程思维,因为人们构造的是能够与现实世界互动的系统。

计算思维与逻辑思维、实证思维并称三大思维,计算思维对于人类进步和文明传承的贡献无疑是巨大的。计算思维的概念虽然被广泛接受和认可的时间不长,但是对于计算机学科和其他学科的影响巨大,如其他学科与计算思维相融合产生了许多新兴研究方向和学科,这也表明了学习计算思维的必要性和重要性。

1. 计算思维对计算机学科的影响

计算思维虽然有着计算机学科的许多特征,但计算思维本身并不是计算机学科的专属。实际上,即使没有计算机的出现,计算思维也在逐步发展,而且计算思维的某些内容与计算机并不相关,但是,计算机的出现给计算思维的研究和发展带来了根本的变化和突破性的发展。由于计算机具有对信息和符号快速处理的能力，使得原本只能停留在理论上的想法可以转化成实际的系统，如智能手机和互联网的出现，使得用户可以随时随地与朋友分享自己身边发生的乐事，这在以前是不可以想象的。机器代替人类的部分智力活动催发了对智力活动机械化的研究热潮，凸显了计算思维的重要性，推进了对计算思维的形式、内容和表达的深入探究。在这样的背景下，人类思维活动中以形式化、程序化和机械化为特征的计算思维受到前所未有的重视，并且作为研究对象被广泛和深入地研究。

计算思维被明确提出以前，很多人错误地认为计算机学科就是学习如何编写程序的一门学科，这是极其片面的一种认识。计算思维提出以后，计算机学科发生了巨大的变革，人们认识到计算的本质就是一种信息状态到另一种信息状态转变的过程，计算机学科更加注重探讨和研究什么是可计算的，如何将实际问题转变为可计算的问题，进而使用计算机仿真和模拟，解决许多以往难以解决的问题。计算机科学已成为主要研究计算思维的概念、方法和内容的重要学科之一。

2. 计算思维对其他学科的影响

计算机科学和计算思维与其他学科之间的关系越来越密切，如生物学作为自然科学六大基础学科之一，主要研究生物的结构、功能、发生和发展的规律。随着生物学研究的进行，大量的生命科学数据快速积累产生，传统的方法没有能力处理如此大的数据，据统计，每 14 个月基因研究产生的数据就会翻一番，单单依靠观察和实验已难以应付，必须依靠新的大规模计算模拟技术，从海量信息中提取分析最有用的数据。因此，融合计算机科学技术与生物学理论的一门新兴交叉学科就此诞生，被命名为计算生物学。计算生物学的发展标志是大量生命科学数据的快速积累以及为处理这些复杂数据而设计的新算法不断涌现。人类基因组计划是计算生物学的一个标志应用，这项历时 15 年耗资 30 亿美元的研究项目，其规模和意义已远远超过历史上的一些重大科学项目，不但集中了许多国家政府的投入，而且吸引了全世界不同学科的精英。基因组计划包括基因序列分析、结构预测和分子交互等，这些都是计算生物学的重要研究内容。

再如，社会计算或计算社会学是指社会行为和计算系统融合而成的一个新的研究领域，研究如何利用计算机系统帮助人们进行沟通与协作、如何利用计算技术研究社会运行规律和发展趋势。其具体研究内容包括社交网络服务，如当下最热门的 Facebook 就属于社交网络服务；集体智能，如维基百科和百度百科；内容计算，如舆情分析。

7.1.4 计算思维的培养

计算机学科是培养计算思维的最佳学科，重点研究什么能被(有效地)自动进行。学习利用计算思维解决问题的过程大致可以分为 3 个阶段：抽象过程、理论总结过程和设计过程。首先，抽象过程是指在思维中对同类事物去除其表层的、次要的方面，抽取其共同的、主要的方面，从而做到从个别中把握一般，从现象中把握本质的认识过程和思维方法。计算机学科中，抽象也称为模型化，源于实验科学，主要要素是数据采集方面和假设的形式说明、模型的构造与预测、实验分析、结果分析，为可能的算法、数据结构和系统结构等构造模型时使用的过程，抽象的结果为概念、符号和模型。其次，理论总结过程是科学知识由感性阶段上升为理性阶段，形成科学理论。科学理论是经过实践检验的系统化了的科学知识体系，是由科学概念、科学原理以及对这些概念、原理的论证所组成的体系，是通过对现实事物的分析、抽象对其本质的一般规律进行的总结、升华。最后,设计过程是用来开发求解给定问题的系统和设备,主要要素为需求说明、规格说明、设计与实现方法、测试和分析。理论、抽象和设计三个过程贯穿计算机学科的各个分支领域。

培养计算思维能力,就是要学会利用理论、抽象和设计这三个过程解决问题。这三个过程涉及大量的知识,大致可以归结为数学方法知识、形式化方法知识和系统科学方法知识,只有熟练地掌握了这三方面的知识,才能熟练地利用计算思维解决实际问题。数学方法在现代科学技术的发展中已经成为一种必不可少的认知手段,它在科学技术方法论中的作用主要表现在下列3方面:

① 为科学技术研究提供简洁精确的形式化语言。

② 为科学技术研究提供定量分析和计算的方法。

③ 为科学技术研究提供严密的逻辑推理工具。

其中递归和迭代是最具代表性的构造性数学方法,已被广泛地应用于计算机学科各个领域。

形式化方法实质上是一个算法,即一个可以机械地实现的过程,将概念、断言、事实、规则、推演乃至整个被描述系统表达成严密、精确又无须任何专门的知识就可被毫无歧义地感知的形式。系统科学方法是用系统的观点来认识和处理问题的各种方法的总称,是一般科学方法论的重要内容。系统科学研究主要采用符号模型而非实物模型,符号模型包括概念模型、逻辑模型、数学模型等。

在计算机相关课程的学习过程中,需要认真体会解决问题的3个过程:抽象过程、理论总结过程和设计过程,以及在这些过程中涉及的各种知识和方法,理解计算机学科的本质,提高使用计算思维解决问题的能力,成为一名合格的计算机科学工作者。

7.2 新时代的思维方式

人类社会已步入智能时代,互联网的分布式计算模式、大数据时代的科学研究范式和人工智能框架下的机器学习能力对智能时代起到重要的支撑作用。从国内外关于信息产业的发展和应用来看,各国政府都进行了相应布局,2015年全国“两会”期间,李克强总理在政府工作报告中首次提出“互联网+”行动计划,随后于2015年8月国务院印发了《促进大数据发展行动纲要》,并于2017年7月国务院印发了《新一代人工智能发展规划》,这些纲要和规划体现了国家对互联网、大数据和人工智能的重视,也指明了基于互联网、大数据和人工智能等技术的相关产业也将是未来产业发展和产业升级的重要驱动力。

因此,为了确保新时代的服务和产品能够有效普惠社会大众,能够让广大用户适应时代的快速发展步伐,每位社会参与者应该拥抱新的思维方式,进一步向互联网思维、大数据思维和智能化思维转变,积极探索和实践这些思维方式。

7.2.1 互联网思维

网络思维是计算思维的重要发展和延伸,它是运用网络科学的概念与方法进行问题求解、系统设计和人类行为及各类现象理解等涵盖网络科学广度的一系列思维活动。网络思维是计算机时代个体思维的拓展,是一种涵盖群体思维和社会思维的新的思维方式。

互联网是以一组通用协议相连的庞大网络，互联网思维是一种典型的网络思维，其是在(移动)互联网、大数据、云计算等技术不断发展的背景下，对市场、用户、产品、企业价值链乃至对整个商业生态进行重新审视的思考方式。

1. 互联网思维的产生

互联网思维由百度公司创始人李彦宏率先提出。在百度的一个大型活动上，李彦宏与传统产业的老板、企业家探讨发展问题时提到“我们这些企业家们今后要有互联网思维，可能你做的事情不是互联网，但你的思维方式要逐渐从互联网的角度去想问题”。此后，这种观念逐步被越来越多的企业家，甚至企业以外的各行各业、各个领域的人所认可。

从互联网思维的产生原因来看，互联网的技术特征在一定程度上会影响到社会商业层面解决问题的思维逻辑，同时互联网的快速发展和深入应用也促使符合互联网特征的思维方式不断涌现。互联网思维已成为互联网时代的一种典型思考方式，其不局限于互联网产品和互联网企业。通常，广义的互联网不单指桌面互联网或者移动互联网，其是跨越各种终端设备，包括计算机、平板、手机、手表、眼镜、智能家具等所有联网设备共同构成的万物互联的网络形态。目前，互联网思维已为互联网产业和其他行业的融合提供了重要的思维方式，也使企业的生产方式和商业模式产生根本性的变化。

2. 互联网思维的定义

目前，互联网思维没有明确的定义，不同领域和行业的专家对互联网思维有不同的认识和理解。

360公司董事长周鸿祎认为“互联网思维是一种全新的价值观”，他将互联网思维和方法论总结为4个关键词：用户至上、体验为王、免费的商业模式、颠覆式创新。

用户至上：互联网讲的不是把东西卖给谁，而是如何提供有价值的服务，并和用户永远保持连接。在互联网上聚集越多的用户，就会产生越大的化学反应，并产生巨大的效益和创新。互联网上的用户不是大家认识上的客户，在互联网经济中，很多东西不仅不要钱，还要把质量做得特别好并免费让用户使用，甚至倒贴钱吸引人们去用。

体验为王：只有把一个东西做到极致，超出预期才叫体验。在传统经济里，很多时候给用户提供的产品，够用就好，能卖就成。但在互联网上，用户选择成本很低，鼠标一点就用了，鼠标一点又不用了。所以要想办法让大家体验到超出预期的感受，这样用户才能变成你的粉丝，你才会有口碑，你的产品的用户黏性才会比较强。

免费的商业模式：互联网出来之前，现实生活中的“免费”多是一种推销的噱头或营销的技巧。互联网的快速发展为许多伟大的互联网公司创造了机会，这些公司无一例外地都将免费做到了极致。雅虎最早提供免费搜索服务和邮箱服务，这开创了互联网免费的先河，随后谷歌、百度、阿里、腾讯等国内外公司都将免费服务作为汇聚用户的重要手段。在海量用户基础上，新的商业盈利模式产生，一种是精准的广告推送，另一种是提供更好的增值服务，还有一种是佣金模式。目前，谷歌公司的广告推送业务被称为是谷歌最赚钱的一项业务，据说这项业务贡献了谷歌超过70%的利润。腾讯公司不同产品的各级、各类会员，网络游戏产品中提供的高级服务和技能，各个视频网站采用的会员制等都属于增值服务，它们的基本思路都是基础功能免费、高级功能收费，基本内容免费、高级内容收费的策略。目前，很多互联网巨头都属于平台模式，平台不直接生产、创造价值，而是通过连接不同商业群体来整合价值。美团、滴滴和携程等O2O巨头，均是通过促成团购、打车、旅游等商业交易从中提取一定的佣金而盈利。

颠覆式创新：通过创新，创造出一种世界上本不存在的东西，取代人们原本的使用习惯，实现从原有的模式完全蜕变为一种全新的模式，这就是颠覆式创新。把产品和服务做得便宜，甚至免费，把东西做得特简单，超出预期的体验，这就能赢得用户，为产品成功打下坚实的基础。颠覆式创新是一个不断迭代的过程，刚开始不一定是完美的，也不一定是先进的，但它一定在一个点上做到了极致。苹果公司率先将自己的智能手机取消键盘式按键，提倡产品极简的设计理念，引领了触屏手机的潮流，被认为是一种典型的颠覆式创新。

前微软亚太研发集团主席张亚勤将互联网思维分为三个层级。"数字化"阶段将互联网作为重要的工具，利用它可以提高效率，降低成本；"互联网化"阶段利用互联网改变运营流程，从线下到线上的营销方式转变是典型的互联网化过程；"互联网思维"阶段超越了前两个阶段对互联网的使用范畴，利用互联网改造传统产业流程，促使传统产业的商业模式发生变革。

小米科技创始人、董事长雷军认为互联网思维就是：专注、极致、口碑、快！专注就是只做一款产品，极致就是将一款产品做到能力的极限；口碑是互联网的核心，是靠产品的质量和服务赢得的普遍认可；快，是有想法快速实现、有问题立即解决的产品实现风格。

阿里巴巴集团前董事局主席马云认为"互联网不是一种技术，是一种思想。""这世界没有传统的企业，只有传统的思想。"他讲道：如果你把互联网当思想看，你自然而然会把你的组织、产品、文化都带进去，你要彻底重新思考你的公司。

显然，不同领域行业专家对互联网思维的理解有一些不同，我们很难给出互联网思维的一种明确定义，但免费模式、平台思维、社群营销、共享模式和快速迭代等思维方式无疑是当前互联网产业中普遍关注的运营方式。图7.5展示了微信公众平台生态，图7.6显示了较为火热的共享模式。

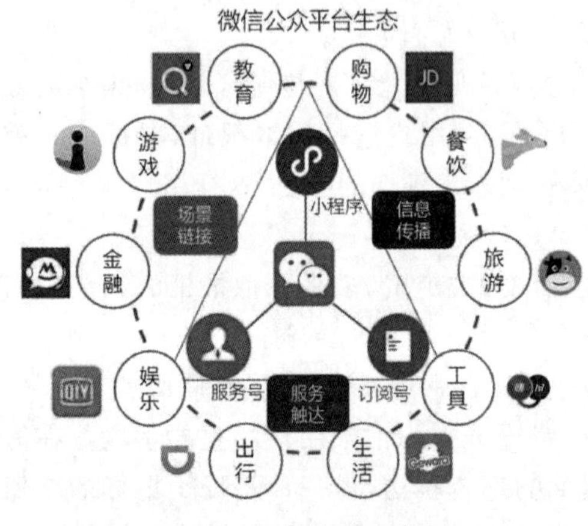

图7.5　微信生态示意图

图7.6　共享模式示意图

3. 互联网思维的特性和作用

"互联网+"时代，企业的生产方式和商业模式发生了很大的变化，互联网特有的思维方式为传统行业的发展起到了重要推动作用，互联网思维的精髓主要可概括为9个方面，如图7.7所示。

用户思维：用户思维是互联网思维的核心，简单来说就是“以用户为中心”，针对用户的各种个性化、细分化需求，提供各种差异化的产品和服务，真正做到“用户至上”。

要在产品设计、实现和营销过程中体现用户思维，就要时刻“站在用户的角度思考问题”，多调研、多交流、多使用和多感受，心里时刻想着用户，亲自体验用户的生活环境和方式，真正融入用户场景。因此，用户思维就是一切以用户价值为依据，站在用户的角度设计产品，采用换位思考的方式满足产品的需求。图 7.8 显示了用户信息提炼的多个维度。

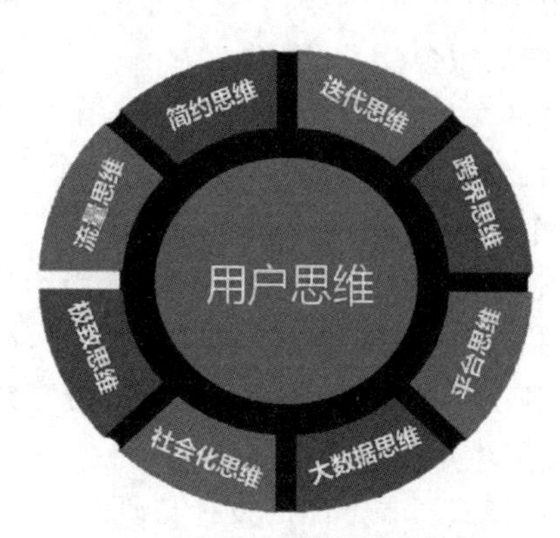

图 7.7 互联网思维的精髓示意图

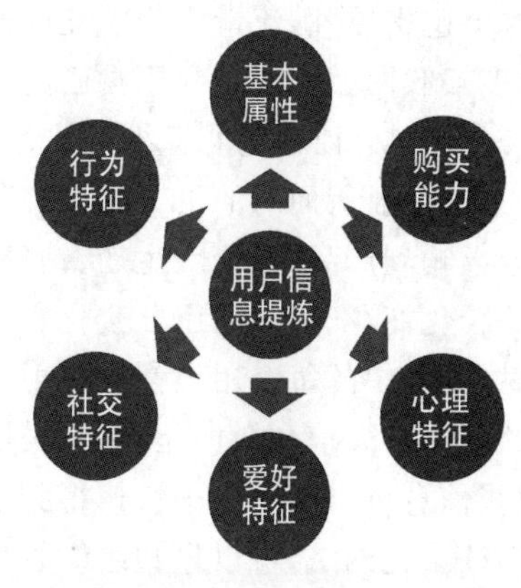

图 7.8 用户信息提炼的多个维度

用户体验的优劣是产品成败的关键，而产品过程中融入用户思维一般会得到较好的用户体验，因此，互联网思维中的其他思维都是围绕用户思维在不同层面的展开。

简约思维：互联网背景下，用户会面对越来越多的选择，但选择耐心却越来越不足，如何在大量的同类产品和服务中脱颖而出，并被用户接受，这不是提供单纯大而全的产品可以解决的。简约思维强调在产品规划和品牌定位中，要力求专注和简单。换句话说，就是要让产品看起来简洁，用起来简化。

极致思维：极致就是把产品和服务做到超越用户预期，要做到极致可以从三个层次来思考：一是聚焦和简单，二是要有超高的性价比和超级独特点，三是体现震撼的附加值。

聚焦一个点发力是做到极致的基础，很多互联网公司都专注于自己独特的拳头产品，如谷歌的搜索服务、腾讯的微信产品；同时，要认识到简约也是一种极致，简约不是简单无价值，是一种“九九归一”。这不是原地踏步，而是由起点到终点、由终点再到新的起点，循环往复，无穷无尽，螺旋式前进和发展的运动过程。超高的性价比和独特点是产品被选择和接受的重要原因，震撼的附加值则是增强用户体验和保持用户黏性的重要因素。

迭代思维：迭代是互联网产品开发中的一种典型方式，新开发的产品进行快速的上线、测试，对发现的不足修改后继续进行上线和测试，反复循环，最终打磨出一个较好的产品。迭代思维有两个重点，一个就是快速，另一个是能发现错误，这两者相辅相成。单纯快而没有修正目标，那么迭代就是盲目的，没有方向，速度越快，反而错得越多。如果只能发现错误而速度不够快，产品就没有竞争力，如当你想法成熟开始做时，别的同类产品已经上线了。互联网产品都依赖于迭代思维，任何一个产品的每个版本都会存在一些问题，大到计算机的操作系统，小到手机上的一个 App。因此，只有采用迭代思维，不断接收反馈和试错，持续快速地改进产品，最终才能使产品一直保持竞争力。

流量思维：流量意味着体量，体量意味着分量。在互联网领域，流量就是一个平台或者App的浏览量，一般情况下，流量越高，网站的访问量就越大，网站的价值也就最高。流量思维就是在创业开始或者过程中对公司的经营需要具备的流量价值导向思维，懂了流量思维，才能从经营上关注用户的体验和重视用户服务，以吸引更多的流量到企业中。

流量思维是核心的商业逻辑。传统的线下商业模式中商家开店通常选一个好的位置，好的位置意味着大量的人流量，有了大量的人流就可能会有更多的消费。互联网上的商业经营中这个逻辑更胜，流量成为了互联网的血液，很多服务和产品通常花大量的人力和物力引流，很多互联网公司通常利用自己的平台优势来拓展服务。

社会化思维：社会化的思维方式是关于传播链和关键链的一种思维方式，在社会化的商业核心下，企业所面对的员工和用户都是以“网”的形式存在，每个节点就是一个用户，这个“网”会影响到产品的设计、生产、销售、服务等各个方面。

在社会化商业时代，利用社会化媒体可以重塑企业和用户之间的沟通关系，当产品投入某个网时，网络中的每个用户都会辐射周围相关的用户，并且还会进一步层层扩散，产生无穷无尽的可能。微信和微博是典型的社会化媒体，基于这类媒体，用户可以随意分享链接或消息，这些信息可以在网络中快速得到多次传播，会产生难以预料的结果。

利用社会化网络，可以重塑组织管理和商业运作模式。在产品的设计与研发中，不断地去与用户沟通，了解用户的反馈以及用户对这个还未成型的产品的评价、建议，然后再与设计和开发人员一起去完成这个产品。小米公司早期在做手机和进行手机销售时，很好地利用了社会化网络，深度开发和经营了粉丝文化，极致利用了互联网精神和方法。

大数据思维：大数据思维的核心是理解数据中蕴含的价值，从数据视角分析问题，并“基于数据”来解决问题的思维模式。关于大数据思维的产生、定义和特性等方面的详细描述可以参看7.2.2节。

平台思维：平台是互联网时代的驱动力，平台战略的精髓就是构建多方共赢的平台生态圈。平台思维就是用平台化的方式去构建商业模型，每项任务都只由最擅长的机构完成。通过平台化运作的公司，可以把核心的擅长的部分留下来做强和做大，利用利益绑定把不擅长的部分分包出去。通过平台化的运作，可以融入更多的资源，能够快速、低成本地把事业做大。平台化思维可以将工作重心聚焦到最擅长的领域，能够在该领域形成核心竞争力。

淘宝网既不生产也不使用产品，它只把买方和卖方进行了整合，这是非常成功的电商平台。滴滴公司不生产出租车，也不产生客户，它是一个把出租车和乘客连接起来的平台。携程网没有自己的酒店和客户，它只是为酒店和客户提供了一个选择的平台。YouTube自己不生产视频，但为用户提供了视频播放平台。类似的产品和服务非常之多，目前很多大的互联网公司都想打造特定的平台，并成为平台的核心，而很多下游公司都在利用平台将自己擅长的事情做得更好，最终实现双赢或多赢。

跨界思维：跨界是嫁接其他行业的理念和技术，是突破了原有行业惯例和常规的一种实现创新的方法。互联网企业的跨界思维就是多角度、多视野看待问题和提出解决方案的一种思维方式。不同领域的跨界思维常有不同的解读，但整体来看跨界思维可分为三个基本层次：一是互补融合，该层次指导融合不同领域的现有方法来解决问题，从跨行业的近似解决方案中提取出有效的方法整合成为新的解决方案的办法；二是触类旁通，该层次的跨界思维通过掌握各个领域的通用知识，将解决问题的思考过程从表面进入知识本质和原理的层面，强调将知识回归本质；三是融合创造，该层次倡导将人类文明的分支进行融合创造，如感性与理性、艺术与科技、直觉与逻辑。科技类产品不只具有科技元素，还要能体现艺术气息；不只注重产品的功能，还要重视用户的体验。

只有掌握跨界思维，才能实现跨界创新。具备跨界意识，理解跨界本质，掌握不同领域的底层方法和技术是实现跨界创新、产生跨界红利的基础。

目前，互联网已经渗透到企业运营的整个链条中，从基础应用、商务应用到产业价值应用。互联网的出现为很多传统产业带来了创新的良机，免费、共享、开放、互动等互联网思维改变了传统的商业模式。互联网不仅仅是可以用来提高效率的工具，还是构建未来生产方式和生活方式的基础设施，趋势在变，思维不变，只能被快节奏的时代所淘汰！

4. 互联网思维的培养

互联网思维是最根本的商业思维，华为公司轮值 CEO 胡厚崑曾说道："在互联网的时代，传统企业遇到的最大挑战是基于互联网的颠覆性挑战。为了应对这种挑战，传统企业首先要做的是改变思想观念和商业理念。要敢于以终为始地站在未来看，发现更多的机会，而不是用今天的思维想像未来，仅仅看到威胁。"

对于个人而言，培养互联网思维要坚持"阅读、实践、总结"三步骤，从阅读中学习互联网的知识和经典案例，从实践中思考互联网思维的核心和本质，从总结中领悟互联网思维的精髓和创新。对企业而言，其能否利用互联网思维源于企业多年的基因和领导人对互联网思维的理解，可以说，每个成功的互联网公司都将互联网思维的特性用到了极致。

7.2.2 大数据思维

数据思维是指一种从数据视角分析问题，并"基于数据"来解决问题的思维模式，也是一种用数据科学的原理、方法和技术来解决现实场景中问题的思维逻辑，它衔接了数据科学原理与大数据技术。

数据思维改变了人们通常考虑问题的出发点和视角，已成为今天科学问题场景中思考和解决问题的工具，提供了一种新的解决问题的思维方式。用数据思维解决问题，就是从发现问题、分析问题到解决问题的整个过程都要以数据为线索来贯穿，要用数据的原理、方法和技术来处理，本质上也就是从使用数据的角度来解决问题。因此，数据思维一定是以数据为特色的一种思维，其在现实场景中已有广泛的应用。

大数据是指在云计算、物联网、移动互联网等新技术环境下产生的(新)数据的统称，大数据并不等同于"小数据的集合"，因此，大数据思维与数据思维有明显差别。大数据专家维克托·迈尔-舍恩伯格在《大数据时代》一书中指出，人们对待数据的思维方式会发生如下三个变化：第一，人们处理的数据从样本数据变成全部数据；第二，由于是全样本数据，人们不得不接受数据的混杂性，而放弃对精确性的追求；第三，人类通过对大数据的处理，放弃对因果关系的渴求，转而关注相关关系。事实上，很多人认为大数据时代带给人们的思维方式的转变远不止这三个方面，由于利用大数据可以获得大量的知识和类似于"人脑"的智能或智慧，所以产生的一个核心转变就是从自然思维到智能思维。

此外，也有专家立足"大数据本身和大数据应用"的视角，对大数据思维归纳出十大原理：数据核心原理、数据价值原理、全样本原理、关注效率原理、关注相关性原理、预测原理、信息找人原理、机器懂人原理、电子商务智能原理和定制产品原理，进一步指出了大数据思维的客观性。

1. 大数据思维的产生

大数据概念是由美国的阿尔文·托夫勒在1980年出版的《第三次浪潮》一书最先提出的,由于阿尔文是一个未来学家,所以他提出的仅仅是概念性的理论,在那个数据资源和计算资源并不丰富的时代并没有受到很大的关注。麦肯锡环球研究院于2011年5月发布了《大数据:创新、竞争和生产力的下一个前沿》报告,该报告系统阐述了大数据概念,详细列举了大数据的核心技术,深入分析了大数据在不同行业的深入应用,明确提出了政府和企业决策者应对大数据发展的策略。这份报告将大数据定义为一种超出传统数据库软件采集、储存、管理和分析能力的数据集,显示出大数据已受到人们的关注,其能够促进生产力增长并推动创新。2012年出版的《大数据时代》进一步给出了大数据的特性,指出大数据注重全面性和整体性,而不是在小规模数据上的分析和利用。

近年来,大数据在学术界也受到越来越多的关注,国际前沿学术期刊上纷纷出版了与大数据相关的专辑。2008年9月,*nature* 出版专刊 *Big Data: Science in the Petabyte Era*,发表了大数据相关的系列专题文章,其中的一篇文章 *Big Data: The Next Google* 第一次提出"大数据"概念。2011年2月,*Science* 推出了关于数据处理的专刊 *Dealing with Data*,第一次综合分析了大数据对人们生活造成的影响,详细描述了人类面临的"数据困境"。2012年4月,欧洲信息学与数学研究协会会刊 *ERCIM News* 出版了专刊 *Big Data*,讨论了大数据时代的数据管理、数据密集型研究的创新技术等问题。这些期刊发表的相关论文均从不同角度对大数据概念、大数据特征和大数据技术的应用提出了独到的见解,使得人们对大数据的概念和特点有了越来越清晰的理解和认识。图7.9展示了 *nature* 和 *Science* 期刊针对大数据系列介绍的专刊封面。

图7.9 *nature* 和 *Science* 封面

随着大数据概念愈加清晰和大数据技术的日趋成熟,基于大数据的应用受到各国政府和企业的广泛关注。美国率先将大数据从商业概念上升到国家战略的高度,2012年3月,美国联邦政府推出"大数据研究和发展倡议",其中对于国家大数据战略的表述如下:"通过收集、处理庞大而复杂的数据信息，从中获得知识和洞见，提升能力，加快科学、工程领域的创新步伐，强化美国国土安全，转变教育和学习模式”。同时，美国白宫科技政策办公室发布了《大数据研究和发展计划》，成立了“大数据高级指导小组”。2014 年 5 月，美国总统执行办公室进一步发布了《大数据：把握机遇，守护价值》白皮书，对美国大数据应用与管理的现状、政策框架和改进建议进行了集中阐述。英国政府于 2010 上线政府数据网站，并以此作为基础，在 2012 年发布了新的政府数字化战略，具体由英国商业创新技能部牵头，成立数据战略委员会，通过大数据开放为政府、私人部门、第三方组织和个体提供相关服务，吸纳更多技术力量和资金支持协助拓宽数据来源，以推动就业和新兴产业发展，实现大数据驱动的社会经济增长。

日本把培育大数据和云计算派生出的新兴产业视为提振经济增长、优化国家治理的重要抓手。2012 年 6 月，日本 IT 战略本部发布电子政务开放数据战略草案，迈出了政府数据公开的关键性一步。2012 年 7 月，日本政府推出了《面向 2020 年的 ICT 综合战略》，大数据成为发展的重点。2013 年 6 月，安倍内阁正式公布了《创建最尖端信息技术国家宣言》，这一以开放大数据为核心的 IT 国家战略，旨在把日本建成具有“世界最高水准的广泛运用信息产业技术的社会”。韩国的智能终端普及率以及移动互联网接入速度一直位居世界前列，这使得其数据产出量也达到了世界先进水平，为了充分利用这一天然优势，韩国很早就制定了大数据发展战略。2011 年，韩国科学技术政策研究院正式提出“大数据中心战略”以及“构建英特尔综合数据库”。2012 年，韩国国家科学技术委员会就大数据未来发展环境发布重要战略规划。2013 年，韩国未来创造科学部提出“培育 1000 家大数据、云计算系统相关企业”的国家级大数据发展计划，以及出台《第五次国家信息化基本计划(2013—2017)》等多项大数据发展战略。

发展大数据在我国也受到高度重视。2015 年 8 月，国务院以国发〔2015〕50 号印发了《促进大数据发展行动纲要》(后简称《纲要》)，《纲要》部署了三方面主要任务：加快政府数据开放共享，推动资源整合，提升治理能力；推动产业创新发展，培育新兴业态，助力经济转型；强化安全保障，提高管理水平，促进健康发展。2015 年 10 月，在十八届五中全会，《中共中央关于制定国民经济和社会发展第十三个五年规划的建议》(后简称《建议》)中首次提出要实施“国家大数据战略”，这是大数据第一次写入党的全会决议，标志着大数据战略正式上升为国家战略。在党的十九大报告中，习近平总书记明确指出：“推动互联网、大数据、人工智能和实体经济深度融合”。2017 年 12 月 8 日，在中共中央政治局第二次集体学习时，习近平总书记发表了“审时度势精心谋划超前布局力争主动，实施国家大数据战略，加快建设数字中国”的讲话，明确提出了“大数据是信息化发展的新阶段”这一重要论断，并指明了推动大数据技术产业创新发展、构建以数据为关键要素的数字经济、运用大数据提升国家治理现代化水平、运用大数据促进保障和改善民生、切实保障国家数据安全五项工作部署，为我国发展大数据开启了新的篇章。图 7.10 显示了上述《纲要》和《建议》的封面。

在学术界、企业界和政府的共同推动下，大数据的产生和大数据产业的发展具备了天时、地利、人和的有利条件。从“天时”方面来看，大数据的产生具有时间上的连续性。从数字化之路“业务在线化、业务数据化、数据业务化”来看，以往的数据都是与一定的运营活动相伴出现的，通常需要进行专门的数据存储，这个阶段的数据是被动产生的，这些数据是运营式的传统数据。在大数据时代，随着网络技术、云计算技术和自媒体技术的迅猛发展，大

中共中央关于制定国民经济和
社会发展第十三个五年规划的建议

图 7.10 《纲要》和《建议》的封面

量的数据会通过移动终端和网络终端即时存储,这个阶段的数据呈现出自发性和主动性。显然,在这个阶段,数据慢慢脱离了人类主动存储的活动,打破了以往的时间限制,可以自发地、不中断地产生并存储数据。从“地利”方面来看,大数据的产生已不再受地域的约束。大数据在各个领域中相继兴起,从互联网、移动互联网承载的虚拟行业的数据爆炸,到教育、医疗和金融等实际领域的数据延伸和拓展,大数据已占据了人们生活的方方面面。可以说,有生活痕迹的地方就会有数据,有业务场景的地方就会形成数据,因此大数据形成的地域限制性已不复存在。在“人和”方面,大数据的产生已成为人、机、物协同作用的结果。随着数据的快速增长,数据的主体正从具有主体性的人慢慢演变为人、机、物三者的统一体。首先,人类的生产活动和生存活动都会产生大量的数据。其次,与人交互的系统本身也会产生大量的数据,这些数据通常以文本、图片、视频等形式保存。最后,人类所用的物品也会产生数据,比如手机、家用电器和其他智能终端等设备。因此,人、机、物三者的相互作用为产生大规模数据提供了重要的基础。

显然,在互联网无孔不入的时代,每个人的一举一动都会产生大量的数据,人类日常生活基本上都可以数字化地呈现、记录、分析,这些原始数据的应用标志着“大数据时代”的到来。维克托·迈尔-舍恩伯格在《大数据时代》一书中从宏观的角度讲解了大数据时代带来的思维变革,并举了例证说明一个道理:在大数据时代已经到来的时候要用大数据思维去发掘大数据的潜在价值。大数据思维已成为互联网思维基础上的一种新的思维方式,其为传统处理事情的方法和解决问题的办法提供了“数据化”模式。

2. 大数据思维的定义

大数据和大数据思维一经提出就受到各个领域的广泛关注,但是针对他们的定义一直没有形成统一明确的说法。

目前,大数据并没有一个具体的数量指标,其是相对于传统数据的对比概念。维基百科将大数据定义为:大数据是指利用常用软件工具捕获、管理和处理数据所耗时间超过可容忍时间限制的数据集。百度百科将其定义为:大数据是指无法在一定时间范围内用常规软件工具进行捕捉、管理和处理的数据集合,是需要新处理模式才能具有更强的决策力、洞察发现力和流程优化能力的海量、高增长率和多样化的信息资产。麦肯锡公司将大数据定义为数据规模超过传统数据库的管理分析软件的取得、保存、管理以及分析能力的数据。尽管针对大数据的定义很多研究机构和学者从不同的角度进行了阐述,但是他们表达的意思大致相同,即大数据从根本上说是一种数据集,可以通过与以往的数据管理分析技术相比较来显示大数据的特性。

大数据的特性一般利用4V(Volume,Variety,Velocity,Value)来描述,即数据规模大(Volume)、数据类型多(Variety)、数据处理速度快(Velocity)和数据价值密度低(Value),通常认为只有具备这些特点的数据才是大数据。在大数据的4V特性的基础上,随着大数据规模的不断扩大和应用的逐渐深入,IBM进一步提出了大数据的5V特性,即在4V的基础上增加了"数据的真实性、准确性和可信赖度(Veracity)"。

大数据的产生和发展促使传统的数据思维方式发生了明显的转变,形成的大数据思维的特性主要有以下几个方面。

利用抽样数据转变为利用全体数据:在传统的数据思维模式中,由于缺乏有效的工具准确分析大规模和多样化的数据,随机采样被用于数据的分析和挖掘中。随机采样是在全部调查对象中按照随机原则抽取一部分对象进行调查,并根据抽样样本的调查结果推断总体的一种调查方式,它的成功主要依赖于"等概率"的采样随机性,然而现实中很难确保采样的随机性,采样过程一旦出现偏差,得出的分析结果通常就会相差甚远。目前,随着机器学习技术尤其是深度学习技术的快速发展,随机样本已经不是处理数据使用的重要方式,数据分析技术的颠覆性变革推动了数据思维方式的转变。大数据的处理技术已从"随机样本"扩展到"全体样本",这可以更准确地挖掘隐藏在数据内部的规律与知识。因此,"样本等于总体"已成为大数据思维方式中的一种重要的思维模式。

追求精确性转变为追求容错性:传统的数据分析几乎不能容忍错误数据的存在,努力追求着样本的精确。然而,尽管现实情况通常面对的只是少量的数据,但用来防止与降低错误发生概率的操作策略仍然会耗费巨大,这种策略在需要处理全部数据时根本行不通。显然,在大数据时代,继续用这种注重精确性的抽样方法来进行数据分析可能会错过很多重要的信息。大数据时代的数据更加全面,几乎囊括与研究对象相关的全部数据,数据分析中不必担心个别数据点会对整个数据分析产生不利影响,应该拥抱这些混杂的数据。因此,在数据缺乏的时代普遍执迷于对精确性的追求,而在大数据技术高速发展的时代,就需要通过数据的普遍性来追求更可靠的数据分析结果。

注重因果关系转变为追求相关关系:因果关系根源于数据抽样理论,在小数据的时代,大家一般相信因果关系,然而当全部数据都加入数据分析中时,只要有一个反例则因果关系就不成立。在大数据时代,不追求抽样,而追求全样,典型的大数据分析是针对大规模数据进行聚类、分类等统计性的归纳分析,很多风马牛不相及的事情却可能有很强的相关性。大数据的意义就在于从海量的数据里寻找出一定的相关性,然后推演出具体的行为方式。大数据分析就是利用统计学和机器学习技术研究各种数据之间的相关关系,并为决策提供依据,这可以大大提升管理效率或者处理事情的能力,极大地颠覆传统的思维方式。

大数据时代的计算模式以"数据"为核心,更注重全部数据、数据的普遍性和数据的相关关系。大数据思维追求数据的"更多、更好和更杂",是客观存在的新的思维观。利用大数据思维思考问题和解决问题是目前各个行业的潮流,它已开启了一次重大的时代转型。

3. 大数据思维的作用

图灵奖得主,关系数据库的鼻祖吉姆·格雷(Jim Gray)在其最后一次演讲"科学方法的革命"中将科学研究分为四类范式,依次为实验归纳、模型推演、仿真模拟和数据密集型科学发现,其中"数据密集型"就是大家所称的"科学大数据",强调计算机随着数据的爆炸性增长不仅仅能做模拟仿真,还能进行分析总结,并得到理论。同时,第四范式强调科学研究人员只需要从大数据中查找和挖掘所需要的信息和知识,无须直接面对所研究的物理对象,只有积极拥抱"第四范式",才能促进大数据的深入应用。

显然,大数据虽然孕育于信息通信技术,但它对社会、经济、生活产生的影响绝不限于技术层面,它为我们看待世界提供了一种全新的方法。目前,各行各业的决策正在从"业务驱动"向"数据驱动"转变,许多真实应用场景中的预测和决策行为已越来越多地依赖于数据分析。大数据已成为信息产业持续高速增长的新引擎,成为提高核心竞争力的关键因素,大数据分析已成为新一代信息技术融合应用的结合点。

基于大数据的新技术、新产品、新服务、新业态会不断涌现,在硬件与集成设备领域,大数据将对芯片、存储产业产生重要影响。在软件与服务领域,大数据将引发数据快速处理分析技术、数据挖掘技术和软件产品的发展。在公共事业领域,大数据已开始发挥促进经济发展、维护社会稳定等方面的重要作用,研究人员可通过实时监测、跟踪研究对象在互联网上产生的海量行为数据,通过数据挖掘与分析发现规律,得出结论和提出对策。移动互联网、物联网、社交网络、智慧家庭、电子商务等新一代信息技术的应用形态在持续快速地产生数据,通过对不同来源数据的管理、处理、分析与优化,将结果反馈到具体应用中,将创造出巨大的经济和社会价值。2020年,全国各地按照党中央的决策部署,统筹推进新冠肺炎疫情防控,交通大数据、移动大数据等都在疫情防控中发挥了重要作用。

数据不再是社会生产的"副产物",而是可被二次乃至多次加工的原料,从中可以探索更大价值,它变成了生产资料。挖掘大数据的价值类似沙里淘金,从海量数据中挖掘稀疏但珍贵的信息。在这个时代,数据成为最宝贵的生产要素,顺应趋势、积极谋变的国家和企业将乘势崛起,成为新的领军者。无动于衷、墨守成规的组织将逐渐被边缘化,失去竞争的活力和动力。毫无疑问,大数据已开启了一次重大的时代转型。百度、阿里巴巴和腾讯等互联网公司的盈利在于所有的在线应用软件都是免费的,用户在免费使用这些产品的同时,把个人的行为、喜好等数据也免费贡献了出去。因此他们的产品线越丰富,对用户的理解就越深入,推送的广告就越精准,相应的广告价值也就越高。

显然,在大数据技术高速发展的时代,依靠大数据技术进行数据挖掘和计算分析,可以瞬间处理成千上万结构复杂的数据。人们已经不再依赖人工挑选部分相似的数据或关联物进行逐个分析,也无须专注于数据的精确性处理,对某事物的分析不再要求一定揭示其内在的运行机制。因此,在这个时代,无论身处什么行业、什么领域,数据分析越来越成为一项必不可少的技能,而运用数据思维进行决策更能形成高质量的决策结果。

大数据的价值并不是数据自身,而是大数据带来的思维的变革。只有理解大数据思维的原理,才能让我们在面对太多数据时明确数据核心、数据价值,才能理解全样本、数据效率和数据相关性等大数据思维的核心。可以说,大数据思维作为一种新的思维方式已经带来了工作、生活和学习的变革,已经改变了人类利用数据解决问题的方式。只有拥抱大数据,利用新思维,才能有效挖掘出大数据中蕴含的"副产物",产生数据增值。

4. 大数据思维的培养

王国维在《人间词话》中说道"古今之成大事业、大学问者，必经过三种之境界"，三种境界代表了学习或人生追求的三个阶段，三个层次如图 7.11 所示。

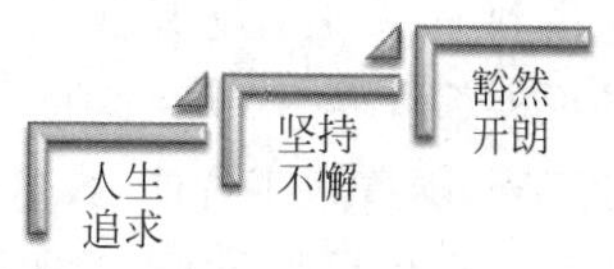

图 7.11　学习的三个阶段

第一境界"昨夜西风凋碧树，独上高楼，望尽天涯路。"此阶段开始一般比较迷茫，然后逐渐确立了远大志向和人生追求。

第二境界"衣带渐宽终不悔，为伊消得人憔悴。"第二阶段通常是为了自己的远大志向，孜孜以求，努力、勤奋地工作，做到无怨无悔。

第三境界"众里寻他千百度，蓦然回首，那人却在，灯火阑珊处。"此阶段是量变到质变的过程，通过反复探寻、深入钻研、下足功夫，摆脱感官所感受到的迷惑，突然间融会贯通、豁然开朗、功到自然成。

三种境界可以看成是一个完整的、成功的人生追求过程。大数据思维的培养也可以遵循类似的阶段，起初对大数据思维比较迷茫，然后通过努力深入分析数据的本质和内涵，反复钻研数据科学理论和方法，到最终理解了大数据思维的核心原理，这也是典型的立志、奋斗和收获的过程，与上述的三个境界较为符合。

7.2.3 智能化思维

智能化思维是基于人工智能(Artificial Intelligence，AI)技术变革的特征，立足当下面向未来思考国家战略、人类文明、行业生态、企业规划和产品突破等方面跨越发展的一种思维方式。"智能＋"是智能化思维赋能各行各业的一种重要方式，可以利用更智能的机器、更智能的网络、更智能的交互创造出更智能的经济发展模式和社会生态系统。以人为核心，基于互联网技术，如云计算、物联网、大数据、人工智能等在内的生态与系统而形成的高度信息对称、和谐与高效运转的社会生态，是"智能＋"的标志。

人工智能是研究、开发用于模拟、延伸和扩展人的智能的理论、方法、技术及应用系统的一门新的学科，它是推动社会发展，促进行业升级和企业变革的核心引擎，是智能化思维的重要技术支撑。人工智能是计算机科学的一个分支，它企图了解智能的实质，并生产出一种新的能以人类智能相似的方式做出反应的智能机器，该领域的研究包括机器学习、图像处理、自然语言处理等。目前，人工智能的理论和技术日益成熟，应用领域也不断扩大，可以设想，未来人工智能带来的科技产品将会是人类智慧的"容器"，人工智能能像人一样思考，可以对人的意识和思维过程进行模拟。图 7.12 显示的是儿童陪护机器人，图 7.13 显示的是一辆由百度公司研发的无人驾驶汽车。

图 7.12　儿童陪护机器人

图 7.13　无人驾驶汽车

显然,智能思维已受到互联网巨头的广泛关注,百度董事长李彦宏在“2017百度联盟峰会”上提出了人工智能思维的概念,阿里巴巴集团创始人马云在“2018世界人工智能大会”上讲到:“人工智能是技术,但人工智能又不是具体的一项或者几项技术,人工智能是我们认识外部世界、认识未来世界、认识人类自身,重新定义我们自己的一种思维方式。”尤其在近年来,随着人工智能、大数据和云计算等一系列新兴技术在经历了前期摸索式发展,并逐渐向产业和行业下沉后,网络化、数据化和智能化已推动产业和行业产生了巨大的增值。

1. 智能化思维的产生

早在1950年,图灵在发表的《计算机能思维吗?》一文中就明确提出了机器思维的概念,并给出了检验计算机是否能思考的图灵测试。所谓图灵测试就是测试机器是否具备人类智能的方法,如图7.14所示,一个人在不接触某个对象的情况下,同该对象进行一系列对话,如果他不能根据这些对话判断出对象是人还是计算机,那么就可以认为这台计算机具有与人相当的智能。1956年夏,约翰·麦卡锡、马文·闵斯基、克劳德·香农、艾伦·纽厄尔、赫伯特·西蒙等一批年轻科学家(见图7.15)在美国汉诺斯小镇达特茅斯学院讨论了用机器模拟人类智能的问题,首次提出了人工智能的概念。接下来的60多年,科学家一直在探索如何让计算机能够像人一样思考,如何让机器拥有和人一样的智慧,围绕这个目标,人工智能已取得长足的发展。1997年5月11日是人与计算机挑战赛进程中历史性的一天,在这一天,IBM公司的计算机程序“深蓝”在正常时限的比赛中首次以3.5∶2.5的比分击败了等级分排名世界第一的棋手加里·卡斯帕罗夫。2011年2月,IBM Watson参加综艺节目危险边缘(Jeopardy)来测试它的能力,在3集节目中,Watson打败了最高奖金得主布拉德·鲁特尔和连胜纪录保持者肯·詹宁斯。2015年10月,谷歌旗下DeepMind公司的人工智能系统AlphaGo以5∶0完胜欧洲围棋冠军、职业二段选手樊麾;2016年3月,对战世界围棋冠军、职业九段选手李世石,并以4∶1的总比分获胜;2016年7月18日,世界职业围棋排名网站GoRatings公布最新世界排名,AlphaGo以3612分超越3608分的柯洁成为新的世界第一。这些具有深远意义的机器胜利标志着机器智能进入了新的时代,也促使人工智能逐渐成为一门广泛的交叉和前沿科学。

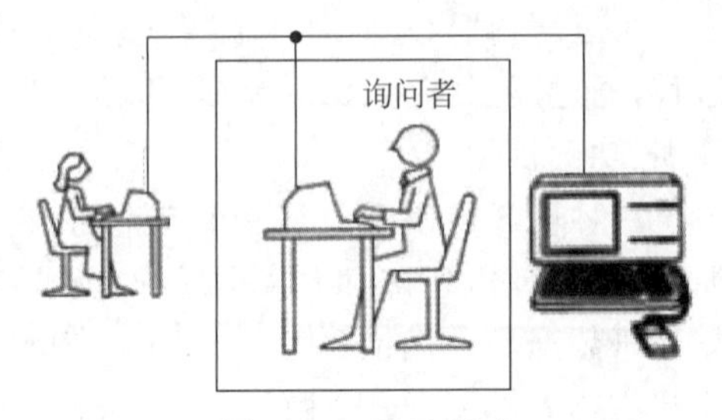

图7.14 图灵测试

图7.15 首次提出“人工智能”概念的年轻科学家

从另一方面来看，由于人类抽象思维的各种逻辑规则可用数理逻辑中的谓词表示，而谓词的真假又可用 1 和 0 表示，故谓词演算可转化为计算机中的数字计算，于是，人们普遍认为抽象逻辑思维不仅可归结为符号计算，并可用计算机加以模拟。另外，如语言、语音和图像的感知、记忆、识别、联想、组合规划、优化决策和故障诊断等具形象思维特点的操作，已在人工神经网络中实现，故有人认为形象思维可用网络计算加以模拟，并提出只要将人工神经网络和人工智能结合就可模拟人类思维与智能。显然，人工智能科学理论、大数据分析方法、数理逻辑和神经网络等技术的深度融合为智能化思维的产生和发展提供了重要基础。

近年来，随着大数据、物联网和 5G 等技术的发展，人工智能已进入我们的生活，并作为核心驱动力对各行各业进行了深刻的塑造和改变，推动了商业模式、经济结构甚至国家战略的升级革新。在这样的背景下，基于大数据和人工智能技术的智能化服务和产品受到越来越多的关注，面向传统行业的智慧城市、智慧交通、智慧教育、智慧医疗、智慧司法、智能家居等各类“智能＋”服务应运而生，相应的人们的思维模式有了明显的变化，智能化思维已成为一种新时代的典型思维方式。

2. 智能化思维的定义

智能化是指事物在网络、大数据、物联网和人工智能等技术的支持下，所具有的能满足人的各种需求的属性。例如，无人驾驶汽车就是一种智能化产品，它将传感器物联网、移动互联网、大数据分析等技术融为一体，实现了汽车的自动行驶，满足了人类的出行需求。智能扫地机器人也是一种典型的智能化家居产品，它具有激光制导功能，可以通过内置的激光探测器扫描当前环境，通过搭载的智能系统进行清扫路径规划，根据规划路径对当前环境进行打扫。智能手环是目前一种常用的可穿戴设备，它具有计步、心率监测、体温监测、睡眠监测和数据同步等功能，内置了重力加速度仪、光电传感器等硬件，集成了数据通信协议和数据传输实现，该设备会根据一系列数据指导健康生活。智慧医疗以人工智能与大数据为基础，实现智能导诊、在线问诊、辅助诊断等医疗诊断过程中的各类服务。显然，智能化已经渗透到每个行业，智能化思维已应用到人类生活的方方面面。

智能化是指机器能通过智能技术的应用，逐步具备类似于人类的感知能力、记忆和思维能力、学习能力、自适应能力和行为决策能力，在各种场景中，以人类的需求为中心，能动地感知外界事物，按照与人类思维模式相近的方式和给定的知识与规则，通过数据的处理和反馈，对随机性的外部环境做出决策并付诸行动。一般而言，智能的总体演进包括 3 个阶段，具体内容如图 7.16 所示。

图 7.16　机器智能演进的三个阶段

第一阶段的智能为计算智能,主要使用的方法是穷举和匹配搜索。在这个阶段计算机的储存资源和计算资源可以做得比人强大很多,在使用大存储和超级计算之后,计算机程序在一定程度上会表现出智能的特性。例如,IBM"深蓝"1997年已经超过人类国际象棋冠军,百度搜索引擎可以帮助人们在互联网上快速搜索信息。显然,如果比计算能力和记忆能力,人类早已经不是机器的对手。

第二阶段的智能叫感知智能,该阶段的研究方法已经形成理论体系,可以通过机器学习和统计学等方法从大数据中发现信息与学习知识,使机器具备较好的感知能力,如基于语音识别的音文转换、基于图像处理的人脸识别等。从感知的角度来说,目前机器进步很快,在一些特定领域已可与人类媲美,或超过人类。

第三阶段的智能是认知智能,该阶段主要对人类的推理、联想、知识组织等能力进行研究,强调机器的认知和自主学习等方面。目前认知智能受到各个学科研究人员的广泛关注,正处于快速发展的阶段。

受智能化应用快速发展的促进,越来越多的人认识到智能不仅仅是一种先进技术,其核心意义是一种基于软硬件结合的算法、算力和数据综合应用的智能化思维模式。因此,智能化思维是一种通过大数据驱动决策的思维模式,它主要包括大数据、算法、算力和业务模式四个核心要素。通常以大数据为基础,通过先进算法模型实现智能化应用,利用高效算力升级优化智能化应用体验,最终在业务场景中产生价值,具体表现形式如图7.17所示。

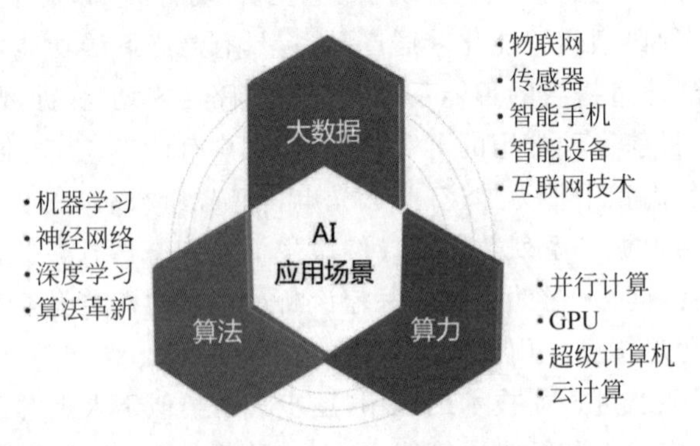

图7.17 智能化应用场景

3. 智能化思维的特性和作用

当今世界,科技发展日新月异,互联网科技、大数据和人工智能技术等正在影响着人类的生活方式和思维方式,相比于传统的计算思维,新时代的智能化思维具有自己的特点。

计算思维就是像计算机科学家一样"思考"或解决问题,既是一个思维的过程,又是一种重要的思维方式,涉及理解问题并以一种计算机可以执行的方式表达其解决方案。计算思维是使用计算机科学中的算法概念与策略来制定、分析和解决问题,许多人将其与编程和自动化等概念联系在一起。

智能化思维指的是更复杂的创造性的脑力活动,主要包括:创造力、提出问题的能力和解决开放性实际问题的能力。目前机器能够达到完成重复性脑力劳动的要求,而未来的人工智能必将指向更复杂的脑力活动,解决更开放的问题。

计算思维和智能化思维都是创造性的思维模式,实现智能化服务的两大基础就是计算思维和机器学习,通过"计算思维"让计算机学会了"思维",通过"机器学习"让计算机掌握了

“自主学习”的方法。

通过计算思维编写计算机指令，就是让计算机严格地按照这些指令进行计算并输出结果。通常只要输入数据不变，输出结果就不会改变，而当输入数据超出事先设定的范围，计算机就会无所适从，不知如何回答问题，这是计算思维的典型例子。因此，为了提升机器解决复杂问题的能力，就需要让机器具备类似人类的智能，即将计算思维提升到智能思维。通常的思路是造一个“大脑”，在这个由各类芯片构成的“大脑”中，构造出与人类类似的神经元细胞，并把这些神经元细胞交织连接起来，再通过深度学习方法，不断向这个“大脑”输入数据，训练这个“大脑”。最终，这个“大脑”就会像人脑一样，具有了记忆、自主决策、自主学习、逻辑判断和推理能力。

显然，智能化思维是在计算思维、互联网思维和大数据思维基础上产生的一种更具有“类人思考”能力的思维方式。智能技术已成为发掘大数据金矿的钥匙，数据资源的不断快速增长也为智能化服务提供了重要燃料，在这样的背景下，智能化思维会为产品、企业和行业的创新发展、提质增效提供重要的思维方式。图 7.18 显示了疫情防控中的两类智能化服务。

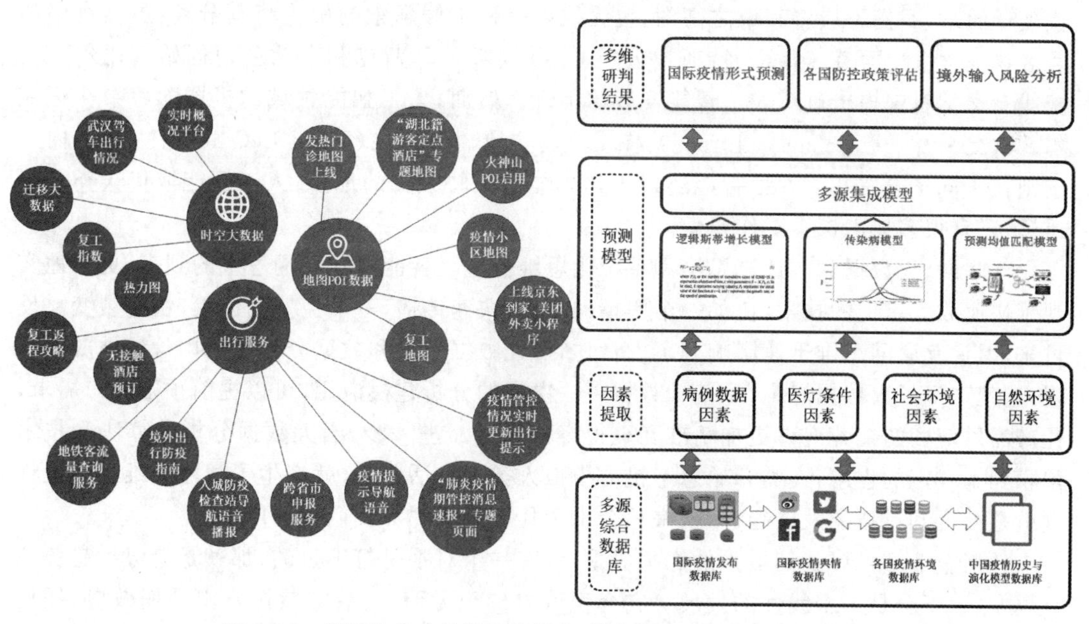

图 7.18 疫情防控中的智能化服务(抗疫服务和疫情发展研判)

智能化服务一般涉及三个层次：一是完成“数据-信息-知识-智慧”的跃迁，实现数据赋能；二是形成人、机、物三元融合环境下的“感知-分析-决策-执行”的循环，实现智慧运行；三是形成人机交互的知识创造与学习体系，实现持续创新。更进一步来看，智能化思维对不同类型的产品和服务的作用究竟是什么呢？针对该问题，百度董事长李彦宏给出自己的认识，他提到如果用智能思维做互联网产品，就能够实现“降维攻击”，如：与键盘打字输入相比，语音输入就是降维攻击；与银行卡支付相比，移动支付(支付宝、微信等)就是降维打击；与手机打电话相比，利用微信进行语音通话就是降维打击。目前，除了移动终端的产品充分利用智能化思维以外，这种思维已延伸到家电、汽车等各类行业。

显然，尽管智能服务看上去已很美，但离“智能化思维”所要完成和实现的目标还很远。美国纽约大学心理学教授加里·马库斯认为，虽然人们现在已经可以利用智能技术来做一些很棒的工作,但是目前还没有办法构建可以治愈癌症、理解人脑工作的机器,人类智能里还有更多认知层面的元素,如常识、推理和分析等都需要"机器大脑"去不断学习。

4. 智能化思维的培养

互联网的高速发展让数据无处不在,在这个数据海量产生并高速传播的时代,人类大脑不能及时有效处理庞大的信息。显然,未来时代将是人类与智能机器人并存的时代,我们不仅需要了解、掌握人工智能技术,还要具备与人工智能产品协作的能力。因此,人类不是和智能机器人对抗,而是要学会与智能机器人进行协作,让先进的科学技术为我们所用。在人工智能技术飞速发展的今天,人类必须要掌握"智能思维"的核心。

只有了解、掌握人工智能技术的原理,才能更好地利用先进科技来帮我们做事,才能具备智能化思维;只有具备能够区分人工智能和人类智能的能力,比如人类的想象力、创造力以及解决问题的能力,机器的处理海量信息和知识的快速、精准等方面的能力,才能理解人类和智能机器人的区别,理清智能化思维在人工智能时代的重要价值。

无论是"互联网思维""大数据思维",还是"智能化思维"抑或者"AI+",它们都是随时代变迁而来,我们不应将其束之高阁,也无须以一种不假思索的敬畏将其分离,虽然有诸如著名物理学家史蒂芬·霍金、特斯拉公司CEO埃隆·马斯克和微软公司创始人比尔·盖茨等专家学者曾提出过对人工智能发展的担忧。然而,人工智能领域的机器学习泰斗迈克尔·欧文·乔丹(Michael I. Jordan)、图灵奖得主雅恩·乐昆(Yann LeCun)等大量业内人士则在不同场合提出:人工智能还远未达到能够威胁人类的地步,人工智能取代人类还很遥远,还有很多技术探索工作要做。

互联网、大数据融合计算思维和系统化思维催生了智能。互联网思维的到来,更多地实现了快速放大呈现的技术,比如一个舆情的出现,快速传播,一个免费的体验,快速裂变。反过来,因为互联网思维迅速影响到了衣食住行,让数据采集和数据分析的商用价值被放大呈现,这就产生了大数据思维,从基础数据中一次次的分析建模应用,可以提前预知客户需求,让产品供应商的推荐变得更加精准和赢得客户满意。进一步,当大数据分析的算法和技术累积到了一定的程度,人类开始思考机器模拟人类这个话题,这就产生了智能思维……也许这就是社会和科技的发展趋势,未来还会出现什么思维呢?我们拭目以待。

任何企业都可以找到最强的竞争对手,但有一个对手是打不过的,那就是趋势。趋势一旦爆发,就不会是一个线性的发展。它会积蓄力量于无形,最后突然爆发出雪崩效应,任何不愿意改变的力量都会在雪崩面前被毁灭,被市场边缘化。只有面对趋势,适应趋势,利用趋势,我们才能不断前进和发展。

我们处在一个美好的时代,互联网革命还未冲到浪尖,大数据、人工智能等已蜂拥而至,在这个时代,机遇无处不在,能否理解并利用这些新时代的思维方式更取决于你的决心、毅力和态度。

习 题 7

1. 简述什么是逻辑思维、实证思维和计算思维,并说明它们之间的关系。
2. 计算思维对于计算机学科和其他学科产生了什么样的影响?
3. 你认为要如何培养和利用计算思维?

4. 列举5种日常生活中已经应用到物联网、移动互联网或者云计算的案例。
5. 智能家居是物联网的典型应用，设想一下未来的智能家居的应用场景？
6. 未来互联网中广告投放将可能采用什么样的方式？
7. 说一说互联网思维、大数据思维和智能化思维对日常生活的影响。
8. 列举成功使用互联网思维、大数据思维和智能化思维的产品或服务。
9. 谈谈你对“思维决定行为，行为决定结果”这句话的理解。

第8章 计算机专业知识体系

作为计算机专业(包括计算机科学与技术专业、软件工程专业、网络工程专业等)的学生,通过4年的学习,应明确具备什么样的知识体系、能力和素质才能成为一名合格的大学毕业生,才能满足继续深造或从事实际工作的需要。本章在这些方面做介绍,使学生在大学生活的开始就知道构建一个什么样的知识体系及如何构建这个知识体系。

8.1 计算机专业大学生应具备的素质和能力

为了适应21世纪经济建设和社会发展对人才的需求,各高等学校都及时地修订和完善培养方案与教学计划。虽然各学校自身的特点不同,但大体上都遵循了一个基本原则,即:在现代教育理念指导下,以素质教育为基础,以创新教育为核心,贯彻以学生为主体、教师为主导的教育思想;加强基础,拓宽专业,强化能力,注重创新。由"重专业、轻素质"向全面推进素质教育转变,由单纯传授知识向促进学生全面素质提高转变。为经济建设和社会发展培养基础理论扎实、知识面宽、素质高、能力强、富有创新精神和创业能力的高素质人才。

工程教育认证是国际通行的工程教育质量保证制度,也是实现工程教育国际互认和工程师资格国际互认的重要基础。国际上最有影响的专业认证体系是华盛顿协议(Washington Accord,WA)。该协议于1989年由来自美国、英国、加拿大、爱尔兰、澳大利亚和新西兰6个国家的工程专业团队共同签署,以后不断有新的成员加入。该协议针对本科工程教育(一般为4年)进行专业认证。只要通过一个成员的认证,就会得到其他签约成员的认可。

我国的工程教育认证工作始于2006年,是全国工程师制度改革工作的基础和重要组成部分。2016年6月,我国已加入《华盛顿协议》,成为正式成员。

为了满足我国工程教育改革和深入推进认证工作的需求,我国对《工程教育认证标准》进行了多次修订,旨在适应国际工程教育认证的发展形势。目前,最新版本是《工程教育专业认证标准(2017版)》。这里参考该标准与中国计算机学会2019年9月编制的《计算机科学与技术专业培养方案编制指南(修订版)》,对计算机专业的毕业生要求所需具备的知识、能力与素养进行具体描述。

知识方面:

(1) 掌握数学、自然科学、工程基础等知识。

(2) 掌握计算机基础理论与专业知识。

(3) 了解计算机行业发展动态、学习计算机理论与技术的新发展。

(4) 了解经济与管理相关知识。

能力方面，分为专业能力与通用能力。

专业能力：

(1) 工程知识运用能力。能够将数学、自然科学、工程基础和专业知识用于解决复杂工程问题。

(2) 问题分析能力。能够应用数学、自然科学和工程科学的基本原理，识别、表达，并通过文献研究分析复杂工程问题，以获得有效结论。

(3) 设计/开发能力。能够设计针对复杂工程问题的解决方案，设计满足特定需求的系统、单元（部件）或工艺流程，并能够在设计环节中体现创新意识，考虑社会、健康、安全、法律、文化以及环境等因素。

(4) 研究能力。能够基于科学原理并采用科学方法对复杂工程问题进行研究，包括设计实验、分析与解释数据，并通过信息综合得到合理有效的结论。

通用能力：

(1) 使用现代工具能力。能够针对复杂工程问题，开发、选择与使用恰当的技术、资源、现代工程工具和信息技术工具，包括对复杂工程问题的预测与模拟，并能够理解其局限性。

(2) 个人和团队工作能力。能够在多学科背景下的团队中承担个体、团队成员以及负责人的角色。

(3) 沟通交流能力。能够就复杂工程问题与业界同行及社会公众进行有效沟通和交流，包括撰写报告和设计文稿、陈述发言、清晰表达或回应指令。并具备一定的国际视野，能够在跨文化背景下进行沟通和交流。

(4) 项目管理能力。理解并掌握工程管理原理与经济决策方法，并能在多学科环境中应用。

社会素养方面：

(1) 工程与社会。能够基于工程相关背景知识进行合理分析，评价专业工程实践和复杂工程问题解决方案对社会、健康、安全、法律以及文化的影响，并理解应承担的责任。

(2) 环境和可持续发展。能够理解和评价针对复杂工程问题的工程实践对环境、社会可持续发展的影响。

(3) 职业规范。具有人文社会科学素养、社会责任感，能够在工程实践中理解并遵守工程职业道德和规范，履行责任。

(4) 终身学习。具有自主学习和终身学习的意识，有不断学习和适应发展的能力。

(5) 国际视野。能够在跨文化背景下进行沟通与交流。

(6) 创新意识。能够在复杂工程问题的设计环节中体现创新意识。

8.2 计算机专业理论知识体系和实践教学体系

8.2.1 计算机学科的发展

从 1946 年世界上第一台电子计算机 ENIAC 诞生到现在，在 70 多年的快速发展历程中，计算机以惊人的速度发展着，首先是晶体管取代了电子管，继而是微电子技术的发展，使得计算机处理器和存储器上的元件越做越小，数量越来越多，计算机的运算速度和存储容量迅速增加。

最早的计算机科学学位课程由美国普渡大学(Purdue University)于1962年开设。早期学习计算机专业的目的是进行计算机的研制与维护、编写程序完成科学计算任务,因此,电子学、数学、程序设计是支撑该学科发展的主要专业基础。20世纪60～70年代,出现高级语言程序设计和集成电路等,计算机应用从科学计算扩展到数据处理。计算机组成原理、操作系统等知识是维护和使用计算机的基础,数据结构、编译原理、程序设计、数据库原理等成为开发具有一定规模程序的基础。20世纪80年代以后,多处理机系统、微型计算机、计算机网络得到快速的发展,整个计算机系统中,软件成本所占比例超过80%,并行技术、分布计算、网络技术、软件工程等成为重要的基础知识。

1985年,美国电气电子工程师学会计算机协会(IEEE-CS)和美国计算机学会(ACM)针对当时一直激烈争论的问题,开始了对"计算机作为一门学科"的存在性证明,经过近4年的努力,1989年,ACM前主席彼得·丹宁 (Peter J. Denning) 等人在《美国计算机学会通讯》杂志上发表著名的报告《计算作为一门学科》(*Computing As A Discipline*)。报告用"计算学科 (Discipline of Computing)"一词涵盖计算机科学与工程,从定义一个学科的要求、学科的简短定义,以及支撑一个学科所需的理论和设计的内容等方面,定义了计算学科的内涵和外延,详细地阐述了计算作为一门学科的事实,使计算科学作为一门学科被广泛承认。2005年,丹宁在《美国计算机学会通讯》上发表题为 *Is Computer Science Science*? 的文章,再次激发计算机科学如何持久地作为一门学科的深入讨论。

经过70多年的发展,计算机学科主要包括计算机科学、计算机工程、软件工程、信息系统等专业方向。

8.2.2 计算机学科教学规范

1. 国际计算机学科教学规范

从1991年IEEE-CS和ACM推出"计算教程1991"(Computing Curricula 1991,CC 1991)后,又相继发布CC2001、CC2004、CC2005等规范。

1) 计算教程1991(CC 1991)

1991年,IEEE-CS和ACM在"计算机作为一门学科"报告的基础上,提交了关于计算机学科教学计划的"计算教程1991"报告,报告的成果有以下几点。

(1) 提出了计算机学科中反复出现的12个核心概念。

(2) 提出了"社会的、道德的和职业的问题"主题领域,使计算机学科方法论的研究更加完备。

2) 计算教程2001(CC 2001)

2001年,IEEE-CS和ACM提交了关于计算机学科教学计划的"计算教程2001" 报告,报告的主要成果如下。

(1) 提出了计算机科学知识体(Computer Science body of Knowledge)的新概念。

(2) 从领域、单元和主题三个层次给出知识体的内容,为整个学科核心课程的详细设计奠定基础。

(3) 不仅包含更详细的课程设计内容,而且给出了详细的课程描述。

从任何标准来看,CC 2001都是历史上最好的一次课程体系改革的尝试,它为教育机构和教师们提供了有效的计算机科学相关主题的全面介绍以及当代教学理念和方法。后来的课程体系报告，如 CS 2008 和 CS 2013 从结构、内容和形式等方面基本没有偏离 CC 2001 的设定。

3）计算教程 2004（CC 2004）

2004 年，ACM 和 IEEE-CS 又联合提出了“计算教程 2004”报告，对计算给出了一个比较笼统的定义：与计算机技术特性相关的、任何有意义的活动。并列举了有关的活动，如为各种用途设计与制造的硬件系统和软件系统，处理、构建和管理各种各样的信息，应用计算机做科学研究，使计算机系统智能化，创建和使用通信与娱乐媒体，为某种目的进行查询和收集相关信息等。这种定义方式适应了计算机学科的发展及“计算”范畴的拓宽。

4）计算教程 2005（CC 2005）

2005 年，ACM、AIS 和 IEEE-CS 又联合发布了“计算教程 2005”报告。AIS 是美国信息系统学会（The Association for Information Systems）的简称。CC 2005 的主要成果如下。

（1）刻画了计算机学科的二维问题空间，横向坐标标示为理论/原理/创新→应用/部署/配置，纵向坐标为计算机硬件与体系结构→系统基础设施→软件方法与技术→应用技术→组织事物与信息系统。每个专业方向在这个空间中有一个定位。

（2）把计算机学科分成 5 个专业方向：计算机科学（Computer Science，CS）、计算机工程（Computer Engineering，CE）、软件工程（Software Engineering，SE）、信息系统（Information System，IS）和信息技术（Information Technology，IT）。这些方向各有侧重的分支，其目的是更好地适应社会发展的需求。

（3）把计算机学科的知识体系划分为 57 个知识领域，不同专业方向对各知识领域的要求是不同的，以权重值的不同来体现。

上述内容结合起来，描述了不同专业方向的专业能力特色及在知识结构上的特色。

5）计算机科学教程 2013（CS 2013）

早期的示范性课程体系的定位是“计算机”课程而不是“计算机科学”课程。随着计算机领域的快速扩张，新的示范性课程体系报告需要明确教学范围，定位在计算机学科中的某个特定领域，例如，“计算机科学”“软件工程”等。

ACM 和 IEEE-CS 联合工作小组于 2010 年成立了指导委员会，在《计算教程 2001》大获成功、广泛流传十余年之后发布了 CS 2013（Computer Science Curricula 2013）。CS 2013 的指导方针包括了一个重新定义的知识体系，它是对计算机课程体系必需要素重新思考后的产物。CS 2013 的主要成果如下。

（1）在新一轮课程体系修订过程中，CS 2013 基本沿用了 CC 2001 的方案；保留了许多 CC 2001 的优良特征。

（2）CS 2013 成功吸引了新的志愿者组成领导团队。

（3）CS 2013 比 CS 2001 更快地完成工作，使整个学术界受益。

（4）CS 2013 推出了来自世界各地的样板课程，其中包括一门中国课程。

（5）CS 2013 通过全球范围的调查引入了更多、更广泛人士的参与，尽管调查的回收率只有 5.7%，也不确定其中国际参与的比例是否有所提升（报告没有明确提到这点）。

（6）CS 2013 将计算机核心概念集合划分为两层，为课程体系设计提供必要的自由度。

（7）CS 2013 意识到容忍以软件工程为中心的学习过程中模棱两可情况的必要性（如

需求工程)。

(8) CS 2013 也推出了一些先进机构的样板课程体系,教育者们将会从这些大量的样例中受益。

IEEE-CS 和 ACM 将计算机科学的知识体系划分为知识领域、知识单元和知识点三个层次。知识领域(Area)代表一个特定的学科子领域,被分割成若干知识单元(Unit),代表知识领域中的不同方向。知识点(Topic)是整个体系结构中的底层,代表知识单元中单独的主题模块。相关知识领域中知识单元按照教学需要进行不同的组合,对应不同的课程。

CS 2013 报告提出的计算机学科 18 个知识领域与 CC 2001 报告的 14 个知识领域的对比如表 8.1 所示。CS 2013 把知识领域划分成核心部分和选修部分,核心部分又分为第 1 层核心、第 2 层核心两个层次。第 1 层核心的知识点要求所有学生完成;第 2 层核心要求学生了解其中的绝大部分内容;选修内容是对核心部分的深广度补充。表 8.1 中 CS 2013 所对应的学时数是"第 1 层学时数+第 2 层学时数"。

表 8.1 CC 2001 和 CS 2013 的比较

变化情况	CC 2001	CS 2013(第1层+第2层)
较小	1 离散结构 Discrete Structure(DS: 43)	1 离散结构 Discrete Structure(DS: 37+4)
较大	2 程序设计基础 Programming Fundamentals(PF: 38)	2 软件开发基础 Software Development Fundamentals(SDF:43+0)
较小	3 算法与复杂性 Algorithms & Complexity(AL: 31)	3 算法与复杂性 Algorithms & Complexity(AL: 19+9)
较大	4 程序设计语言 Programming Languages(PL: 21)	4 程序设计语言 Programming Languages(PL: 8+20)
较小	5 计算机体系结构与组织 Architecture & Organization(AR: 36)	5 计算机体系结构与组织 Architecture & Organization(AR: 0+16)
较小	6 操作系统 Operating Systems(OS: 18)	6 操作系统 Operating Systems(OS: 4+11)
相同	7 人机交互 Human-Computer Interaction(HCI: 8)	7 人机交互 Human-Computer Interaction(HCI: 4+4)
新增		8 信息保障与安全 Information Assurance & Security(IAS: 3+6)
新增		9 基于平台的开发 Platform-Based Development(PBD: 0+0)
新增		10 并行计算与分布式计算 Parallel & Distributed Computing(PD: 5+10)
相同	8 图形学与可视化 Graphics & Visualization(GV: 3)	11 图形学与可视化 Graphics & Visualization(GV: 2+1)
相同	9 智能系统 Intelligent Systems(IS: 10)	12 智能系统 Intelligent Systems(IS: 0+10)

续表

变化情况	CC 2001	CS 2013(第 1 层+第 2 层)
相同	10 信息管理 Information Management(IM：10)	13 信息管理 Information Management(IM：1+9)
较小	11 网络计算 Net-Centric Computing(NC：15)	14 网络与通信 Networking & Communications(NC：3+7)
较小	12 软件工程 Software Engineering(SE：30)	15 软件工程 Software Engineering(SE：6+22)
相同	13 社会与职业问题 Social & Professional Issues(SP：16)	16 社会问题与专业实践 Social Issues & Professional Practice(SP：11+5)
相同	14 计算科学 Computational Science(CS：0)	17 计算科学 Computational Science(CS：0)
新增		18 系统基础 System Fundamentals(SF：18+9)
CC 2001 核心知识单元课时：279		
CS 2013 第 1 层课时：164+第 2 层课时：143		
100%第 1 层+第 2 层：307；100%第 1 层 & 90%第 2 层：292.7；100%第 1 层 & 80%第 2 层：278.4		

注：此表格课程英文缩写后面的数字表示课时数。

CS 2013 提出的知识领域具体含义如下。

(1) 离散结构。

计算机是以离散变量为研究对象,离散数学是研究离散变量关系及结构的数学分支,是计算机科学的理论基础。本领域的主要内容包括集合、关系与函数、基本逻辑、计数基础、证明技术、图论和离散概率等。该领域与计算机学科各领域有着密切的联系,可为各分支领域解决其基本问题提供强有力的数学工具。

(2) 软件开发基础。

软件开发基础是 CS 2013 将 CC 2001、CS 2001、CS 2008 中的程序设计基础重新整合而形成的新知识领域,但二者有明显的区别。程序设计基础侧重于在工业实践中需求的编程技能;而软件开发基础则关注整个软件开发过程,更强调求解问题的方法、算法的基本思想等计算思维方面的知识和能力要求。本领域主要包括算法与设计、基础编程概念、数据结构基础、软件开发方法等。

(3) 算法与复杂性。

算法与复杂性的主要内容包括基本算法分析、算法策略、基本数据结构和算法、基本操作、可计算性和复杂性、高级计算性理论、高级自动机理论和可计算性、高级数据结构、算法与分析等。通过本领域的学习,可以掌握算法设计的常用方法,以便运用这些方法独立地设计解决计算机应用中实际问题的有效算法,并能够利用已有算法去解决实际问题。

(4) 程序设计语言。

程序设计语言是程序员与计算机之间"对话"的媒介。它主要讲述各种程序语言的不同风格、不同语言的语义和语言翻译、存储分配等方面的知识。本领域的主要内容包括面向对象的程序设计、函数型程序设计、事件驱动和反应式程序设计、基本形态系统、程序表示、语言翻译和执行、句法分析、编译器语义分析、代码生成、系统运行、静态分析、高级程序结构、并发与并行、形态系统、形式语义、语言的语用、逻辑编程等。

(5) 计算机体系结构与组织。

体系结构与组织以冯·诺依曼体系作为起点,进而介绍较新的计算机组织结构体系。学生应当了解计算机的系统结构,以便在编写程序时能根据计算机的特征编写出更加高效的程序。在选择计算机产品方面,应当能够理解各种部件之间的权衡,如CPU、时钟频率和存储容量等。本领域的主要内容包括数字逻辑与数字系统、数据的机器表示、汇编级机器组织、存储系统组织和体系结构、接口和通信、功能性组织、多道处理和预备体系结构、性能提升等。

(6) 操作系统。

操作系统是硬件性能的抽象,用户通过它来控制硬件并进行计算机用户间的资源分配工作。本领域的主要内容包括操作系统概述、原理、并发、调度与分派、存储管理、虚拟机、系统性能评估、设备管理、安全和保护、文件系统、实时和嵌入式系统、容错等。

(7) 人机交互。

人机交互主要指交互对象的人的行为,知道怎样利用以人为中心的途径来开发和评价交互式软件。本领域的主要内容包括人机交互基础、交互设计、交互式系统编程、以人为中心的设计与测试、新交互技术、HCI中的统计方法、人的因素与安全、面向设计的HCI、混合、增强与虚拟现实、协同和通信等。

(8) 信息保障与安全。

信息保障与安全是一个新的知识领域,是信息严重依赖于信息技术和计算的表现。它是一组控制元件和进程集合的领域,旨在保护信息和信息系统,始终把普遍的规则贯穿于其他的知识领域。主要内容包括信息安全基本概念、安全设计原理、防御性程序设计、威胁与攻击、网络安全、密码学、Web安全、平台安全、安全策略与管理、数字取证、安全软件工程等。

(9) 基于平台的开发。

这一知识领域的划分是为了教学上的需要,将软件开发基础知识领域中基于平台(如Web编程、多媒体开发、应用开发和移动计算机器人的相关平台)的内容抽取出来,对其进行强调而划分的。这一领域的基本问题与软件开发基础知识领域基本相同。主要内容包括PBD概述、Web开发平台、移动开发平台、工业开发平台等。

(10) 并行计算与分布式计算。

CC 2001将并行计算的内容作为选修内容分别穿插在不同的知识领域。CS 2013考虑到并行与分布式计算日益突出的作用,划分了这一新的领域。该领域的内容主要包括并行基础、并行分解、通信与协作、并行算法、分析与编程、并行体系结构、并行性能、分布式系统、云计算、形式模型与语义等。并行和分布式计算建立在学科诸多分支领域基础上,包括对基础系统概念的理解,如并发和并行执行、一致性状态、内存操作和延迟。由于进程间的通信和协作根植于消息传递和共享内存模型的计算中,即算法中,所以也涉及原子性、一致性及条件等。对本领域的把握,需要先对并发算法、问题分解策略、系统架构、实施策略与性能分析等内容有较深入的认知。

(11) 图形学与可视化。

可视化计算包括计算机图形学、可视化技术、虚拟现实、计算机视觉。本领域的主要内容包括图形学与可视化基本概念、基础渲染、几何建模、高级渲染、计算机动画、可视化技术等。

(12) 智能系统。

人工智能领域所关注的是关于自动主体系统的设计和分析,智能系统借助一些技术工具以解决问题。通过该领域知识的学习,学生可以针对待定的问题选择合适的方法解决问题。本领域的主要内容包括智能系统的基本问题、基本搜索策略、基本知识表示与推理、机器学习基础、高级搜索、高级知识表示与推理、代理、自然语言处理、高级机器学习、感知机、计算机视觉和机器人等。

(13) 信息管理。

信息管理技术在计算机的各个领域都是至关重要的。通过该领域知识的学习,学生需要建立概念上和物理上的数据模型,确定什么样的信息系统方法和技术适合于一个给定的问题,并选择和实现合适的解决方案。本领域的主要内容包括信息管理概念、数据库系统、数据建模、索引、关系数据库、数据库查询语言、事务处理、分布式数据库、物理数据库设计、数据挖掘、信息存储与检索、多媒体系统等。

(14) 网络与通信。

在 CC 2001 报告中,该领域包括有计算机通信网络的基本概念和协议、多媒体系统、Web 标准和技术、网络安全、移动计算以及分布式系统等传统网络的内容。在 CS 2013 中,这些内容得到发展和分化,将网站应用和移动设备开发的内容放在基于平台的开发领域中,将安全部分的内容放入本领域中,即本领域的主要内容包括网络应用、可靠数据传输、路由与转发、局域网、资源分配、移动网络和社会网络等。

(15) 软件工程。

软件工程的主要内容包括软件过程、软件需求工程、软件设计、软件构造、软件验证与确认、软件演化、软件项目管理、软件工具和环境、形式化方法、软件可靠性等。

(16) 社会问题与专业实践。

社会问题与专业实践主要讲述与信息技术领域相关的基本文化、社会、法律和道德等问题。通过这一领域知识的学习,学生应该知道这个领域的过去、现在和未来以及自己所处的角色。本领域的主要内容包括计算的历史、计算的社会背景、分析方法和工具、职业道德和责任、知识产权、隐私与公民的自由、专业沟通、可持续性、安全策略、法律和计算机犯罪、计算机经济问题等。

(17) 计算科学。

计算科学主要内容包括建模与仿真概述、建模与仿真、处理、交互式可视化、数据、信息与知识、数值分析等。这一领域是计算思维的核心,是运用计算机解决计算机科学领域内外实际问题的关键,如计算生物学、生物信息学、经济信息学、计算金融学和计算化学等。

(18) 系统基础。

与基于平台的开发知识领域的划分一样,系统基础领域也不构成严格意义上的学科分支,它的划分只是为了教学上的需要,将构建应用程序所依赖的底层硬件、软件架构的基础概念抽取出来,为不同专业(方向)的学生奠定统一的基础而设置的。主要内容包括计算范型、跨层通信、状态及状态机、并行、评估、资源分配及调度、逼近、虚拟化及隔离、通过冗余冲强可靠性、量化评估等。

6) 计算教程2020(CC 2020)

2020年12月,CC 2020发布。特色要点有:

① 采用计算(Computing)一词,统一覆盖计算机工程、计算机科学和信息技术等所有相关领域。

② 采用胜任力(Competency)一词,代表所有计算教育项目的基本主导思想,融合知识(Knowledge)、技能(Skills)、性情(Dispositions)三方面的综合能力培养,加强对职业素养、团队精神等方面要求,目标是使学生胜任未来计算相关工作内容。鼓励各教学机构根据自己的定位而设计具体培养方案。

2. 中国计算机学科教学规范

我国计算机专业本科教育始于1956年哈尔滨工业大学等学校开设的"计算装置与仪器"专业,经历了计算机及应用、计算机软件、计算机科学教育、计算机器件及设备等名称的变化,1998年,教育部进行本科专业目录调整,在发布的《普通高等学校专业目录》中,计算机类专业名称统一为计算机科学与技术专业,但计算机科学与技术还是电气信息类的一个专业。该目录还包含了根据计算机类专业发展重新独立出来的软件工程、网络工程、信息安全、智能科学与技术等专业。2001年,又增设了软件工程和网络工程专业。2012年,教育部发布了新的《普通高等学校专业目录》,此时,设立了计算机类专业,代号为0809。在此目录发布时,计算机类专业包括计算机科学与技术、软件工程、网络工程、信息安全、物联网工程、数字媒体技术这6个基本专业,以及智能科学与技术、空间信息与数字技术、电子与计算机工程3个特设专业。2016年,又增加了数据科学与大数据技术、网络空间安全专业。2017年,则增加了新媒体技术、电影制作这几个特色专业。2020年,又增加了保密技术、服务科学与工程、虚拟现实技术、区块链工程等专业。

我国计算机类专业人才培养的规模从1999年开始逐年扩大。截至2020年9月,全国高等学校计算机类本科专业点已经超过4000个,是我国规模最大的工科类专业。

1) 中国计算机教程

为了搞好计算机学科本科教学工作,我国组织了"中国计算机科学与技术教程2002"研究小组,结合国内计算机教学实践,借鉴美国"计算教程2001"(CC 2001)的成果,形成了《中国计算机科学与技术学科教程2002》,主要成果如下。

(1) 依据计算机学科的特点,结合我国教学和应用现状,给出了知识领域、知识单元、知识点的科学分析与描述,设计覆盖知识点的核心课程,并制定了相应的指导性教学计划。

(2) 注重了课程体系的组织与学生能力培养和素质提高的密切结合,明确地将实践教学摆到了重要的位置。

(3) 提出了通过拓宽知识面和强化理性教育来实现创新能力培养的观点。

2) 中国计算机专业规范

在广泛调研我国不同类型的高等学校和不同类型的IT企业的基础上,借鉴美国"计算教程2004"(CC 2004),教育部高等学校计算机科学与技术教学指导委员会编制了《高等学校计算机科学与技术专业发展战略研究报告暨专业规范(试行)》,并于2006年9月正式出版,第一次全面地总结了我国计算机科学与技术专业的发展历程,探索了计算机科学与技术专业发展战略,明确提出了按照研究型、工程型、应用型"分类培养计算机类专业人才"的指导思想。该规范还被教育部作为所有专业类教指委制订专业规范的范例,主要内容如下。

(1) 在计算机科学与技术专业名称下,鼓励不同的学科根据社会需求和自身实际情况,为学生提供不同人才培养类型的教学计划和培养方案。

(2) 根据培养目标的不同,我们国家将计算机科学与技术专业分为计算机科学、计算机工程、软件工程、信息技术四个方向。

① 计算机科学(CS):研究型,偏向于理论,着重于程序系统(即软件)设计实现、计算本身的性质和问题、抽象的算法分析、形式化语法、编程语言、程序设计、软件和硬件等。

② 计算机工程(CE):工程型,偏向于硬件,着重于硬件设计及其与软件和OS交互的性能。

③ 软件工程(SE):工程型,强调软件工程、项目管理。研究和应用如何以系统性、规范化、可定量的过程化方法去开发和维护软件,以及如何把正确的管理技术和当前最好技术结合起来。

④ 信息技术(IT):应用型,强调应用管理,着重于面向应用需求,通过对计算技术的选择、应用和集成,创建优化的信息系统并对其实行有效的技术维护和管理。

(3) 给出了4个专业方向的专业规范,包括培养目标和规格、教育内容和知识体系、办学条件、主要参考指标、核心课程描述等内容。

以《规范》为基础,教育部高等学校计算机类专业教学指导委员会后来陆续推出了计算机类其他专业乃至专业方向的规范,并进行了大量的宣传推广工作和试点工作,为我国计算机类专业的人才培养做出了重要贡献。

2008年10月正式出版了教育部高等学校计算机科学与技术教学指导委员会编制的《高等学校计算机科学与技术专业公共核心知识体系与课程》《高等学校计算机科学与技术专业实践教学体系与规范》。

这些规范和知识体系的确定,对于各高校的计算机专业准确地确定人才培养目标、更科学地制订和完善专业培养计划、以科学的课程教学体系和实践教学体系来培养和提高学生的专业能力具有重要的指导作用。

2018年3月,教育部发布了我国第一部《普通高等学校本科专业类教学质量国家标准》,其中包括《计算机类专业教学质量国家标准》,标志着我国的计算机类专业教育进入依据国家标准开展人才培养的阶段。

2017年以后,教育部开始推动新工科教育。计算机专业教育处于新工科建设的核心位置,既是带动各类工科实现跨越式发展的关键技术,又是对教育模式和形态进行创新的重要手段。从2018年开始,各高校陆续开办了人工智能、服务科学与工程、虚拟现实技术、区块链工程等新兴专业,这些专业瞄准社会经济发展的趋势,关注技术发展的核心问题和重大领域,主动布局信息领域未来战略人才的培养,在办学理念和模式上,从学科导向转向产业需求导向、从专业分割转向跨界交叉融合、从独立闭门式办学转向依托社会和企业的合作办学,是我国计算机专业设置以社会需求为导向的重大变化。

8.2.3 计算机专业理论知识体系

计算机科学与技术学科是研究计算机的设计、制造以及利用计算机进行信息获取、表示、存储、处理、控制的理论、原则、方法和技术的学科,包括科学和技术两方面。科学侧重于研究现象、揭示规律;技术则侧重于研究计算机和研究使用计算机进行信息处理的方法与技术手段。计算机科学与技术学科还具有较强的工程性,因此,它是一门科学性与工程性并重的学科,表现为理论性和实践性结合的特征。

结合我国的实际情况,计算机教指委根据 IEEE-CS 和 ACM 任务组给出的计算机科学、计算机工程、软件工程和信息技术 4 个分支学科知识体和核心课程描述,组织编制了计算机专业规范。表 8.2 给出了 4 个分支学科的核心课程。

表 8.2　4 个分支方向知识领域汇总

序号	计算机科学	计算机工程	软件工程	信息技术
1	计算机导论	计算机导论	程序设计基础	信息技术论
2	程序设计基础	程序设计基础	面向对象方法学	信息技术应用数学入门
3	离散结构	离散结构	数据结构与算法	程序设计与问题求解
4	算法与数据结构	算法与数据结构	离散结构	数据结构与算法
5	计算机体系结构	电路与系统	计算机体系结构	计算机系统平台
6	社会与职业道德	模拟与数字电子技术	操作系统与网络	应用集成原理与工具
7	操作系统	数字信息处理	数据库	Web 系统与技术
8	数据库系统原理	数字逻辑	工程经济学	计算机网络与互联网
9	编译原理	计算机组成结构	团队激励和沟通	数据库与信息管理技术
10	软件工程	计算机体系结构	软件工程职业实践	人机交互
11	计算机图形学	操作系统	软件工程与计算	面向对象方法
12	计算机网络	计算机网络	软件工程导论	信息保障与安全
13	人工智能	嵌入式系统	软件代码开发技术	社会信息学
14	数字逻辑	软件工程	人机交互的软件工程方法	信息系统工程与实践
15	计算机组成基础	数据库系统原理	大型软件系统设计与软件体系结构	系统管理与维护
16		社会与职业道德	软件测试	
17			软件设计与体系结构	
18			软件详细设计	
19			软件工程的形式化方法	
20			软件质量保证与测试	
21			软件需求分析	
22			软件项目管理	
23			软件过程与管理	
24			软件工程综合实习(含毕业设计)	

知识、能力和素质是相互联系、相互影响的,没有合理的知识体系支撑,就不可能有强能力和高素质,知识是能力和素质的基础,具备了较强的能力和较高的素质就可以更好更快地获取知识。关于计算机专业的知识体系和实践教学体系的构建与完善,IEEE-CS 和 ACM

联合小组提出的多个计算教程及中国计算机科学与技术学科教程2002研究小组提出的《中国计算机科学与技术学科教程2002》、教育部高等学校计算机科学与技术教学指导委员会编制的《高等学校计算机科学与技术专业发展战略研究报告暨专业规范(试行)》《高等学校计算机科学与技术专业公共核心知识体系与教程》《高等学校计算机科学与技术专业实践教学体系与规范》,发挥了重要作用。

参考上述文献并结合教学实践,给出了计算机科学与技术专业的课程设置情况,内容如下。

1)公共基础必修课程

公共基础必修课程包括思想政治课、大学英语、大学体育等课程。

2)公共基础选修课程

公共基础选修课程包括自然科学技术类、人文社科类、艺术类、经济管理类、身体素质类和外语类等,要求学生跨类选修一定学分的课程。可以根据自身兴趣在大学语文、大学心理学、就业指导、中国近代史、西方文明史、现代科学的进展、管理学、环境保护概论、当代世界经济与政治、唐代艺术鉴赏、中外文学名著选读、电影艺术欣赏、美学与文化等课程中选修。

通过学习公共基础课程,对于学生树立科学的世界观和人生观,培养高尚的道德情操和良好的心理素质,增强法治观念,拓展知识面,培养综合素质具有重要作用。

3)专业基础必修课程

专业基础必修课程包括高等数学、线性代数、概率统计、普通物理学、电路分析、模拟电路和数字电路等课程。

4)专业基础选修课程

专业基础选修课程包括数学建模、数值计算方法、运筹学、信息论和数字信号处理等课程。

专业基础课程是同一学科或相近学科内各专业共同开设的基础课程,通过专业基础课程的学习,有助于强化基础知识和拓展专业领域,有助于提高学生的工作适应能力、就业竞争力和创新能力。

5)专业必修课程

专业必修课程包括计算机导论、高级语言程序设计、离散数学、计算机组成原理、数据结构、操作系统、数据库原理及应用、软件工程、编译原理、计算机网络、计算机体系结构、计算机图形学、人工智能等课程。

6)专业选修课程

专业选修课程包括C++课程设计、C#程序设计、Java程序设计、汇编语言程序设计、微机原理及应用、单片机原理及应用、计算机控制技术、嵌入式系统、信息安全、模式识别、数字图像处理、多媒体技术、数据仓库、算法分析与设计、形式语言与自动机、分布式系统和并行算法等课程。

通过学习专业课程,系统掌握本专业的基本知识和基本技能,构成一个比较完整的专业知识体系,学会用专业知识分析和解决实际问题,提高专业能力和素质。

各个部分设置选修课,有利于学生根据自身的实际情况和个人兴趣进行选择,有利于培养出既具有基本的共同基础,又具有各自特色的人才,以适应社会上对人才的不同需求,也有利于充分发挥每个人的聪明才智,促进学生的个性发展。

除了计算机科学与技术专业外,为适应信息化建设对网络工程和软件工程人才的需求,部分学校相继开设了网络工程与软件工程专业,可以在专业课程部分替换(补充)一些相关的课程供学生选修,如网络工程专业可替换(补充)网络技术与组网工程、网络管理与维护、网络安全、防火墙与入侵检测、TCP/IP网络原理与技术、Web Services原理与技术、网络综合布线基础等课程。软件工程专业可替换(补充)软件体系结构、软件工程经济学、软件项目管理、软件测试方法与技术、软件可靠性工程、软件工程案例分析、现代软件工程等课程。

以上列出的课程只是一种参考方案,各学校根据自身的学生定位、师资水平、实践教学环境、学术研究优势领域等方面的不同,设置的课程体系会各有特色。

下面对主要的专业基础必修课程和专业必修课程的内容做简要介绍。

1) 高等数学

通过高等数学的学习,使学生掌握高等数学的基本概念、基本理论和基本运算技能,具备学习其他后续课程所需要的高等数学知识,培养学生综合运用数学方法分析问题、解决问题的能力,培养学生的抽象概括能力、逻辑推理能力和空间想象能力。本课程主要包括函数与极限、导数与微分、微分中值定理、不定积分、定积分、空间解析几何与向量代数、多元函数微积分、重积分、曲线积分与曲面积分、无穷级数和微积分方程等内容。

2) 线性代数

通过线性代数的学习,使学生掌握必要的代数基础及代数的逻辑推理思维方法,培养学生运用线性代数的知识解决实际问题的能力,培养学生逻辑思维能力和推理能力,为相关后续课程的学习打下良好的代数基础。本课程主要包括行列式、矩阵的基本运算、线性方程组、向量空间与线性变换、特征值与特征向量和二次型内容。

3) 概率统计

通过概率统计的学习,使学生掌握概率论与数理统计的基本概念和方法,学会处理随机现象的基本思想和方法,培养学生用概率统计知识解决实际问题的能力,培养学生的抽象思维和逻辑推理能力,为后续课程的学习打下必要的概率统计基础。本课程主要包括随机事件与概率、逻辑推理能力及其数字特征、随机向量、抽样分布、统计估计、假设检验和回归分析等内容。

计算机科学与技术一级学科专业(包括计算机应用技术、计算机软件与理论和计算机系统结构三个二级学科专业)硕士研究生招生考试(初试)中,全国统考课程的数学(一)试卷包括高等数学、线性代数和概率统计的内容,可见这三门课程在计算机专业知识体系中的重要地位。

4) 离散数学

离散数学是以离散结构为主要研究对象且与计算机科学技术密切相关的一些现代数学分支的总称。本课程主要包括命题逻辑、谓词逻辑、集合与关系、函数、代数结构、格与布尔代数和图论等内容,形式化的数学证明贯穿全课程。该课程是后续若干门专业(课程)的先修课程。图论的概念用于计算机网络、操作系统和编译原理等课程,集合论用于软件工程和数据库原理及应用等课程,命题逻辑和谓词逻辑用于人工智能等课程。

5) 普通物理学

物理学是研究物质的基本结构、相互作用和物质最基本最普遍的运动形式及其相互转化规律的学科。通过本课程的学习，使学生系统地掌握物理学的基本原理和基本知识，培养学生利用物理学知识分析问题、解决问题的能力，也为电路分析、数字电路和模拟电路等后续课程的学习打下物理学知识基础。本课程主要包括力和运动、运动的守恒量和守恒定律，刚体和流体的运动，相对论基础、气体动理论、热力学基础、静止电荷的电场、恒定电流的磁场、电磁感应与电磁场理论，机械振动和电磁振荡、机械波和电磁学、光学、量子论和量子力学基础、激光固体的量子理论、原子核物理和粒子物理等内容。

6）电路分析

通过电路分析的学习，使学生掌握电路分析的基本概念、基本理论和基本方法，具有初步分析、解决电路问题的能力。该课程是学习数字电路与模拟电路的先修课程，主要包括电路模型机电路定律、电阻电路的等效交换、电阻电路的一般分析、电路定律、含有运算放大器的电阻电路、一阶电路和二阶电路、相量法、正弦稳态电路的分析和含有耦合电感的电路等内容。

7）模拟电路

通过模拟电路的学习，使学生掌握主要半导体器件的原理、特性及参数，基本放大电路的工作原理及分析方法、负反馈放大电路的原理及分析方法、集成运算放大器的原理及应用、低频半导体模拟电子线路的基本概念、基本原理及基本分析方法；具有初步分析、设计实际电子线路的能力，并为学习计算机组成原理等课程打下基础。本课程主要包括半导体器件、放大电路的基本原理、集成运算放大电路、放大电路中的反馈、模拟信号运算电路与信号处理电路、波形发生电路与功率放大电路和直流电源等内容。

8）数字电路

通过数字电路的学习，使学生掌握数字电路的基础理论知识，理解基本数字逻辑电路的工作原理，掌握数字逻辑电路的基本分析和设计方法；具有应用数字逻辑电路知识初步解决数字逻辑问题的能力，为学习计算机组成原理、微机原理及应用、单片机原理等后续课程以及从事数字电子技术领域的工作打下扎实的基础。本课程主要包括门电路、组合逻辑电路、触发器、时序逻辑电路、脉冲的产生与整形电路和数模与数模转换电路等内容。

9）计算机导论

计算机导论是学习计算机知识的入门课程，是关于计算机专业完整知识体系的介绍。通过本课程的学习，可以使学生对计算机的发展史、计算机专业的知识体系、计算机学科方法论及计算机专业人员应具备的业务素质和职业道德有一个基本的了解和概括，这对计算机专业学生 4 年的知识学习、能力提高、素质培养和日后的学术研究、技术开发、经营管理等工作具有十分重要的基础性和指导性作用。本课程主要包括计算机发展简史、计算机基础知识、计算机专业知识体系、操作系统与网络知识、程序设计知识、软件开发知识、计算机系统安全知识与职业道德、计算机领域的典型问题和计算机学科方法论等内容。

10）高级语言程序设计

计算机专业学生应具备的重要能力之一就是程序设计能力，通过本课程的学习，使学生在掌握高级语言(C 或 C++)的基本语法规则和基本的程序设计方法的基础上，提高编写程序和调试程序的能力，培养程序设计思维。本课程主要包括概述、运算符与表达式、变量的数据类型与存储类别、程序的基本结构、函数的定义和调用、数组、指针、用户建立的数据类型和文件操作等内容。

11）计算机组成原理

作为计算机专业的学生，不仅要能够熟练掌握使用计算机，还要能够比较深入地理解计算机的基本组成和工作原理，这既是设计开发高质量计算机软硬件系统的需要，也是学习操作系统、计算机网络和计算机体系结构等后续课程的基础。通过本课程的学习，使学生掌握计算机系统的基本组成和结构的基础知识，尤其是各基本组成部件有机连接构成整机系统的方法，建立清晰的整机概念，培养学生对计算机硬件系统的分析、设计、开发、使用和维护的能力。本课程主要包括计算机系统的硬件结构、系统总线、存储器、输入输出系统、计算机的运算方法、指令系统、CPU的功能与结构、控制单元的功能等内容。

12）数据结构

数据结构主要包括介绍如何合理地组织和表示数据，如何有效地存储和处理数据，如何设计出高质量的算法以及如何对算法的优劣做出分析和评价，这些都是设计高质量程序必须要考虑的。通过本课程的学习，使学生深入地理解各种常用数据结构的逻辑结构、存储结构及相关算法；全面掌握处理数据的理论和方法，培养学生选用合适的数据结构、设计高质量算法的能力；提高学生运用数据结构编写高质量程序的能力。本课程主要包括线性表、栈、队列、串、数组、数与二叉树、图与图的应用、查找与排序等内容。

13）操作系统

操作系统是管理计算机软硬件资源、控制程序运行、方便用户使用计算机的一种系统软件，为应用软件的开发与运行提供支持。由于有了高性能的操作系统，才使我们对计算机的使用和操作变得简单方便。通过本课程的学习，使学生掌握操作系统的功能和实现这些功能的基本原理、设计方法和实现技术，具有分析实际操作系统的能力。本课程主要包括操作系统概论、进程管理、线程机制、CPU调度与死锁、存储管理、I/O设备管理、文件系统、操作系统实例等内容。

14）数据库原理及应用

对信息进行有效管理的信息系统(数据库应用系统)已在大大小小的政府部门及企事业单位中发挥着重要作用，而设计开发信息系统的核心和基础就是数据库的建立。通过本课程的学习，使学生掌握建立数据库及开发数据库应用系统的基本原理和基本方法，具备数据库及开发数据库应用系统的能力。本课程主要包括数据模型、数据库系统结构、关系数据库、关系数据库标准语言SQL、数据库安全性、数据库完整性、关系数据理论、数据库设计、数据库编程、关系查询处理和查询优化、数据库恢复技术、并发控制、数据库管理系统和数据库技术新发展等内容。

15）软件工程

软件工程的含义就是用工程化方法来开发大型软件，以保证软件开发的效率和软件的质量。通过本课程的学习，使学生掌握软件工程的基本概念、基本原理和常用的软件开发方法，掌握软件开发过程中应遵循的流程、准则、标准和规范，了解软件工程的发展趋势。本课程主要包括软件工程概述、可行性分析、需求分析、概要设计、详细设计、系统实现、软件测试、系统维护、面向对象软件工程和软件项目管理等内容。

16）编译原理

相对于机器语言和汇编语言，用高级语言编写程序简单方便，编写出的程序易于阅读、理解和修改，但高级语言源程序并不能直接在计算机上执行，需要将其翻译成等价的机器语言程序才能在计算机上执行，完成这种翻译工作的程序就是编译程序。通过本课程的学习，使学生掌握设计开发编译程序的基本原理、基本方法和主要技术。本课程主要包括文法和语言、词法分析、语法分析、语法制导翻译和中间代码生成、代码优化、课程符号表、目标程序运行时的存储组织、代码生成和编译程序的构造等内容。

17）计算机网络

微型机的出现和计算机网络技术的快速发展促进了计算机应用的广泛普及，网络已成为人们工作、学习、娱乐和日常生活的重要组成部分。构建网络环境、编写网络软件、维护网络安全是计算机专业毕业生的重要就业领域。通过本课程的学习，使学生对计算机网络的现状和发展趋势有一个全面的了解，深入理解和掌握计算机网络的体系结构、核心概念、基本原理、相关协议和关键技术。本课程主要包括数据通信基础、广域网、局域网、网络互联和IP协议、IP路由、网络应用和网络安全等内容。

18）计算机体系结构

计算机体系结构培养学生从总体结构、系统分析这一角度来研究和分析计算机系统的能力，帮助学生从功能的层次上建立整机的概念。通过本课程的学习，使学生掌握有关计算机体系结构的基本概念、基本原理、设计原理、设计原则和量化分析方法，了解当前技术的最新进展和发展趋势。本课程主要包括计算机系统设计技术、指令系统、存储系统、输入输出系统、标量处理机、向量计算机、互连网络与消息传递机制、单指令多数据流计算机（Single Instruction Multiple Data，SIMD）、多处理机、多处理机算法和计算机体系结构的新发展等内容。

19）人工智能

人工智能介绍如何用计算机来模拟人类智能，即如何用计算机完成诸如判断、推理、证明、识别、感知、理解、设计、思考、规划、学习和问题求解等智能性工作。本课程的学习，使学生掌握人工智能的基本概念、基本原理和基本方法，掌握人工智能求解方法的特点，会用知识表示方法、推理方法和机器学习等方法求解简单问题。本课程主要包括知识表示方法、搜索推理技术、神经计算、模糊计算、进化计算、专家系统、机器学习、自动规划、自然语言理解和智能机器人等内容。

20）计算机图形学

计算机图形学的主要研究如何在计算机中表示图形以及利用计算机进行图形的计算、处理和显示的相关原理及算法。本课程主要包括图形学概述、计算机图形学的构成、三维形体的创建、自由曲面的表示、三维形体在二维平面上的投影、三维形体的变形与移动及隐藏面的消去方法、计算机动画、科学计算可视化与虚拟现实简介等内容。

8.2.4 计算机科学与技术专业实践教学体系

在组成计算机专业知识体系的课程中，除了理论教学外，还有相应的实践教学。实践教学是计算机专业培养方案和教学计划的重要组成部分，对于提高教学质量和培养高素质人才具有重要作用，同时对于学生深入理解理论课程的内容、提高动手能力和综合运用所学知识解决实际问题的能力、培养创新意识和团队精神具有十分重要的作用，此外对于提高学生对实际工作的适应能力、提高学生的就业竞争能力也十分重要。

实践教学对于提高教学质量具有重要作用。所谓高质量的教学,就是让学生能够真正理解教师所讲解的内容,并用所学到的知识去解决实际问题。计算机专业中大量的基本概念和基本原理需要经过实践过程才能真正理解,如操作系统的基本原理、计算机网络的基本原理、编译原理的基本原理等,如果只是听教师的讲解和看书,没有相应的实践环节,是很难真正理解的。再如高级程序语言设计、数据结构、数据库原理及应用等课程,如果不实际编写、分析一定量的程序,也是很难提高程序设计能力、算法设计能力和系统开发能力的。

实践教学对于培养高素质人才具有重要作用。科学的教学指导思想应该是坚持传授知识、培养能力和提高素质协调发展,更加注重能力培养,着力提高大学生的学习能力、实践能力和创新能力,全面推进素质教育。作为一个高素质的计算机专业大学毕业生,实践能力和创新能力是必不可少的,而这些能力的培养和提高更多是通过科学的实践教学体系来完成的。

实践教学对于提高学生的就业竞争力和对工作的适应能力具有重要作用。在目前的就业环境下,既具有扎实的基础理论知识,又具有较强的实际动手能力,能够很快地适应实际工作环境的毕业生更容易找到比较理想的工作单位和工作岗位。动手能力的培养、对实际工作的适应性、对理论知识的深入理解都需要高质量的实践教学的支持。

教师和学生都要充分认识到实践教学的重要性,教师要像对待理论教学一样,认真备课、认真准备教学环境,高质量完成实践教学任务;学生要像学习理论知识一样,认真地完成各实践教学环节的学习任务。

要想充分发挥实践教学的重要作用,真正培养出基础理论知识扎实、具有较强的实践能力和创新能力的高素质人才,需要科学合理的实践教学体系支撑。一个完善的实践教学体系包括课程实验、课程设计、研发训练、毕业设计(论文)等层次的实践教学活动。

课程实验是与理论教学课程配合的实验课程,主要以单元实验为主,辅以适当的综合性实验,以实验基础知识与基本原理的理解、验证和基本实验技能的训练为主要实验内容,与学科基础课程的理论知识体系共同构成本学科专业人才应具备的基础知识和基本能力。课程实验中单元实验主要是为配合理论课程中某个知识点的理解而设计的实验项目,综合性实验是为综合理解和运用理论课程中的多个知识点而设计的实验项目。

课程设计是独立于理论教学课程而单独设计的实验课程,以综合性和设计性实验为主,需要综合几门课程的知识来完成实验题目。如在数据库课程设计中需要综合运用数据库、高级语言程序设计、软件工程等课程的知识;在操作系统课程设计中需要综合运用操作系统、高级语言程序设计、软件工程、数据结构等课程的知识;在计算机系统结构课程设计中需要综合运用计算机组成原理、微机原理及应用等课程的知识等。

研发训练是鼓励和支持学有余力的高年级本科生参与教师的研发项目或独立承担研发项目,鼓励和支持学生积极参加各种面向大学生的课外科研活动,如程序设计大赛、数学建模竞赛等。研发训练项目是一种研发性实验、一种探索性实验,能够提高学生的学习能力,使学生尽早地进入专业科研领域,接触学科前沿,了解本学科发展动态,形成合理的知识结构;为那些成绩优秀和学有余力的学生提供发挥潜能、发挥个性、提高自身素质的有利条件;对于提高学生的实践能力和创新能力效果显著。

计算机专业的学生做毕业设计并撰写毕业论文是整个本科教学计划的重要组成部分。毕业设计对于培养和提高学生的实践能力、研发能力和创新能力,培养和提高学生综合运用所学专业知识独立分析问题和解决问题的能力，培养学生严肃认真的工作态度和严谨务实的工作作风，培养学生的书面表达能力和口头表达能力，培养学生组织协调能力和团队协作精神，具有至关重要的作用，也是其他教学环节不能替代的。毕业设计是一个综合性的实验教学环节，不仅要在教师的指导下独立完成设计任务，还要查阅资料、撰写论文、参加答辩，是对学生综合能力和综合素质的训练。在毕业设计期间，根据具体情况，学生在求职单位或学校指定的实习基地完成毕业实习环节，在实际工作环境中培养学生的实践能力和适应实际工作的能力。

习 题 8

1. 简述工程教育认证中知识、能力与素质包含哪些内容，三者之间的关系是什么。
2. 分别列出计算机科学、计算机工程、软件工程和信息技术 4 个专业的核心课程。
3. 简述 CS 2013 中知识领域所包含的知识点。
4. CC 2020 的特色要点有什么？
5. 请描述计算机专业的专业基础必修课程和专业必修课程有哪些？

第9章 计算机学科方法论

科学的方法论对研究与认识客观世界是非常重要的。就哲学方法论而言，学科方法论是认知学科的方法和工具，学科方法论的建立是学科成熟的标志之一。对学生来讲，学科方法论是本学科的基本方法、处理问题的基本思路、审视问题的基本视角和研究工作的一般程序等。计算机学科的学生如果能在学习中系统地接受学科方法论的指导，无疑有助于大学阶段的学习，有利于日后的科学研究和技术开发等工作。本章介绍计算机学科方法论的主要内涵，讨论抽象、理论和设计的三个学科形态，介绍计算机学科的核心概念，最后介绍计算机学科的数学方法和系统科学方法。

9.1 计算机学科的根本问题和核心概念

9.1.1 计算的本质

对计算机学科根本问题的认识是与人们对计算过程的认识紧密联系在一起的。要分析计算机学科的根本问题，首先要分析人们对计算本质的认识过程。

很早以前，我国学者就提出了"算盘化"思想，即对于一个数学问题，只有满足可用算盘求解的规则时，这个问题才是可解的。算盘有一整套口诀，例如，"三下五除二""七上八下"等，是最早的体系化算法，它蕴含着中国古代学者对计算机的根本问题——能行性的理解。

20世纪30年代后期，图灵从计算一个数的一般过程入手对计算的本质进行了研究，从而实现了对计算本质的真正认识。

图灵用形式化方法成功地表述了计算这一过程的本质：所谓计算就是计算者(人或者机器)对一条两端可无限延长的磁带上的一串0和1执行指令，一步一步地改变磁带上的0和1，经过有限步骤后，最后得到一个满足预先规定的符号串的变换过程。根据图灵的论点，可以得出这样的结论：任一过程是能行的(能够具体表现在一个算法中)，当且仅当它能够被一台图灵机实现。

伴随着电子学理论和技术的发展，在图灵机这个逻辑模型提出不到10年的时间里，世界上第一台电子计算机诞生了。图灵机反映的是一种具有能行性的、用数学方法精确定义的计算模型，现代计算机正是这种模型的具体实现。

9.1.2 计算机学科的根本问题

计算机学科是研究设计、制造和利用计算机进行信息获取、表示、存储、处理和控制等的理论、原则、方法和技术的学科。计算机学科包括科学与技术两个方面。

计算机科学侧重于研究现象、揭示规律。计算机技术侧重于研制计算机和研究使用计算机处理信息的方法和技术手段。科学是技术的依据，技术是科学的体现；技术得益于科学，又向科学提出新的研究课题。科学与技术相辅相成，相互作用，二者高度融合是计算机学科的突出特点。

计算机学科除了具有较强的科学性外，还有较强的工程性，是一门理论与实践紧密结合、科学性与工程性并重的学科，表现为理论性和实践性紧密结合。计算机科学与计算机工程之间没有本质的区别，只不过强调的学科形态的重点不同，科学注重理论和抽象，工程注重抽象和设计。

计算机的迅猛发展，除了源于微电子学相关学科的发展外，还源于其强大的应用驱动。计算机已逐渐应用到经济建设、社会发展和人类生活的各个领域，为推动社会进步发挥了不可替代的重要作用。

“计算作为一门学科”研究报告对计算机学科的根本问题的描述是：什么能被（有效地）自动进行。

计算机学科和数学密切相关。计算机科学家一向被认为是独立思考、富有创造性和想象力的。问题求解建立在高度的抽象级别上，问题的符号表示及其处理过程的机械化、严格化的特点，决定了数学是计算机学科的重要基础之一。数学及其严格的形式化描述、严格的表达和计算是计算机学科使用的重要描述工具，建立物理符号系统并对其实施变换是计算机学科进行问题描述和求解的重要手段。

计算机学科研究利用计算机进行问题求解的“能行性”，由于连续对象很难被“能行地”处理，所以研究的重点处理对象是离散的，因而“离散数学”在计算机学科中具有重要的地位。

9.2 计算机学科的方法论

9.2.1 计算机学科方法论的定义

计算机学科方法论是对计算机领域认识和实践过程中一般方法及其性质、特点、内在联系和变化规律进行系统研究的理论总结。计算机学科方法论是认知计算机学科的方法和工具，也是计算机学科认知领域的理论体系，对于计算机领域的科学研究、技术开发和人才培养具有重要指导意义。

在计算机领域，“认识”指的是抽象过程（感性认识）和理论总结过程（理性认识），“实践”指的是学科中的设计过程。抽象、理论和设计是具有方法论意义的三个过程，这三个过程是计算机方法论中最重要的研究内容。

9.2.2 计算机学科方法论的主要内容

每个学科都有其自身的知识结构、学科形态、核心概念和基本工作流程方式。随着计算机学科本身的逐渐成熟，计算机学科方法论的内容逐渐丰富。目前，计算机学科方法论的研究成果主要体现在以下几个方面。

1）学科的三个过程

学科中问题求解的三个过程：抽象过程、理论总结过程和设计过程，主要描述认识和实践的过程，是计算机学科方法论最根本的内容，又称为三个学科形态。

2）重复出现的12个核心概念

描述贯穿于认识和实践过程问题求解的基本方面，包括绑定、大问题的复杂性、概念模型和形式模型、一致性和完备性、效率、演化、抽象层次、按空间排序、按时间排序、重用、安全性、折中和结论。

3）典型的学科方法

描述了贯穿于认识和实践过程中问题求解的基本方法，包括数学方法和系统科学方法。

9.3　计算机学科的三个过程

所谓学科形态是指从事一类学科研究与发展工作且具有共性的文化方式。历史上共有两大学科形态——理论和实验(抽象)，不同的学科形态支持各自以特有的方式方法和科学发展轨道开展学科的研究与发展，由此产生了理论科学与实验科学两个学科类。由于图灵和冯·诺依曼等人的贡献，使得存储程序式通用电子数字计算机在20世纪40年代诞生，人类能够使用自动计算装置代替人工计算机和手工劳动。随着计算机学科研究和应用的不断深化，一些学者开始认识到计算已成为理论与实验之外的第三种学科形态。

1. 理论

科学理论是经过实践检验的系统化的科学知识体系，它是由科学概念、科学原理以及对这些概念、原理的论证组成的体系。理论源于数学，它的研究内容表现在以下两个方面。

(1) 建立完整的理论体系。

(2) 在现有理论的指导下，建立具体问题的数学模型，从而实现对客观世界的理性认识。

理论广泛采用数学的研究方法。按照统一的理论发展过程，理论包含以下4个步骤。

(1) 对研究对象的概念进行抽象(定义)。

(2) 假设对象的基本性质和对象之间可能存在的关系(定理)。

(3) 确定这些性质和关系是否正确(证明)。

(4) 解释结果形成结论。

理论研究的基本特征是其研究内容的构造性数学特征。

2. 抽象

抽象是指在思维中对同类事物去除现象的、次要的方面，抽取其共同的、主要的方面，从而做到从个别中把握一般、从现象中把握本质的认知过程和思维方法。抽象源于现实世界，它的研究内容表现在两个方面。

(1) 建立对客观事物进行抽象描述的方法。

(2) 采用现有的描述方法建立具体问题的概念模型，从而获得对客观世界的感性认识。

抽象源于实验科学，广泛地采用实验物理学的研究方法。按照客观世界的研究过程，抽象包含以下4个步骤。

(1) 确定可能世界(环境)并形成假设。

(2) 构造模型并做出预言。

(3) 设计实验并收集数据。

(4) 分析结果。

3. 设计

设计是指构造支持不同应用领域问题的计算机系统和设备。设计具有较强的实践性、社会性和综合性,设计要具体地实现才有价值,而设计的实现要受社会因素、客观条件(包括其他相关科学)的影响。设计源于工程学,它的研究内容表现在下列两个方面。

(1) 在对客观世界的感性认识和理性认识的基础上,完成一个具体的工程任务。

(2) 对工程设计中遇到的问题进行总结,提出问题由理论界去解决,同时,还要将工程设计中积累的经验和教训进行总结,形成方法去指导以后的工程设计。

设计广泛采用工程学的研究方法。按照为解决某个问题而构建系统或装置的过程,设计包含以下 4 个步骤。

(1) 叙述要求。

(2) 给定技术条件。

(3) 设计并实现该系统或装置。

(4) 对该系统进行测试和分析。

设计广泛出现在计算机学科中与硬件、软件、应用有关的设计和实现之中。当计算机科学理论(包括技术理论)已解决某一问题后,科研人员在正确理解理论、方法和技术的情况下,可以十分有效地以这种方式开展工作。

4. 三个过程之间的关系

抽象、理论和设计三个过程概括了计算机学科的基本内容,是计算机学科认知领域中最基本的三个概念。设计以抽象和理论为基础,没有科学理论依据的设计是不合理的,也是不会成功的。设计是抽象和理论的具体表现形式,例如,图灵机是理论和抽象,而具体的计算机(如 ENIAC)是设计。

抽象、理论和设计反映了人们的认识是从感性认识(抽象)到理性认识(理论),再由理性认识(理论)回到实践(设计)中来的科学思维方法。众所周知,在人类社会实践中,认识和实践是两个最基本的概念,认识以实践为基础,人类的认识归根到底产生于人类的社会实践中;人类现在的实践活动总是建立在以往实践活动所取得的认识基础上。在计算机学科中,“认识”指的是抽象过程(感性认识)和理论过程(理性认识),“实践”指的是设计过程。科学实践是建立在科学理论的基础上,科学认识由感性阶段上升为理性阶段就形成了科学理论,科学理论指导进一步的科学实践。学科的三个过程与认识和实践之间的关系如图 9.1 所示。

方法论在不同层次上有哲学方法论、一般科学方法论和具体科学方法论。关于认识世界、改造世界、探索世界、探索实现主观世界与客观世界相一致的最一般的方法理论是哲学方法论;研究各门具体、带有一定普遍意义、适用于多个领域的方法理论是一般科学方法论;研究某一具体学科、涉及某一具体领域的方法理论是具体科学方法论。三者之间的关系是相互依存、互相影响和互相补充的对立统一关系。哲学方法论、一般科学方法论对计算机科学方法论具有指导作用,即在哲学方法论、一般科学方法论的指导下研究总结计算机科

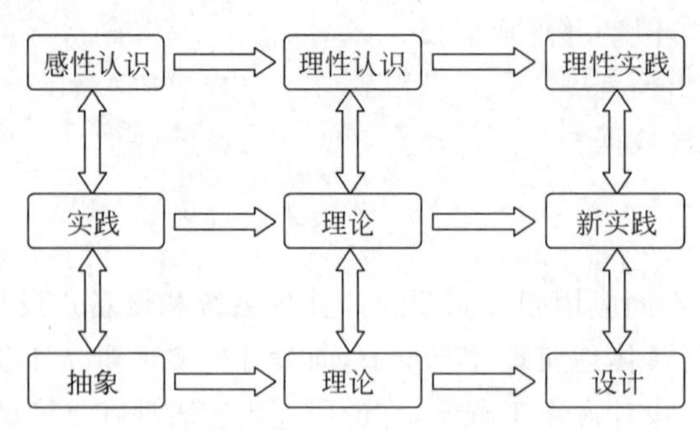

图 9.1 学科的三个过程与认识和实践之间的关系

学方法论。

在计算机学科中,从为解决某个问题而实现系统或装置的过程看,设计形态包括以下内容:需求分析、建立规格说明、设计并实现系统、对系统进行测试分析、修改完善。这正是计算机软件系统的设计开发过程或硬件系统的设计制造过程。

理论、抽象和设计三个过程贯穿计算机学科的各个分支领域。

在图论中体现的是抽象与理论形态,欧拉从哥尼斯七桥问题入手,将其抽象为边和点的问题进行研究,成为图论研究的先驱。哈密顿回路、中国邮路等问题都是对现实问题的抽象,这些问题的研究和解决形成了一套比较完整的关于图的理论,包括一系列的定义、公理和定理等。

在软件工程中综合体现了设计、抽象和理论三个过程,人们在开发规模比较大的软件时,要完成需求分析、系统设计、系统实现、测试和维护等工作,这是设计过程;开发人员要为解决软件开发中遇到的问题提出解决方案,如应用数据流图、数据字典和流程图等工具进行系统的分析和设计工作,这是抽象过程;专家学者及实际开发人员对有效的软件开发方法进行总结,形成普遍适用的软件工程方法和软件开发准则,如生命周期法、面向对象法和B. W. Boehm 的 7 条准则等,这是理论过程。当然,这些方法可以用于指导软件开发工作,以保证软件开发的质量和效率。

数据库原理中的数据规范化也是设计、抽象和理论三个过程的综合体现。人们在开发数据库应用系统(信息管理系统)时,一项重要的基础工作就是数据库的设计与建立,用到的最经典抽象工具是 E-R 图。面对众多的需要管理的数据,是建立一个数据库(表)好,还是建立多个数据库(表)好,人们在设计实践中总结出一些有效的方法,研究人员对这些方法进一步的抽象和总结,形成了一套严密的数据规范化理论。

在后续的课程学习中,可以细心体会设计、抽象和理论三个过程在不同课程、不同问题中是如何实现的。计算机专业人员从事的工作也离不开这三个过程,设计开发软硬件系统,抽象出具体问题的模型表示,总结出具有一般意义的原理和方法形成理论。

9.4 计算机学科的核心概念

认知计算机学科最终通过概念来实现,核心概念是在 CC 1991 报告中首次提出的,表达了计算机学科特有的思维方式,在整个本科教学过程中起着纲领性的作用,是具有普遍性、持久性的重要思想、原则和方法的总结。掌握和应用计算机学科中具有方法论性质的核心概念对从事该学科的工作是非常有必要的。是否具有深入理解和正确拓展核心概念的能力，是衡量计算机专业人士是否成熟的重要标志之一。

核心概念具有如下基本特征。

① 在学科及分支学科中普遍出现。

② 在抽象、理论和设计的各个层面上都有很多示例。

③ 在理论上具有可延展和变形的作用，在技术上具有高度的独立性。

CC 1991 报告中提出的计算机学科的 12 个核心概念如下。

1. 绑定

绑定(Binding)指把一个抽象的概念和附加特性相联系，是抽象概念具体化的过程，也就是具体问题的合理抽象描述和抽象描述对具体问题的恰当表示。例如，将一个进程与一个处理器、一个变量与其类型或值分别联系起来，这种联系的建立，实际上就是建立某种约束。

在面向对象程序设计中，绑定指把某段内存空间分配给类的某个成员，建立内存空间与类成员的联系。在可视化程序设计中，绑定指数据与控件的结合。程序员使用的可视化控件往往需要进行数据的交互，就需要将该控件与相应的数据(如数据库的某一个字段)联系起来，也可以称为绑定在一起。

在网络存储中，可以应用动态绑定策略，把客户机与虚拟磁盘在逻辑上绑定在一起，任何用户只要通过这台客户机，就可以访问对应的虚拟磁盘；也可以把用户和虚拟机在逻辑上绑定在一起，通过合法的用户账号和密码，用户可以在系统内的任何一台客户机上访问自己的虚拟磁盘。

2. 大问题的复杂性

大问题的复杂性(Complexity of Large Problems)是指随着问题规模的增长，问题的复杂性呈现非线性增加的效应。这种非线性增加的效应是区分和选择各种现有方法和技术的重要因素，以此来衡量不同的数据规模、问题控件和程序规模。对于同一问题，可能会有多种不同的求解算法，如果问题的规模比较小，各种算法在性能上的差距不会太大。如果问题的规模很大，各种算法的性能会有很大的差距，算法复杂性是选用算法的重要依据。

软件设计中的许多机制正是面向复杂问题的。比如在一个程序中标识符的命名原则是无关紧要的，但在一个多人合作开发的软件系统中这种重要性会体现出来；GOTO 语句自由灵活、随意操控，但实践证明了在复杂程序中控制流的无序弊远大于利；结构化程序设计已取得不错成绩，但在更大规模问题求解时保持解空间与问题空间结构的一致性显得更重要。

在软件工程中，随着问题规模的增大，系统的复杂性也在增大。每个新的信息项、功能或限制都可能影响整个系统的其他元素。因此，随着问题复杂性的增加，系统分析的任务将成几何级数增长。在研制一个大系统时，显然控制和降低系统的复杂性便成为区分和选择现有方法和技术的重要因素。

从某种意义上说，程序设计技术发展至今的两个里程碑(结构化程序设计的诞生和面向对象程序设计的诞生)都是因为应用领域的问题规模与复杂性不断地增长而驱动的。

3. 概念模型和形式模型

概念模型和形式模型(Conceptual and Format Models)是对一个想法或问题进行形式

化、特征化和可视化思维的方法，概念模型和形式模型以及形式证明是将计算机学科各分支统一起来的重要核心概念。由于计算机求解问题的基础是对问题的概念抽象和形式化描述，所以概念模型和形式模型是实现计算机问题求解的最典型和最有效的途径。例如，数据库原理和软件开发中涉及的数据流图、E-R 图和 UML 等都属于概念模型；编译原理中单词的自动机表示及语法规则的文法表示都属于形式模型。概念模型和形式模型的使用，使开发人员能够准确地理解所描述的问题，有利于设计出正确的算法和程序。

概念模型和形式模型主要采用数学方法进行研究。例如，用于研究计算能力的常用计算模型有图灵机、递归函数和 λ 演算等，用于研究并行与分布式特性的常用并发模型有 Petri 网、CCS 和 π 演算等。

4. 一致性和完备性

一致性(Consistency)包括用于形式说明的一组公理的一致性、事实和理论的一致性，是进行计算机软硬件系统设计时追求的目标。例如，要开发一个信息管理系统，一个重要目标就是语言或接口设计的内部一致性。完备性(Completeness)包括给出的一组公理，使其能获得预期行为的充分性、软件和硬件系统功能的充分性以及系统处于出错和非预期情况下保持正常行为的能力等。在计算机系统设计中，正确性、健壮性和可靠性就是一致性和完备性的具体体现，目标就是保证系统的正确性、健壮性和可靠性。系统的功能要全面，能够满足各种功能需求；从系统中查询和统计出的数据是正确的和一致的；系统具有拒绝非法访问的能力，在遭受攻击或破坏时具有把系统和数据恢复到正确状态的能力。

一致性和完备性是一个系统必须具备的两个性质，在形式系统中这两个性质更加突出。如果提出了一个公理系统，人们首先会质问的问题就是该系统是否一致？是否完备？

一致性是一个相对的概念，通常是对立统一的双方之间应满足的关系，例如，实现相对于规格说明的一致性(即程序的正确性)，数据流图分解相对于原图的一致性，函数实现相对于函数原型中参数、返回值和异常处理的一致性等。完备性也是一个相对的概念，通常是相对于某种应用需求而言。完备性与简单性经常会产生矛盾，应采用折中的方法获得结论。

5. 效率

效率(Efficiency)是关于空间、时间、人力和财力等资源消耗的度量。在计算机软硬件系统的设计实现中，要充分考虑某种预期结果达到的效率，以及一个给定的实现过程较之替代实现过程的效率，要想在空间、时间、人力和财力各方面都达到最优是很困难的，可以根据具体情况重点考虑某一方面达到最优或考虑达到综合最优。例如，开发用于银行业务管理的软件系统，由于涉及众多储户的使用(存款、取款等)，时间效率是最优先考虑的，应尽可能快地完成储户的请求。可以用适当增加投资的方式保证系统的时间效率，投资用于购买高性能的计算机，雇佣更多的人员进行系统开发。

6. 演化

演化(Evolution)指系统的结构、状态、特征、行为和功能等随着时间的推移而发生更改。这里主要指了解系统更改的事实和意义及应采取的对策。在软件进行更改时，不仅要充分考虑更改对系统各层次造成的影响，还要充分考虑到有关软件的抽象、技术和系统的适应性问题。例如，演化实际上要表达的是生命周期的概念，软件设计活动贯穿了整个软件生命周期，包括各种类型的系统维护活动。在工业生产的并行工程中采用一系列称为 DFX 的技术，如 Design For Assembling 和 Design For Manufacturing 等，主张在设计阶段就全面考虑产品的整个生命周期。可以说在软件开发中早就采用了与DFX类似的技术，毕竟在软件生命周期中维护期占比更大。

对于高性能计算来说，IBM公司之所以一直占有市场的主导地位，一个重要的原因就在于从IBM开始，实现了计算机生产的标准化、系列化和兼容性，在低配置计算机上运行的软件不用修改就可以在高配置的计算机上执行，非常方便用户对计算机的升级换代。从1981年IBM推出个人计算机开始，其各个档次的个人计算机之间也具有非常好的兼容性。IBM公司的计算机生产很好地体现了演化模式。

对于软件来说，微软公司的DOS操作系统、Windows操作系统和Office办公软件等都非常好地体现了演化的特性，各版本之间的向下兼容是一种很好的演化模式，既方便了用户的使用，也保证了这些软件的市场占有率。

7. 抽象层次

抽象层次(Levels of Abstraction)指的是通过不同层次的细节和指标的抽象对一个系统或实体进行表述。在复杂系统的设计中，对系统进行不同层次的抽象描述，既能控制系统的复杂程度，又能充分描述系统的本质特性。例如，软件工程从需求规格说明到编码各个阶段的任务分解过程；计算机系统的分层思想；在计算机组成结构中，存储器分成磁带、磁盘或U盘、内存、高速缓存和寄存器等层次；数据库设计中，分成E-R图；开发软件时，分成系统分析、系统设计、系统实现、系统测试和系统维护几个步骤；计算机网络的TCP/IP协议中，分成网络接口层、互联层、传输层和应用层4个层次；程序设计中的模块化程序设计等都是抽象层次的具体体现。合理的分层，有利于更好地完成相关软硬件开发工作，便于多人分工合作，保证系统开发工作的质量和效率。

8. 按时间排序

按时间排序(Ordering in Time)指事件的执行效率对时间的依赖性，即基于时间确定事件的顺序。例如，在操作系统的CPU先来先服务调度算法中，基于进程进入就绪队列的时间先后分配CPU资源，先进入就绪队列的先分配CPU执行；在具有时态逻辑的系统中，要考虑与时间有关的时序问题；在分布式系统中，要考虑进程同步的时间问题；在依赖于时间的算法执行中，要考虑其基本的组成要素。

9. 按空间排序

按空间排序(Ordering in Space)指除时间外的各种排序(定位)方式，是计算机技术中一个局部性和相邻性的概念。

例如，计算机网络中，基于所在的物理位置上对网络节点的排序，在操作系统的CPU优先级调度算法中，基于进程的优先级对进程进行排序，这些都属于按空间排序。

10. 重用

重用(Reuse)指在新的情况或环境下，特定的技术、概念和系统组成部分可被再次使用的能力。重用可极大地降低硬件系统的开发成本，提高开发效率。例如，软件库和硬件部件的重用和组件技术等。

现在的计算机硬件系统在性能快速提高的同时，成本不仅没有提高，还有所降低，就是重用的作用。CPU芯片、主板及外设都是可重用的，用户可以购买整机，也可以根据需要选择组件组装，既方便又便宜。相对来说，在应用软件领域，软件的重用还有很多的差距。如给某大学开发了一个教学管理系统，再给乙大学开发一个教学管理系统，由于管理模式、管理机构设置及管理功能需求的不同,给甲大学开发的教学管理系统很难直接给乙大学使用,即使把甲大学教学管理系统的某个模块直接用于乙大学的教学管理系统开发也有很大的困难,所以在应用软件开发领域,软件重用是一个非常值得研究并有待突破的课题。

11. 安全性

安全性(Security)指计算机软硬件系统对合法用户的响应及对非法请求的抗拒,保护系统不受外部影响和攻击的能力。系统一旦遭受攻击受损,恢复到正确状态的能力也属于安全性的范畴。随着计算机及网络的广泛应用,经济建设、社会发展和人们的日常生活越来越多地依赖计算机及网络系统,如何保证系统的安全性是一个关系国计民生的重要问题。

例如,从宏观方面讲,随着全球信息化程度的提高,金融、能源、交通和电力等重要基础设施对计算机网络的依赖程度越来越高,信息安全对社会和经济的影响也越来越大,信息安全问题已上升为国家的战略性问题。

从具体方面看,由于防病毒措施不到位,个人用的计算机感染计算机病毒,致使计算机瘫痪或丢失重要文件,导致心情郁闷。

12. 折中和结论

折中(Tradeoff)是指为了满足系统的可实施性而对系统设计中的技术、方案所做的一种合理的取舍。折中的结论(Consequences)是指选择一种方案代替另一种方案所产生的技术、经济、文化及其他方面的影响。折中是存在计算机学科领域各层次上的基本事实。折中也要考虑具体环境,有时可能强调降低空间复杂性,有时可能强调降低时间复杂性;有的系统强调易用性,有的系统强调完备性;有的系统强调灵活性,有的系统强调简单性;有的系统强调低成本,有的系统强调可靠性。

例如,用于机场的空中交通管制系统就更强调软件的可靠性和安全性,需要非常严格的软件质量保证措施,当然就要增加软件的开发成本;相对来说,用于一般企事业单位的信息管理系统在满足一定的可靠性、安全性的基础上,更强调软件使用的方便性及开发成本的节省等。对于矛盾的软件设计目标,需要在诸如易用性和完备性、灵活性和简单性、低成本和高可靠性等方面采取折中。

9.5 计算机学科中的数学方法

数学方法指以数学为工具进行科学研究的方法,用数学语言表达事物的状态、关系和过程,经推导形成解释和剖析,包括问题的描述与变换。常用方法有公理化方法、构造性方法(递归、归纳、迭代等)、内涵与外延方法、模型化与具体化方法等。理论上,凡能被计算机处理的问题均可以转化为一个数学问题,换言之,所有能被计算机处理的问题均可以用数学方法解决;因此,凡能以离散数学为代表的构造性数学方法描述的问题,当该问题所涉及的论域为有穷,或虽为无穷但存在有穷表示时,这个问题也一定能用计算机来处理。

9.5.1 数学的基本特征

数学是研究现实世界的空间形式和数量关系的一门学科,它具有如下基本特征。

1) 高度的抽象性

抽象是任何一门学科乃至全部人类思维都具有的特性,然而,数学的抽象程度大大超过自然学科中一般的抽象，它最大的特点在于抛弃现实事物的物理、化学和生物特性，仅保留其量的关系和空间的形式。

2）严密的逻辑性

数学高度的抽象性和逻辑的严密性是紧密相关的。若数学没有逻辑的严密性，在自身理论中矛盾重重，漏洞百出，那么用数学方法对现实世界进行抽象就失去了意义。由于数学的逻辑严密性，在运用数学工具解决问题时，只有严格遵守形式逻辑的基本法则、充分保证逻辑的可靠性，才能保证结论的正确性。

3）普遍的适用性

数学的高度抽象性决定了它的普遍适用性。数学广泛地应用于其他科学和技术，甚至人们的日常生活中。

9.5.2 数学方法的作用

数学方法是指解决数学问题的策略、途径和步骤，它在现代科学技术的发展中已经成为一种必不可少的认知手段，它在科学技术方法论中的作用主要表现在以下三方面。

1）为科学技术研究提供简洁精确的形式化语言

人类在日常交往中使用的语言称为自然语言，是人与人之间进行交流和对现实世界进行描述的一般语言工具。而随着科学技术的迅猛发展，对于微观和宏观世界中存在的复杂的自然规律，只有借助于数学的形式化语言才能抽象地表达。数学模型是运用数学的形式化语言，在观测和实验的基础上建立起来的，它有助于人们在本质上认识和把握客观世界。数学中众多的定义和定理公式是典型的简洁而精确的形式化语言。

2）为科学技术研究提供定量分析和计算的方法

一门科学从定性分析发展到定量分析，数学方法从中起到了杠杆性的作用。计算机的问世更为科学的定量分析和理论计算提供了必要条件，使一些过去虽然能用数学语言描述，但仍然无法求解或不能及时求解的问题找到了解决的方法。

3）为科学技术研究提供严密的逻辑推理工具

数学严密的逻辑性使它成为建立一种理论体系的重要工具，公理化方法、形式化方法等用数学方法研究推理过程，把逻辑推理形式化加以公理化和符号化，为建立和发展科学的理论体系提供有效的工具。

9.5.3 递归方法和迭代方法

构造性是计算机软硬件系统的最根本特征，而递归和迭代是最具有代表性的构造性数学方法，它们广泛地应用于计算机学科各个领域。递归和迭代密切相关，实现递归和迭代的基础基于以下一个事实。

不少序列项常常可以用这样的方式得到：由 a_{n-1} 得到 a_n，按这样的法则，可以从一个已知的首项开始，有限次地重复做下去，最后产生一个序列。该序列是递归和迭代运算的基础。

1）递归

递归不仅是数学中的一个重要概念，也是计算技术中重要的概念之一。20 世纪 30 年代，可计算的递归函数理论与图灵机、λ 演算和 POST 规范系统等理论一起为计算理论的建立奠定了基础。递归方法（也称递推法）是一种在“有限”步骤内，根据特定的法则或公式对一个或多个前面的元素进行运算,以确定一系列元素(如数和函数)的方法。

【例 9.1】 树的递归定义。

树是 $n(n\geqslant 0)$ 个节点的有限集合,当 $n=0$ 时,称为空树。在一颗非空树 T 中:

① 有且仅有一个特定的节点称为树的根节点。

② 当 $n>1$ 时,除根节点之外的其余节点被分成 $m\ (m\geqslant 1)$ 个互不相交的集合 T_1, T_2,…,T_m,其中每个集合 $T_i(1\leqslant i\leqslant m)$ 本身又是一棵树,并且称为根节点的子树。

根据此递归的定义,可以把由多个节点组成的树构造出来。

【例 9.2】 阶乘问题的递归。

从图 9.2 可以看到递归分解阶乘(3),可以发现递归解决问题的两条途径。将问题从高至低进行分解,再从低到高解决。

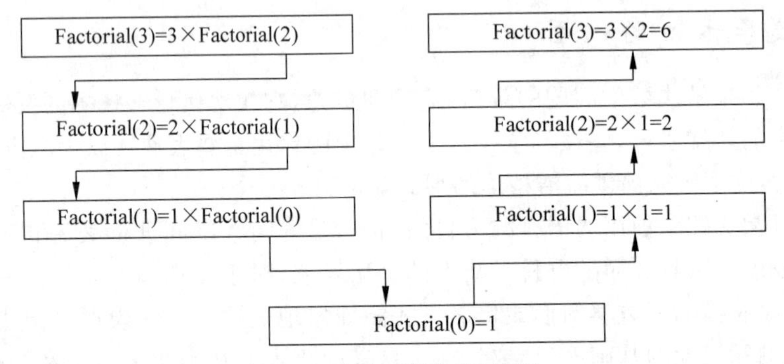

图 9.2 阶乘问题的递归解决

2) 迭代

"迭"是屡次和反复的意思,"代"是替换的意思,合起来"迭代"就是反复替换的意思。在程序设计中,为了解决重复性计算的问题,最常用的方法就是迭代方法,主要是循环迭代。

递归和迭代有着密切的联系,甚至,一类如 $X_0=a$,$X_{n+1}=f(n)$ 的递归关系也可以看作数列的一个迭代关系。可证明,迭代程序都可以转化为与它等价的递归程序,反之,则不然。就效率而言,递归程序的实现要比迭代程序的实现耗费更多的时间和空间。因此,在具体实现时,又希望尽可能地将递归程序转化为等价的迭代程序。

【例 9.3】 阶乘的迭代

$$\text{Factorial}(n)=\begin{pmatrix}1, & \text{若 } n=0\\ n\times(n-1)\times(n-2)\cdots 3\times 2\times 1, & \text{若 } n>0\end{pmatrix}$$

9.5.4 形式化方法

形式化(Formalization)实质上是一个算法,即一个可机械地实现的过程,用于将概念、断言、事实、规则和推演乃至整个被描述系统表述得严密、精确而又无须任何专门的知识即可被毫无歧义地感知。形式系统(Formal System)是理论系统或实际系统形式化的产物,在这种系统中所进行的推演均可被机械地测试,以确定它们是否是正确的。对于计算机学科的发展,形式化方法和形式系统有着重要影响。如对计算的形式化研究产生了第一个计算模型——图灵机,一阶谓词演算形式系统为知识的形式表示及定理的机器证明奠定了重要基础,人工智能程序设计语言 PROLOG 就是一个典型的符号逻辑形式系统。

形式系统由如下几个部分组成。

① 初始符号。初始符号不具有任何意义。

② 形式规则。形式规则规定一种程序，借以判定哪些符号串是本系统中的公式，哪些不是。

③ 公理。在本系统的公式中，确定不加推导就可以断定的公式集。

④ 变形规则。变形规则亦称演绎规则或推导规则，变形规则规定从已被断定的公式，如何得出新的被断定公式。被断定的公式又称为系统中的定理。

在以上4个组成部分中，前两个部分定义了一个形式语言，后两个部分在该形式语言上定义了一个演绎结构。形式系统由形式语言和定义于其上的演绎结构组成。

9.5.5 公理化方法

公理化方法是一种构造理论体系的演绎方法，它是从尽可能少的基本概念和公理出发，运用演绎推理规则，推导出一系列的命题，从而建立整个理论体系的思想方法。用公理化方法构建的理论体系称为公理系统（Axiomatic System），公理系统需要满足如下条件。

① 无矛盾性。在公理系统中，不存在任何两个相互矛盾的命题。

② 独立性。公理系统中所有的命题都必须是独立的，即任何一个命题都不能从其他命题推导出来。

③ 完备性。公理系统必须是完备的，即从公理系统出发，能推出该领域所有的命题。

为了保证公理系统的无矛盾性和独立性，一般要尽可能地使公理系统简单化。简单化使无矛盾性和独立性的证明成为可能，简单化是科学研究追求的目标之一。一般而言，正确的一定是简单的（注意，这句话是单向的，反之不一定成立）。

关于公理系统的完备性要求，自哥德尔发表关于形式系统的"不完备性定理"的论文后，数学家们对公理系统的完备性要求大大放宽了。也就是说，能完备更好，即使不完备，同样也具有重要的价值。

作为一种方法，公理化不仅可以有效促使知识的系统化，而且可以提高其理论结果的严谨性和清晰度。甚至可以说，科学越发达，公理化效果就越明显。爱因斯坦创建相对论时，即采用公理化方法，他以光速不变原理和相对性原理这两条基本假设作为建构整个狭义相对论理论体系的逻辑起点；以等价性原理和广义协变原理作为逻辑起点，建构出广义相对论的完整体系。

现代公理化是现代数学最显著的特征之一，它的兴起是渐进的和缓慢的，19世纪的大部分时间和20世纪初的前几十年一直持续发生着。在20世纪30年代，公理化方法在许多主要的数学分支中得到了很好的确立，同时在计算机学科各分支领域，如形式语义学、关系数据库理论、布尔代数系统中均采用了公理化方法。

9.5.6 其他数学方法

1. 构造性证明方法

一般而言，在证明"存在某一个事物"时，人们常常会对条件和结论进行分析，构造一个符合结论要求的事实来进行证明，这就是构造性证明。或者说，构造性证明方法就是通过找出一个使得命题 $P(a)$ 为真的元素 a，从而完成该函数值的存在性证明。

构造性证明方法是计算机科学中广泛使用的一种证明方法,对于要解决的问题,不仅要证明该问题解的存在,还要给出解决该问题的具体步骤,这些步骤往往就是对解题算法的描述。如一元二次方程的求解,就是要具体地得出用方程的系数表示解的求根公式: $x=\frac{-b\pm\sqrt{b^2-4ac}}{2a}$,而这个结果是通过配方一步步得到的。

2. 概率论

概率论是研究随机现象数量规律的数学分支,通过大量的同类型随机现象的研究,从中揭示某种特定的规律,而这种规律又是许多客观事物所具有的。概率论研究始于17世纪中期,是由瑞士数学家雅科比·伯努利在"伯努利大数定理"中提出的,并且随着概率论的不断发展,其应用的领域也在不断发展概率论说明了理论与实践之间的密切关系,尤其是在数学领域内概率论已经得到全面的应用与发展,正如拉普拉斯所说:"生活中最重要的问题,其中绝大多数在实质上只是概率的问题。"

在概率论中,概率分布是基础性概念,利用概率分布的性质可以进行简化。就是说,使用大于0而小于1的数字对某些事件发生的概率进行构造,然后按照概率分布解决实际问题。

3. 优化

一般而言,人们会在生活或者工作中,遇到各种各样的最优化问题,比如企业会考虑"在一定成本下,如何使利润最大化"等。最优化方法是研究在给定约束之下如何寻求某些因素(的量),以使某一(或某些)指标达到最优的一些学科的总称。而在计算机算法领域,优化往往是指通过算法得到要求问题的更优解。

对于连续和线性等较为简单的问题,可以选择一些经典算法,如梯度、Hessian矩阵、拉格朗日乘数、单纯形法、梯度下降法等;对于较为复杂的问题,可以考虑智能优化算法,如遗传算法、蚁群算法、模拟退火、禁忌搜索等。

4. 随机数

在连续型随机变量的分布中,最简单且最基本的分布是单位均匀分布。由该分布抽取的简单字样称为随机数序列,其中每个个体称为随机数。单位均匀分布也称为[0,1]上的分布,其分布密度函数为:

$$f(x)=\begin{cases}1, & 0\leqslant x\leqslant 1\\ 0, & \text{其他}\end{cases}$$

分布函数为:

$$F(x)=\begin{cases}0, & x<0\\ x, & 0\leqslant x\leqslant 1\\ 1, & x>1\end{cases}$$

随机数可分为下列两大类。

① 真随机数。由随机物理过程来产生,如放射性衰变、电子设备的热噪音、宇宙射线的触发事件等。

② 伪随机数。由计算机按递推公式大量产生。

使用计算机进行模拟时需要大样本的均匀分布随机数数列,该数列需要由给定的公式计算产生,以下介绍产生伪随机数的数学方法。

常见的产生伪随机数方法有乘同余法、加同余法、乘加同余法和取中方法等，其中最常用的是线性同余法，该方法选择4个数：模数 m、乘数 a、增量 c 和种子 x_0，使得 $2 \leqslant a < m$，$0 \leqslant c < m$ 以及 $0 \leqslant x_0 < m$。生成一个伪随机数序列 $\{x_n\}$ 使得对所有 n，$0 \leqslant x_n < m$。使用以下逐次同余的公式产生伪随机数序列：

$$x_{n+1} = (ax_n + c) \bmod m$$

不少计算机实验都要求产生0到1之间的伪随机数。要得到这样的数，可以用线性同余法生成的数除以模数，即 x_n/m。常用增量为 c 的线性同余发生器，这样的发生器称为纯乘式发生器。例如，以 $2^{31}-1$ 为模，以 $7^5=16\,807$ 为乘数的纯乘式发生器就广为采用，以这些值计算可以产生 $2^{31}-2$ 个数的序列。

5. 蒙特卡洛方法

蒙特卡洛方法的基本思想很早以前就被人们所发现和利用。早在17世纪，人们利用事件发生的"频率"来近似事件的"概率"。1777年，法国科学家布冯(Buffon)提出的投针问题就是蒙特卡洛方法的一种尝试，布冯进行了大量的投针实验来计算圆周率 π。20世纪40年代，冯·诺依曼、斯坦尼斯、乌拉姆和尼古拉·梅特罗波利斯在美国洛斯阿拉莫斯国家实验室参加"曼哈顿计算"的原子弹研制工作时，正式提出了蒙特卡洛方法。有文献介绍，乌拉姆的叔叔经常在蒙特卡洛赌场赌钱，而该方法正是以概率为基础的随机模拟方法，因此，冯·诺依曼就将此方法命名为蒙特卡洛方法。

通常蒙特卡洛方法通过构造符合一定规则的随机数来解决数学上的各种问题。对于那些由于计算过于复杂而难以得到解析解或者根本没有解析解的问题，蒙特卡洛方法是一种有效的求出数值解的方法。蒙特卡洛方法在数学中最常见的应用就是蒙特卡洛积分以及计算圆周率 π。

6. 数学归纳法

数学归纳法是一种用于证明与自然数有关的命题正确性的证明方法，该方法能用"有限"的步骤解决无穷对象的论证问题。数学归纳法广泛地应用于计算机学科，如在离散数学中经常用数学归纳法证明有关图和树的定理。

【例 9.4】 用数学归纳法证明：$(3n+1)\times 7^n - 1$（$n \in \mathbf{N}^*$，$\mathbf{N}^*$ 为自然数的集合）能被9整除。

证明：令

$$f(n) = (3n+1)\times 7^n - 1\ (n \in \mathbf{N}^*)$$

① $f(1) = (3\times 1+1)^1 \times 7 - 1 = 27$ 能被9整除。

② 假设 $f(k)$（$k \in \mathbf{N}^*$）能被9整除，则：

$$f(k+1) - f(k) = [(3k+4)\times 7^{k+1} - 1] - [(3k+1)\times 7^k - 1] = 9\times(2k+3)\times 7^k$$

所以 $f(k+1) = f(k) + 9(2k+3)\times 7^k$ 能被9整除。

由①和②知，对一切 $n \in \mathbf{N}^*$，命题均成立。

9.6 计算机学科中的系统科学方法

系统科学起源于人们对传统数学、物理学和天文学的研究，诞生于20世纪40年代，系统科学的崛起被认为是20世纪现代科学的重大突破性成就之一。

建立在系统科学基础之上的系统科学方法开辟了探索科学技术的新思路,它是认识、调控、改造和创造复杂系统的有效手段,它为系统形式化模型的构建提供了有效的中间过渡模式。现代计算机普遍采用的组织结构,即冯·诺依曼计算机体系结构就是系统科学在计算机领域所取得的应用成果之一。随着计算机的迅猛发展,计算机软硬件系统变得越来越复杂。因此,系统科学方法在计算学科中的作用越来越大。

9.6.1 系统科学的基本概念

系统科学是探索系统的存在方式和运动变化规律的学科,是对系统本质的理性认识,是人们认识客观世界的一个知识体系。计算机学科中一些重要的系统方法,如结构化方法和面向对象方法等,都沿用了系统科学的思想方法。如何更好地借鉴系统科学的思想方法是计算机学界专业人员需认真考虑的问题,而了解系统科学的基本概念和方法是自觉运用系统科学方法的基础。

1. 系统与子系统

系统是由相互联系与相互作用的若干元素构成的、具有特定功能的统一整体。一个大的系统往往是复杂的,通常可以划分为一系列较小的系统,这些较小的系统称为子系统。例如,计算机系统由硬件子系统和软件子系统组成。系统具有如下特性。

① 组成性。系统由两个或两个以上的元素组成。根据系统的不同,系统的元素可以是世界上的一切事物,例如,物质、现象和概念等。

② 层次性。系统和元素处于不同的层次,系统包含元素,元素包含于系统。元素是相对于它所处的系统而言,系统是从它包含元素的角度来看的。一个系统总是隶属于其他更大的系统,前者就是后者的一个元素,此时,元素即为子系统。

③ 边界性。系统和元素都有明确的边界,应该能够区分。由于元素包含于系统之中,所以元素的边界小于系统的边界,同时,系统内不同的元素可能会产生边界交叉,但是不能完全重合,都有各自不同的边界。

④ 相关性。元素应该互相联系,将没有联系的元素放在一起不可能成为系统。

⑤ 目的性。元素的结合是为了达到特定的目的,不同的元素为了满足某种特定目的按照某种特定方式结合起来才能构成一个系统。

⑥ 整体性。系统是一个整体,系统无论由什么样的元素、多少元素组成,从形态讲应该是一个能够与其他系统相区别,并且系统元素互相配合协调、能够发挥特定功能的整体。

2. 层次和层次分析

层次是某个子系统在整个系统结构中所处的相对位置。在一个系统中,系统、子系统和更小的子系统是处在不同层次上的,并且相互之间存在层次关系,高层次包含和支配低层次。低层次隶属和支撑高层次。层次之间要有接口,以实现高层次对低层次的支配或低层次为高层次的服务,但这个接口要尽可能简单。

计算机网络的OSI/RM模型由7层组成,自上而下分别是应用层、表示层、会话层、传输层、网络层、数据链路层和物理层;数据库设计中E-R图以分层的方式给出。这些都是层次和层次分析的体现。

3. 结构和结构分析

所谓结构是指系统内各组成部分(元素和子系统)之间相互联系、相互作用的框架。结构分析的重要内容就是划分子系统，并研究各子系统的结构以及子系统之间的相互关系。例如，在软件开发的概要设计阶段，需要对软件进行功能分解，从而把软件划分为模块(即子系统)，并且设计完成预定功能的模块结构。

层次是划分系统结构的一个重要工具，也是结构分析的主要方式。系统结构可以表示为各级子系统和系统元素的层次结构形式。一般来说，在系统中，高层次包含和支配低层次，低层次隶属和支撑高层次。明确所研究的问题处在哪一层上，可以避免因混淆层次而造成的概念混乱。

4. 环境、行为和功能

系统的环境是指一个系统之外的一切与它有联系的事物组成的集合。系统要发挥它应有的作用，达到应有的目标，系统自身一定要适应环境的要求。

系统的行为是指系统相对于它的环境所表现出的一切变化。行为属于系统自身的变化，同时又反映环境对系统的影响和作用。

系统的功能是指系统行为所引起的、有利于环境中某些事物乃至整个环境存在与发展的作用。

在开发应用软件时，环境的正确分析以及行为与功能的合理设计是保证软件开发成功的重要工作。

5. 状态、演化和过程

状态是指系统的那些可以观察和识别的形态特征，一般可以用系统的定量特征来表示，如温度、体积、计算机硬件的型号和计算机软件的版本等。

演化是指系统的结构、状态、特征、行为和功能等随着时间推移而发生的变化。系统的演化性是系统的基本特征。

过程是指系统的演化所经过的发展阶段，它由若干子过程组成。过程的最基本元素是动作，动作不能分。

6. 系统同构

系统同构是指不同系统数学模型之间存在的数学同构，它是系统科学的理论依据。在数学中，同构具有以下两个重要特征。

① 两个不同的代数系统，它们的元素基数相同，并能建立一一对应关系。

② 两个代数系统运算的定义也相同。也就是说，一个代数系统中的两个元素经过某种运算后得到的结果与另一个代数系统对应的两个元素经相应的运算后得到的结果元素互为对应；或者可以说，一个代数系统中的元素若被其对应系统的元素替换后，可得到另一个代数系统的运算表。

系统同构是数学同构这个概念的拓展。根据系统同构的性质，就可以用一种性质和结构相同的系统来研究另一种系统。甚至，针对不同学科领域和不同现实系统之间存在系统同构的事实对各学科进行横向综合的研究。

9.6.2 系统科学遵循的一般原则

1) 整体性原则

系统分析首先着眼于系统整体，先看全局，后看局部；先看全过程，再看某一阶段，进而达到对系统整体更深刻的理解。分析局部时要考虑到整体的存在，分析局部的目的是更好地把握和理解整体。

整体性原则基于系统元素对系统的非还原性(系统的整体具有还原为部分便不存在的特性)或非加和性(整体不能完全等于各部分之和),是系统方法的根据和出发点。这一原则要求在研究系统时,应从整体出发,立足于整体来分析各部分以及各部分之间的关系,进而达到对系统整体更深刻的理解。

系统科学把整体具有而部分不具有的现象称为涌现性。从层次结构的角度看,涌现性是指那些高层次具有而还原性到低层次就不复存在的属性、特征、行为和功能。

2) 动态性原则

动态性原则是指系统总是动态的,永远处于运动变化之中,这种变化可能是系统内部各组成部分之间的,也可能是系统外部环境之间的,因此在进行系统研究时,应考虑到系统的动态性,以准确地把握其发展趋势。

人们在科学研究中经常采用理想的"孤立系统"或"闭合系统",但在实际中,系统无论是在内部元素之间,还是在内部环境与外部环境之间,都存在着物质、能量以及信息的交换和流通。因此,实际系统都是活系统,而非静态的死系统。在研究系统时,应从动态的角度去研究系统发展的各个阶段,以准确地把握其发展过程及未来趋势。

3) 最优化原则

最优化原则是指自然界或社会的各种物质系统,由于其内部根据和条件的相互作用,总可以在一定条件下使得该系统的某个方面最大限度地(或最少限度地)接近或适合某种一定的客观标准,实现最优。最优的内容及其形式,包括系统形态结构最优、运动过程最优、性质最优和功能最优等。

最优化原则亦称整体优化原则,是运用各种有效方法,从系统多种目标或多种可能的途径中选择最优系统、最优方案、最优功能、最优运动状态,达到整体优化的目的。

4) 模型化原则

模型化原则是根据系统模型说明的原因和真实系统提供的依据,提出以模型代替真实系统进行模拟实验,达到认识真实系统特性和规律性的方法。模型化方法是系统科学的基本方法。

系统科学方法用系统科学的理论和观点,把研究对象放在系统的形式中,从整体和全局出发,从系统与要素、要素与要素、结构与功能以及系统与环境的对立统一关系中,对研究对象进行考察、分析和研究,以得到最优化的处理与解决问题的一种科学研究方法。

系统科学研究主要采用的是符号模型而非实物模型。符号模型包括概念模型、逻辑模型和数学模型,其中最重要的是数学模型。用计算机程序定义的模型称为基于计算机的模型。所有数学模型均可转化为基于计算机的模型,并通过计算机来研究;一些复杂的、无法建立数学模型的系统,如生物、社会和行为过程等,也可建立基于计算机的模型。计算实验对一些无法用真实实验来检验的系统是唯一可行的手段。

人们从实践中总结出来的开发大型软件的软件工程方法,坚持了系统方法论的上述原则。划分子系统和分析子系统的目的就是为了更好地理解整个系统,各子系统的功能实现后,还要集成为完整的软件系统;系统分析和设计时要考虑到系统可能的变化,在功能结构和数据库结构等方面留有余地,便于将来实际情况出现后,对软件系统的修改和完善;要充分考虑到各子系统的功能要求,实现整体最优设计;要充分利用各种模型工具(E-R 图、数据流图、数据字典等），简洁、准确地对系统进行描述，各类业务处理算法的设计还可能用到数学模型。

9.6.3 常用的几种系统科学方法

1. 系统分析方法

系统分析方法是以运筹学和计算机为主要工具，通过对系统各种要素、过程和关系的考察，确定系统的组成、结构、功能和效用的方法。系统分析法广泛地应用于计算机硬件的研制、软件的开发、技术产品的革新、环境科学和生态系统的研究以及城市管理规划方面。

2. 信息方法

信息方法是以信息论为基础，通过获取、传递、加工、处理、利用信息来认识和改造对象的方法。

3. 功能模拟方法

功能模拟方法是以控制论为基础，根据两个系统功能的相同或相似性，应用模型来模拟原型功能的方法。

4. 黑箱方法

黑箱是指内部要素和结构尚不清楚的系统。黑箱方法就是通过研究黑箱的输入与输出的动态系统，确定可供选择的黑箱模型进行检验和筛选，最后推测出系统内部结构和运动规律的方法。

5. 整体优化方法

整体优化方法是指从系统的总体出发，运用自然选择或人工技术等手段，从系统多种目标或多种可能的途径中选择最优系统、最优方案、最优功能和最优运动状态，使系统达到最优化的方法。

习　题　9

1. 通过本章学习，你认为计算机方法论对计算机专业知识的学习以及日后工作有何作用？
2. “计算”的本质是什么？
3. 简要说明计算机学科的三个过程。
4. 三个学科过程及 12 个基本概念有何联系？
5. 数学方法有哪些作用？
6. 数学方法中有哪些主要的证明方法？
7. 什么是迭代和递归？二者有何联系？
8. 简述形式系统的组成。
9. 什么是系统科学？系统科学应遵循哪些基本原则？
10. 常用的系统科学方法有哪几种？

参考文献

[1] 袁方，王兵，李继民. 计算机导论[M]. 2 版. 北京：清华大学出版社，2009.

[2] BROOKSHEAR J G. 计算机科学概论[M]. 刘艺，肖成海，马小会，等译. 11 版. 北京：人民邮电出版社，2014.

[3] PARSONS J J，OJA D. 计算机文化[M]. 吕云翔，傅尔也，译. 北京：机械工业出版社，2011.

[4] 网络病毒快速传播的原因和特点[EB/OL]. [2015-03-04]. http://www.cangfengzhe.com/wangluoanquan/2628.html.

[5] 赵枫，苏惠香. 国内门户网站发展过程分析[J]. 现代情报，2005，25(12)：69-72.

[6] 王瑞. 我国门户网站的发展现状与对策[J]. 管理观察，2012，(4)：121.

[7] 计算机中数据的表示和计算[EB/OL]. (2010-12-14)[2015-04-10]. http://course.baidu.com/view/8267a54c2b160b4e767fcf3c.html.

[8] 黄思曾. 计算机科学导论教程[M]. 北京：清华大学出版社，2010.

[9] 基于组件开发：应用软件开发的革命[EB/OL]. [2015-04-10]. http://blog.csdn.net/wishfly/article/details/1858715.

[10] 常见数字视频格式和模拟视频格式[EB/OL]. [2015-03-18]. http://www.go-gddq.com/html/s162/2010-07/501211.html.

[11] 数字视频与模拟视频的优缺点对比[EB/OL]. [2015-04-23]. http://www.dcjdj.com/show.asp?ID=155.

[12] 分离式键盘 Model 01：怎么舒服就怎么按[EB/OL]. [2015-03-16]. http://www.cnbeta.com/articles/403343.html.

[13] 王磊. 机群操作系统高可用服务研究[D]. 北京：中国科学院研究生院（计算技术研究所），2006.

[14] 应宏. 网格系统基础及其应用展望[J]. 微机发展，2004，13(11)：99-103.

[15] 陈明华. 云计算时代与云操作系统概述[J]. 考试周刊，2014(82)：130-131.

[16] 计算机技术的真正革命[EB/OL]. [2015-04-15] http://blog.sina.com.cn/s/blog_6d17ad2f01012kg2.html.

[17] 李明. 面向对象开发方法中可重用组件技术的研究[D]. 大连：大连海事大学，2003.

[18] Internet 发展史[EB/OL]. [2015-04-10]. http://www.itnewsstand.com/html/internet/659.html.

[19] 网页浏览器的工作原理[EB/OL]. [2015-05-10]. http://book.51cto.com/art/201002/182016.html.

[20] 梁超雄. 实用联网技术[M]. 北京：化学工业出版社，2009.

[21] 胡明，王红梅. 计算机学科概论[M]. 北京：清华大学出版社，2008.

[22] 王玉龙，付晓玲，方英兰. 计算机导论[M]. 3 版. 北京：电子工业出版社，2009.

[23] 袁方，王兵，李继民. 计算机导论[M]. 3 版. 北京：清华大学出版社，2014.

[24] 陈国良，董荣胜. 计算思维与大学计算机基础教育[J]. 中国大学教育，2011，1：7-11.

[25] 陈昱，张慧琳. 社会计算在信息安全中的应用[J]. 清华大学学报，2011，10：1323-1328.

[26] 程妍，刘仲林. 计算生物学：一门充满活力的新兴交叉学科[J]. 科学学与科学技术管理，2006，27(3)：11-15.

[27] 范如国，叶菁，杜靖文. 基于 Agent 的计算经济学发展前沿：文献综述[J]. 经济评论，2013(2)：145-150.

[28] HAPPE K，BALMANN A，KELLERMANN K，et al. Does structure matter? The impact of

switching the agricultural policy regime on farm structures[J]. Journal of Economic Behavior & Organization,2008,67(2):431-444.

[29] NEUGART M. Labor market policy evaluation with ACE[J]. Journal of Economic Behavior & Organization,2008,67(2):418-430.

[30] HUANG W,ZHENG H,CHIA W M. Financial crises and interacting heterogeneous agents[J]. Journal of Economic Dynamics and Control,2010,34(6):1105-1122.

[31] 周傲英,周敏奇,宫学庆. 计算广告:以数据为核心的 Web 综合应用[J]. 计算机学报,2011,34(10):1805-1819.

[32] 王伟. 计算机科学前沿技术[M]. 北京:清华大学出版社,2012.

[33] 李波. 大学计算机:信息、计算与智能[M]. 北京:高等教育出版社,2013.

[34] 新浪 2014 年第三季度财报[EB/OL]. [2015-02-10]. http://tech. sina. com. cn/i/2014-11-14/05309789968.

[35] 中国互联网络中信息心. 第 34 次中国互联网发展状况统计报告[R/OL]. [2015-03-10]. http://www. cnnic. net. cn/hlwfzyj/hlwxzbg/hlwtjbg/201407/P020140721507223212132. pdf.

[36] 项亮. 推荐系统实践[M]. 北京:人民邮电出版社,2012.

[37] 张可昭. 计算机教育,从 CC2001 到 CS2013,以及未来 * [J]. 中国计算机学会通讯,2015,11(2):50-60.

[38] 董荣胜. 计算机科学导论:思想与方法[M]. 2 版. 北京:高等教育出版社,2013.

[39] 百度百科. 生物计算机[EB/OL]. [2015-07-20]. http://baike. baidu. com.

[40] 百度百科. 光子计算机[EB/OL]. [2015-07-20]. http://baike. baidu. com.

[41] 百度百科. 量子计算机[EB/OL]. [2015-07-20]. http://baike. baidu. com.

[42] 百度百科. 物联网[EB/OL]. [2015-07-20]. http://baike. baidu. com.

[43] 百度百科. 云计算[EB/OL]. [2015-07-20]. http://baike. baidu. com.

[44] 百度百科. 中国邮路问题[EB/OL]. [2015-07-20]. http://baike. baidu. com.

[45] 百度百科. 沃森智能[EB/OL]. [2015-07-20]. http://baike. baidu. com.

[46] 百度百科. 分布式计算[EB/OL]. [2015-07-20]. http://baike. baidu. com.

[47] WEGNER P. Research paradigms in computer science[C]//Proceedings of the 2nd international conference on Software engineering. 1976: 322-330.

[48] LO'AI A T, MEHMOOD R, BENKHLIFA E, et al. Mobile cloud computing model and big data analysis for healthcare applications[J]. IEEE Access, 2016, 4: 6171-6180.

[49] 徐光祐,史元春,谢伟凯. 普适计算[J]. 计算机学报, 2003, 26(9):1042-1050.

[50] ZHANG L J, ZHANG J, CAI H. Services Computing [M]. Beijing: Tsinghua University Press, 2007.

[51] PARSHOTAM K. Crowd computing: a literature review and definition[C]//Proceedings of the South African Institute for Computer Scientists and Information Technologists Conference. 2013: 121-130.

[52] 印鉴,陈忆群,张钢. 搜索引擎技术研究与发展[J]. 计算机工程,2005(14):54-56+104.

[53] 王国霞,刘贺平. 个性化推荐系统综述[J]. 计算机工程与应用,2012,48(07):66-76.

[54] DALE N,LEWIS J. 计算机科学概论[M]. 吕云翔,杨洪洋,曾洪立,等译. 北京:机械工业出版社,2020.

[55] IEEE SA-Ethically Aligned Design[EB/OL]. [2017-12-12]. https://standards. ieee. org/industry-connections/ec/ead-v1. html.

[56] IEEE-CS-ACM Joint Task Force On Software Engineering Ethics[EB/OL]. [2021-03-05]. https://dl. acm. org/profile/99659549179.

[57] 《信息安全等级保护管理办法》[EB/OL]. [2017-07-24]. http://www. gov. cn/gzdt/2007-07/24/

content_694380. htm.

[58] 中华人民共和国网络安全法[EB/OL]. [2016-11-07]. http://www. cac. gov. cn/2016-11/07/c_1119867116. htm.

[59] NVIDIA 引领人工智能计算[EB/OL]. [2021-03-05]. https://www. nvidia. cn/.

[60] 华为-构建万物互联的智能世界[EB/OL]. [2021-03-05]. https://www. huawei. com/.

[61] 刘昌华,管庶安. 数字逻辑原理与 FPGA 设计[M]. 北京: 北京航空航天大学出版社,2015.

[62] 朱培栋,郑倩冰,徐明. 网络思维的概念体系与能力培养[J]. 高等教育研究学报,2012,35(2): 106-108.

[63] 互联网思维[EB/OL]. [2017-12-25]. https://baike. baidu. com/item/%E4%BA%92%E8%81%94%E7%BD%91%E6%80%9D%E7%BB%B4/12028763?fr=aladdin.

[64] 细说互联网九大思维[EB/OL]. (2019-07-23)[2019-12-25]. https://baijiahao. baidu. com/s?id=1639832812734089006&wfr=spider&for=pc.

[65] 大数据带来的四种思维[EB/OL]. (2015-12-25)[2019-12-25]. https://www. sohu. com/a/50512522_319832.

[66] 大数据带来的四种思维方式的转变[EB/OL]. (2018-09-06)[2019-12-25]. https://www. jianshu. com/p/b62a85be8980.

[67] 张科,张铭,陈娟,等. 计算机教育研究浅析——从 ACM 计算机科学教育大会看国内外计算机教育科研[J]. 中国计算机学会通讯,2019,15(4).

[68] 张晨曦,王志英. 计算机系统结构[M]. 2 版. 北京: 高等教育出版社,2014

[69] 徐志伟,孙晓明. 计算机科学导论[M]. 北京: 清华大学出版社,2018.

[70] 分布式系统[EB/OL]. [2017-07-23]. https://baike. baidu. com/item/分布式系统/4905336?fr=aladdin.

图书资源支持

感谢您一直以来对清华版图书的支持和爱护。为了配合本书的使用，本书提供配套的资源，有需求的读者请扫描下方的“书圈”微信公众号二维码，在图书专区下载，也可以拨打电话或发送电子邮件咨询。

如果您在使用本书的过程中遇到了什么问题，或者有相关图书出版计划，也请您发邮件告诉我们，以便我们更好地为您服务。

我们的联系方式：

地　　址：北京市海淀区双清路学研大厦 A 座 714

邮　　编：100084

电　　话：010-83470236　010-83470237

客服邮箱：2301891038@qq.com

QQ：2301891038（请写明您的单位和姓名）

资源下载：关注公众号“书圈”下载配套资源。

书圈

获取最新书目

观看课程直播